鑫同——编著

你不努力，没人能给你想要的生活

北方妇女儿童出版社

·长春·

图书在版编目（CIP）数据

致奋斗的青春／鑫同编著. -- 长春：北方妇女儿
童出版社，2019. 11 （2025.8重印）

ISBN 978-7-5585-2150-8

Ⅰ. ①致 ... Ⅱ. ①鑫 ... Ⅲ. ①成功心理-青年读物
Ⅳ. ①B848. 4-49

中国版本图书馆 CIP 数据核字（2019）第 239469 号

致奋斗的青春
ZHI FENDOU DE QINGCHUN

出 版 人：师晓晖
责任编辑：关　巍
开　　本：880mm×1230mm　1/32
印　　张：20
字　　数：320 千字
版　　次：2019 年 11 月第 1 版
印　　次：2025年8月第8次印刷
印　　刷：阳信龙跃印务有限公司
出　　版：北方妇女儿童出版社
发　　行：北方妇女儿童出版社
地　　址：长春市福祉大路5788号
电　　话：总编办：0431-81629600

定　　价：108.00 元（全 5 册）

前言
QIAN YAN

人生是一场修行。从呱呱坠地到垂垂老矣，一路走来，有破茧化蝶的艰辛，也有柳暗花明的欣喜；有奔波劳累的酸楚，也有累累硕果的喜悦。总之，在人生的漫漫旅途中，要想过上自己理想的生活，就要在不断努力的过程中尝遍生活的这些辛酸苦辣甜。这个历练的过程是任何一个有理想、有追求的奋斗者都逃不过的命运定数，也没有任何人能替代的了。

在电视剧《我的前半生》里有这样一句台词：路要自己一步一步走，苦要自己一口一口吃，抽筋扒皮才能脱胎换骨，除此之外没有捷径。

当时看的时候一扫而过，没有过多的感悟，后来经过一些挫折历练之后，才发觉这句话无比正确。的确，自己的路要自己一步一步地走。你的淬火历练，你的翻盘逆袭，没有捷径，只有努力再努力。当你累到精疲力竭，病到天昏地暗，也没人能帮你。这个世界上，所谓的感同身受不过都是别人的安慰，你的累、你的痛、你的苦，没有人真正感受得到，也没有人能代替得了。你不努力，没人能帮你走出困局，你不努力，没人能给你想要的生活。

正如著名诗人汪国真所言："机会，靠自己争取；命运，靠自己把握；生命是自己的画板，为什么要依赖别人着色？"别人也有属于自己烦恼、困惑，别人同样也会被命运的虱子"咬"，他们怎么会有更多的时间和精力替你挠痒痒呢？

因此，你应该清醒地认识到，自己才是自己的摆渡人。你向往的生活不是等来的，也不是盼来的，更不是怨天尤人得来的，而是靠自己通过不断努力奋斗，一步一个脚印，踏实走出来的，要知道，你努力的程度决定了你人生的高度。

如果你希望成就一份不凡的事业，那就扬起梦想的风帆，尽情地挥洒汗水吧！尽管在这个过程中，你可能会夹杂着委屈、裹挟着孤单、经历着身心的双重折磨，但是在抽筋扒皮之后，卷土重来之时，你会收获睿智的思想、运筹帷幄的能力、独到的人生感悟，以及令人艳羡的人生成就，还有你最想要的生活……

最后，谨以此书献与你。愿你能从书中汲取追求理想生活的勇气，也愿你在书中学到努力付出的正确打开方式，从而成就一个更好的自己，铸造一段别样的理想人生，得到想要的生活。

目录

MU LU

第一章

平凡的生活也
需要不凡的努力

▼

系着围裙，也跳着芭蕾

很多人容易在追逐幸福的过程中，因为挫折的刁难，琐事的磋磨，忘记了自己的初心，越来越找不到人生幸福的秘诀。其实，当把自己放在一个旁观者的角度，反而更能发现幸福的真谛。

小汪是一家公司的出纳，工资不高，还算清闲。小汪结了婚，嫁了一个普普通通的男人，在没有孩子之前，他们的生活平平淡淡，无波无澜。小汪一直有一个梦想，就是想要学跳舞，她喜欢在镜子面前看自己翩翩起舞的样子，老公鼓励她："你的工作不忙，可以报个舞蹈班啊！"小汪有一些心动，但是还没等她行动，验孕棒上的两道杠让小汪夫妻有了新的想法，他们畅想以后的生活，描绘着未来的孩子的模样，渐渐将小汪学跳舞的梦想抛诸脑后。

经历了十月怀胎的辛苦，小汪有了自己的孩子，这时候她才发现，生活是那么现实。小汪独自承担着照顾孩子的重担，只能暂时把工作辞了，做起了家庭主妇，小汪的每一天都在匆忙地洗洗刷刷。孩子小的时候，小汪还能趁着孩子睡着了做点事儿，孩子稍微大一点儿就很难有属于自己的清静的时刻。

多少个夜晚，当身边的老公和孩子都酣然入梦的时候，小汪在黑暗中睁着眼睛，怎么都睡不着。那天晚上，她又失眠了，她想起了上午朋友发给她的一张照片，朋友说，已经很久没有在一起聚聚了，很怀念她们闺密几个在一起时的快乐。小汪看到照片上大笑的自己，纤细的身姿，明媚的笑颜，短短一年多的时间，为什么自己发生了这么大的变化呢？

生活确实比之前累了，牵挂操心的事情多了，但是那些挥之不去的赘肉是怎么回事呢？那些带着奶渍和油渍的睡衣是怎么回事呢？黑眼圈、鱼尾纹，为什么这么短的时间都悄然爬上了自己的脸呢？小汪在黑夜中流泪了，也许每个女人大概都要经历结婚生子的过程，但不是每个女人都会任由生活摧残啊！这一切，都是因为自己对自己的要求放松了，当不修边幅已经成为常态，还谈什么清爽、舒适、愉快呢？

小汪想，她还很年轻，她要重新收拾自己，哪怕在家不化妆，也一定要好好洗脸，做好保湿，每天喝汤，晚上泡脚，趁孩子睡着的时候补觉，做仰卧起坐，做瑜伽……

小汪当然没有闪电一般地瘦下来，但是她在把自己的生活安排得更合理、更充实的时候，她的自信回来了。

孩子三岁的时候，上了幼儿园，小汪开始上班了，小汪跟老公约定好，晚上两人轮流照顾孩子，每周一、三、五、七由小汪负责，二、四、六归老公管，二、四、六的晚上成为小汪最自由的时间，她得以腾出时间来安排她的梦想了。

小汪抽出时间去报了舞蹈班。小汪依然微胖，但是当她穿上舞蹈服的时候，对着镜子里的自己，小汪笑了，镜子里的人就是梦里的自己。

以前的小汪，做饭的时候总是放空，看着锅中翻腾的热气，她总是心生恍惚，她不明白自己为什么每天不是围着老公孩子，就是围着锅碗瓢盆打转呢？但是现在的小汪不那样想了，她在厨房放着舞曲，一边听着舞曲一边尝锅里的汤，斟酌着糖或者盐的用量。等锅开的时候，小汪踮起脚，转个圈，复习着刚刚学到的舞步，在同样氤氲的热气中，她看到自己穿着舞鞋翩翩起舞的样子，宛如一只优雅的天鹅，她陶醉在自己的舞步里。

也许，你的一天都围着锅台打转，你要洗碗做菜，煲汤蒸饭，但是穿着围裙也并不能阻挡你跳芭蕾的舞步。

但是，偏偏有一些人，在柴米油盐里将自己软禁了，三尺宽的地方竟然成了困住自己的囚笼。

晓丽是研究生毕业，她从一上学就笃信，只有学得好，才能嫁得好，于是，她拼命地读书，拼命地想要与那个生她养她的小县城撇清关系。毕业后，晓丽靠自己的学历成功找到了一份还不错的工作，但是在她看来，工作是次要的，寻觅一个能改变自己命运的男人才是正事。

心心念念要当阔太太的晓丽，天天忙碌着打听所有单身男同事的家庭背景、择偶标准，似乎她光鲜亮丽的阔太太日子就在她的身边跟她捉迷藏，她无比热衷于迅速地得到这种生活。

晓丽谈过几个男朋友，最终都因为晓丽毫不遮掩的婚姻观而告终，更加祸不单行的是，晓丽因为对工作不能全身心投入，被老板炒了鱿鱼。在连续几次这样的工作经历之后，晓丽既没有积累多少工作经验，又没有多大的自我成长，心灰意冷的她最终选择回到了原来那个被她嫌弃的小县城。

很快，在父母的参与下，在三姑六婆的催促中，晓丽顺利地相亲、结婚、生子，成为那个小县城里所有普通女人中的一员。一开始，晓丽总是觉得，自己的学历也好，内心的梦想也罢，都让她无法安于在此了无生趣地生活，但是时间久了，就像是温水煮青蛙，晓丽竟然慢慢地习惯了这种生活。

晓丽慢慢喜欢上拉家长里短，习惯了穿着睡衣去菜市场挑选便宜又大捆的蔬菜，她在日复一日重复的日子中，伺候着公婆，伺候着老公孩子，不争不抢，不怨不怒。只是有时候，当别人问到晓丽上过几年学，她总是想不出合理的说辞让别人相信，自己读过研究生。

也罢，晓丽妥协了。一个女人，相夫教子，让他们过得没有后顾之忧，大概就是最大的成就吧，晓丽想，哪怕自己的围裙总是有油污的，手指是粗糙的，脸色是发黄的，但她能怎么办呢？大概人生差不多都是这样，在内心的不甘和隐忍中度过相似的每一天，最终走向生命的终点罢了。

晓丽的后半生会是什么样，似乎不难预料，这个世界上，又有多少个晓丽呢？当一个女人，完全放弃了自己最初的追求，在世人的期待和希望中过着似乎理所应当的日子，她的人生大概已经有了定数，人生的种种不期而遇不属于她，意外的美丽不属于她，所有惊喜和梦想，通通不属于她。当她系着围裙在厨房里打转，想起自己穿上舞裙的美丽模样，是否会潸然泪下呢？

▼

能真正阻挡你前进的，只有你的不思进取

当一个人真正想要前进的时候，是没有什么能够阻挡他的步伐的，但是，当自己的内心不够坚定，不思进取的时候，无论看上去多么努力，其实都不过是在做戏。

上大学的时候，同宿舍的同学琪琪说要考研，但其他人都没有考研的想法，我们对琪琪的决定感到十分惊讶，因为琪琪并不是传统意义上的好学生，也谈不上爱学习，或者目标远大，这一次决定考研，让我们对她有了新的看法。

琪琪说："读大学之后，荒废了很多时光，觉得自己完全没有追求，这一次考研，是下定了决心，要付出比别人更多的时间和精力，圆自己的梦……"一番话说得慷慨激昂，让我们忍不住为她加油打气。

琪琪决定考研之后，好像变了个人一样，说学就学。她

每天早上都早起，跟着考研大军一起冲进自习室抢座位，她给我们描述同学们抢座位时的样子，眉飞色舞，兴奋得不得了。晚上，琪琪也要等到自习室的人都走得差不多的时候，才肯回宿舍，甚至有时候等到我们睡着了她才回来，我们都暗暗佩服琪琪的意志力。原来，当一个人真的决定要做某件事的时候，是不会耽搁一分一秒的。

可是，这么努力的琪琪，最终还是在考研时落榜了。琪琪哭得眼睛通红，我们一时不知道怎么安慰她才好，只能说："你已经做得很棒了，一定是今年考题太变态!"琪琪破涕为笑："一起去吃火锅吧! 没有什么是一顿火锅解决不了的!"我们当然答应了，几个人在火锅店大快朵颐，算是为琪琪疏导情绪了。

没隔几天，我们就听说了琪琪在自习室准备考研所付出的所谓的"努力"，这一切都让我们大跌眼镜。同院系的女生也在考研自习室备考，琪琪就坐在她的旁边，琪琪每天去得都不晚，走得也不早，但是原本应该紧锣密鼓的备考过程，其实不是我们想的那样。

琪琪每次去自习室的时候，都带着一堆小零食，手机和iPad 也都随身带着，耳朵里永远塞着耳机，播放着最流行的音乐，有一搭没一搭地看会儿书后，琪琪就会觉得累了，这时她就会放松一下，刷微博，逛淘宝，甚至有时候还会追剧。更令人难以置信的是，琪琪居然在考研自习室喜欢上了一个男生，偷偷地给人家递情书，她的追求并没有得到回应，就像她的考研成绩一样。

在了解了琪琪的这些事情之后，我们似乎更不知道怎么安慰她了，因为有因必有果，考研失利完全怪不得别人。但是，琪琪又一次坚定地说，她要"二战"！语气还是像第一次一样坚定，只是这一次，我们都不愿意再相信她了。

果不其然，琪琪并没有如她所说的那样发奋读书，"一雪前耻"，依然不思进取，无所作为。她经常出去逛街购物，或者不停地更新朋友圈，传播着明星的各种八卦故事，我们再也看不下去了，都劝琪琪收心，好好准备"二战"，不然又要竹篮打水一场空了，但是琪琪却理直气壮地说："如果这次再考不上就是我运气不好……"我们无言以对，看来，当一个人真的不思进取的时候，外界力量是无法改变的。

"二战"的结果当然还是那样，琪琪依然哭哭啼啼，但是这一次，没有人再主动上前安慰了，因为我们都已经明白，所有的安慰和鼓励都抵不过自己内心的坚定。真正能阻挡一个人前进的，并不是路上的困难，而是内心深处的不思进取。只有真正地决心踏出第一步，无论遇到多少挫折都不肯放弃，才可能有所成就。

　　小武上高一的时候，喜欢上了邻班的一个女孩儿，但始终不敢告白，因为他喜欢的女孩儿是很多男生眼中的女神，除了家境好，长相好，成绩也是出类拔萃。小武担心自己遭到拒绝，迟迟不肯开口。后来，在一次和同学的打赌中，小武鬼使神差地对女神说出了"我喜欢你"，一颗心正怦怦乱跳着等着回答的时候，没想到女神却十分淡定，只说了一句："等你成绩追上我再说！"然后飘然而去，剩下小武一个人愣愣地出神。

　　小武的成绩基本徘徊在中游，有时候还会往下滑一点儿，要追上门门功课优异的女神堪比登天，但是小武想要孤注一掷，既然女神没有提出"山无棱、天地和、冬雷震震夏雨雪"之类完全不可实现的条件，那就证明他有希望了。

　　小武像打了鸡血一样无比兴奋，几个晚上都睡不着觉。小武开始重新拿起书本，认真地对待，他圈点勾画着每一个知识点，他不肯放过任何一道题，因为解决了一道就离女神又进了一步。就这样，半年多以后，小武竟然由年级四百多名的成绩突飞猛进到了年级前一百。小武终于重新找回了学习的快乐。

　　遗憾的是，直到高中毕业，女神也没有答应小武的追求，但是小武却脱胎换骨，成了另一副样子。小武不再混日子，而是永不满足于现状，不断地追求进步，追求更上一层楼。

毕业之后，小武在众人的惊叹声中，拿到了自己心仪大学的录取通知书，打开通知书的瞬间，小武眼圈有点儿红，他在心里感谢女神，是她的一句话让自己有了进步的动力。他也在心里感谢自己，因为自己不放弃努力，才能发生这么巨大的变化，而这些成绩，在今后漫长的人生旅途中，依然是一笔巨大的财富。

很多人都对自己当下的生活状态不满意，试图有所改变，但当面对荆棘密布的前行道路时，却又不思进取，这是对生活的不尊重，也是对人生的不尊重。

村上春树曾经说过："世上有可以挽回的和不可挽回的事，而时间经过就是一种不可挽回的事。"也许，不负光阴就是最好的努力，而努力就能成就更好的自己。不思进取的人，失去的是人生中最宝贵的东西。

▼

差不多的人生，真的差多了

生活中，我们常常听到这样的话，"差不多就行了，没那么讲究。""差不多差不多，不用想那么多!""差不多嘛，干吗那么较真呢?"……很多人的一生，似乎就是在差不多中将就度过。

每个人似乎都出生在差不多的家庭，有着差不多的智商与人生经历，接受了差不多的教育，成为差不多的人……但是，我想说，差不多的人生，真的差多了。

小的时候，我们总是被很多人问同样的一个问题，那就是"你将来想做什么"。我们的答案总是五花八门的，有人要当科学家，有人想成为宇航员，还有人想当官，或者当个画家、歌唱家。总之，每个人都不一样，但都有一个璀璨的梦想，都有一颗敢想的心。可是，随着我们的年龄增大，反而缺失了这种敢想的心，总是觉得，工作嘛，差不多就行，生活，过得去就行。

小淑是一家外贸公司的职员，工作了两年后，刚刚升了部门经理，却被父母安排回老家相亲，小淑违抗不得，只得回家应付。对方很普通，小淑并不来电，于是果断拒绝。小淑话音还没落，就被父母批斗了，无非是说："你还想要找什么样的啊？不就是有个人凑合着过日子就行吗？"小淑对这样的话已经免疫，根本无动于衷。

等小淑再回外地工作，父母的电话就没断过，一直催促小淑回家相亲，说又有一个条件很好的男生。几次下来，小淑被折腾得心力交瘁。

后来，相亲相得多了，小淑也渐渐变得麻木了，她想自己大概一生都找不到心仪的人，为什么还要这么折腾自己呢？小淑终于在第八个相亲对象那里终结了单身状态，既然两人"情投意合"，结婚的事自然也被提上了日程。

结婚后的小淑回到了老家，过起了大家都在过的生活，日子平淡如水，直到小淑遇到了一个男人。毫不夸张地说，小淑还没有搞清楚那个人叫什么名字的时候，就已经心动了，她原以为自己已经沉寂的心，现在却为那个男人怦然心动。

在痛苦与挣扎中，在经历了无数次试探，一次彻夜未归之后，小淑对丈夫提出了离婚。她说："我不想要差不多的人生，相亲的时候，结婚的时候都是在将就，我现在不想了。"

最终，小淑也没有跟外遇的对象走到一起，但是她却真的结束了那段仓促又将就的婚姻。小淑并不后悔，她说："一个人生活，胜过两个人将就着过日子。"

孟非曾经在《新相亲大会》上说过这样一段话，"我们在生活中太容易见到男男女女，形形色色却都差不多，差不多的年纪，上了差不多的学校，进了差不多的单位，挣了差不多的钱，去了差不多的整形医院，整成了差不多的脸，买着差不多的包包，跟男朋友提着差不多的要求，在差不多的年纪结了差不多的婚，生了个差不多的孩子。"听的人莞尔一笑，却没有体会到其背后的深意。

每个人都渴望打败平庸的自己，过不一样的生活，却又陷在当下的环境中不肯脱离。

杜康是典型的"差不多先生"，什么都能凑合。家里没有水果的时候，杜康的态度是不吃就好，没有蔬菜的时候，也一样是不吃就好，最后连米面馒头之类都没有的时候，去爸妈家将就一顿就好，反正就是加双筷子的事儿。这是已经毕业好几年的杜康的真实生活状态的冰山一角。

杜康也想过，要靠自己的能力改变现状，他想要创造财富，于是把仅有的几万块钱买了股票，结果被牢牢地套住了。杜康很郁闷，但是他想，反正不至于饿死，没关系，过一段时间也许就好了。

日子过得越来越捉襟见肘，杜康向身边的人讨教，怎么才能赚更多的钱，让生活品质提升一些，身边有人劝他做网上兼职，一边兼职一边炒股，两不耽误。可是杜康不会，他央求朋友帮忙，从在网上搜集信息，到发送简历获得面试机会，杜康都没有参与，全部是朋友替他搞定的。可是，杜康兼职做了没两天，就觉得这份工作又枯燥，又累人，他果断辞掉了。算了，杜康想，人生不如意十之八九，倒不如及时行乐来得痛快。于是，杜康半躺在床上，拿着手机打起了网游。

日子就这么一天天溜走，杜康的生活不仅没有任何改变，甚至比之前更糟了，只是浑浑噩噩地度日。

杜康并不是什么坏人，但是这并不是一个正常人该有的样子。一味得过且过，对生活的要求太低，那就完全谈不上生活质量，更谈不上梦想和追求。杜康当然也不傻，但是他习惯了不操心、不追逐，觉得差不多的人生足矣，却不知道这种生活观从里往外地侵蚀了他，吞没了他。

谈恋爱的时候，不是没有发现对方的问题，但总以为爱情都差不多，不能尽善尽美，于是选择将就着继续，后来才发现所托非人。结婚的时候，没有买自己喜欢的那套婚纱，而是随便租了一套，认为婚礼不过是走个过场，差不多就行，结果在人生中本该最美的那天，却发现衣服背后跳了线。觉得衣服质量差不多就行，于是放弃了那件高档的，选择了热销款，结果没多久就起了一层毛球……

类似的情况在生活中比比皆是，"差不多"的人生从表面上看，总是与节俭、不挑三拣四、凡事好商量等优良品质相关，似乎是很难得的，但是这样的生活带给我们的是什么呢？是越来越懒散，越来越拖沓，越来越没追求，是长年累月不变的妆容、发型、生活习惯，或者是一个"面目可憎"的恋人。

我想说的是，无论是爱情也好，生活也罢，一定不要有差不多就行的心态，让积极进取的思想主导生活的每一个细节。勇敢追求，向"差不多"的日子说"NO"，这才是这个时代最美的声音。

▼

妥协的人生，不妥当

生活中总会遇到难以逾越的坎坷，很多时候，成功就在对岸，我们却觉得和对岸隔着浩浩荡荡的江水，而经历了长久的跋涉，疲倦极了的时候，总会忍不住想：为什么要对自己这么狠呢？在岸这边也不是过不下去。于是，我们停下了，不再幻想对岸的繁华世界，任凭自己在妥协中过着看似安逸的生活。

高晓松曾经有一句话深深地触碰到很多人的内心，他说："生活不会因为你的妥协就对你友好一点儿。"

在电视剧《何以笙箫默》热播的时候，很多人都被何以琛的深情所打动，最让我动容的是他说的那句台词"我不愿意将就"。无论是爱情也好，还是其他，"不将就"的态度就是对生活说"我不妥协"，我喜欢这种霸道的自白，也喜欢这种不服输的硬气。

　　有一段时间，我一直被身边的一件与我不相干的事烦恼着。说与我不相干，是因为这件事发生在我一个朋友的姐姐身上，说让我无限烦恼，是因为我实在看不惯朋友姐姐的做法，恨不能把她拉到身后，替她解决人生中那些糟糕的问题。

　　朋友的姐姐叫小颖，是典型的中国式贤妻良母，虽然只有三十五六岁，但是思想相当保守，她把自己的所有精力和时间却花在相夫教子上，还一副"我愿意无私奉献"的自豪模样。我们见过几次面，哪怕是朋友刻意地约她出来逛逛街吃吃饭，她都一会儿一个电话，关心着上初中的孩子的学习情况，常年在外出差的老公有没有受凉感冒。贤妻良母，是我对她最初的印象。

　　就在几个月前，我从朋友那里得知，小颖家里发生了变故，她的丈夫出轨了，而且跟那个女人已经交往了三年，据说还有了一个孩子。在表达了深深的同情之后，我问朋友："那你姐姐现在肯定很崩溃，你要多安慰一下她，帮她出出主意！"朋友无奈地说，她都要替姐姐急死了，可姐姐那边只知道傻眼，却丝毫没有解决这件事的头绪。

　　那天晚上，我跟朋友聊了很多，为小颖想了很多办法，甚至罗列出了自己认识的精通法律的一些同学和朋友，想着可能会派上用场。

接下来的几天，我也十分关注小颖的动向，听朋友说，她去了她老公所在的城市，但是并不是去兴师问罪，而是向老公求情，求老公跟那个女人断了联系，重新回归家庭。理由当然是孩子已经那么大了，两人结婚时间那么长了，一日夫妻百日恩之类的，老公没有承诺什么，也没有表态，小颖只好又灰溜溜地回了家。

我实在不愿意去想，一个女人在最亲密的爱人面前低声下气地挽回对方是多么不堪的画面，我更为小颖的没有自我而心痛。

没过几天，朋友说，小颖再提到老公的时候，不再哭哭啼啼或者愁眉苦脸了，反而是一脸的同情和心疼，因为小颖说，老公只是犯了天下很多男人都会犯的一个错误，他并不是真的不爱自己，只是被那个女人缠上了而已，老公也很烦恼的。我一脸黑线，心想这个男人真没良心，但是这么蹩脚的说辞，小颖居然就信了。而且小颖说，她和丈夫已经想好了对策，要一同对付那个可恶的女人。

我瞪大了眼睛，听着朋友咬牙切齿地说："他们居然要假离婚！"小颖的老公提出要假离婚，理由是第三者缠着他不放，必须让他离婚才肯让孩子跟他见面，小颖的老公称假离婚就是为了稳住第三者，好有机会见到孩子做亲子鉴定，只要证明这孩子不是他的，他们就可以撇清关系，原来的好老公就能回到小颖身边。

"这是什么鬼逻辑！"我忍不住喊出来，朋友也是气得吹胡子瞪眼，她说，他们全家人都在做姐姐的工作，让她清醒，不要随便相信对方。

后来，事实证明，小颖老公所保证的一切都是假的，只是为了跟小颖离婚编的谎言。

朋友跟我说了真相之后，我原以为小颖这一次一定忍无可忍，他们的婚姻大概要走到尽头了，但没过几天，就听说小颖已经跟老公去了他出差的城市。老公在家人施加的压力下，言不由衷地向小颖认了错，但是私底下却跟小颖说，这一切的错误都是小颖造成的，自己常年在外出差，小颖却从来没有去看过他，对他的关心也不够，所以才走到了出轨的那一步。小颖当然马上就意识到了自己的错误，当即保证，以后好好陪在老公身边，寸步不离。

事情已经过去几个月，我再也没有打听关于小颖的事，至于他们的婚姻走向如何，以后会是什么样的结果也无从得知。但是这件事却变成了我心里的一根刺，每次想起都隐隐作痛。

无论是男人还是女人，无论面对什么样的情况，太容易妥协的人往往得不到幸福，懂得取舍的人才是真正的聪明人。

生完小孩儿以后，小莫的肚腩就出来了，她的小蛮腰从此一去不复返，每当低头看到自己丰满的肚子，小莫的心里都莫名难过。她说："为什么那些明星生完孩子以后能迅速恢复，而我却不行呢？"老公揶揄她："明星吃啥，你吃啥？明星吃多少，你吃多少？明星做多少运动，你做多少运动？"

小莫撇撇嘴，下定决心要改变，她觉得这事儿没有那么难，别人能做到她肯定也能做到。既然要减掉肚腩，最直接的方法就是仰卧起坐了，这个不需要器材，不需要跑去健身房，在家就能实现，她开始信心满满地在微信朋友圈里打卡：仰卧起坐第一天，向小肚腩宣战！宣战之后，大家纷纷给小莫点赞，鼓励她坚持下去。

坚持了不到半个月，有朋友过生日，约小莫庆祝，因为玩的时间长了点儿，回家的时候就有些晚了，小莫洗漱完毕，趴床上就睡。第二天早上起来，脖子落枕了，疼得没法转动。晚上再做仰卧起坐的时候，发现不光脖子疼，腰也疼，屁股也疼，"算了吧，就两天而已"，小莫想着，又一次放弃了，接下来就是第三次、第四次的妥协，直到放弃了减肥的想法，任由肚腩野蛮生长。

这件事以失败告终对小莫来说其实不难预料，因为这跟她当初学素描的过程如出一辙。脑子里想的是要勤勤恳恳，哪怕手腕僵了、手指肿了都要坚持下去，但真正做的时候却十分轻易地说了放弃，因为太累了、太枯燥了，她妥协了。

小莫也尝试过写作，想自己运营公众号，当个业余写手。公众号开通之后，发表了三篇文章，小莫就更新不下去了，不只是因为一开始没有粉丝关注，更多的是因为小莫不愿意花时间研究话题，寻找素材，她觉得这些事太烦琐、太操心了，于是公众号停了。至于让小莫觉得不操心的事是什么，她自己到目前也没有找到。

小莫的生活当中，多得是这种半途而废的事，因为懒、因为累、因为无趣、因为不赚钱，任何一点儿困难都能让她举起白旗。

当一个人对自己内心的追求不够坚定的时候，那么他做的所有事，最终就只有一个结局，那就是妥协，而妥协只会造成一个结果，那就是失败。

▼
日子就是要认真过的

有一年我到南京出差，刚好有一位老朋友在这座城市工作，我便约她出来吃饭。饭后离我飞机起飞的时间还有很久，她便邀请我到她的出租房里去坐坐。

朋友租的房子在一个老弄堂里，外墙斑驳，看起来非常陈旧。我心想，在哪儿打拼都不容易啊。可朋友打开她家的门之后，我却惊呆了，我们似乎步入了一个世外桃源。首先是一阵醉人的花香扑鼻而来，接着映入眼帘的是一座姹紫嫣红的小花园。穿过花园，走几步就是正房。

室内的家具、壁纸都是淡雅的颜色，象牙白的小沙发上放着两个奶油绿的抱枕，沙发前是一个木质的米色茶几，茶几上摆放着水壶和插着几支雏菊的简易花瓶。窗户旁边放置着一张小桌子和两把藤椅，藤椅旁边安装了一个简单的小书架，上面整齐地码放着各类书籍。

厨房也被朋友打理得洁净、整齐，阳光透过窗户散落在铺着浅绿碎花桌布的餐桌上。

卧室是小小的一间，以浅蓝色调为主，地上铺着厚实的地毯，靠床的墙壁设计了一面照片墙，旁边是一个小小的写字台。

天啊！朋友的住处太完美了，简直令人刮目相看。

我说："这些都是你自己设计、布置的吗？"

朋友说："是啊。"

我问："可是每天工作那么忙，你是怎么抽出时间来的？感觉这是一个大工程啊。"

朋友说："这事不是一蹴而就的，从我住进来就开始做了。下班早的时候或是周末，我就去市场逛，看见喜欢的就买回来，今天买个花瓶，明天买个书架，日久天长，就把房子装饰成今天的模样了。看起来是个大工程，可是每天都在做就不觉得有什么了。"

我又问："可是你才入职两年，应该没有多少积蓄，这些看着要花不少钱呢。"

朋友解释说："这些东西也不都是贵重的，有很多都是我DIY的，还有的是我从旧货市场上淘来的，院子里的月季花和花盆里的绿萝、茉莉，都来自隔壁的阿姨，像那月季就是她给我的她家月季花的老枝扦插后成活的。"

一边说着，朋友又拿来咖啡机开始煮咖啡，她这精致的生活令我羡慕不已。

"当然，像沙发、小冰箱、咖啡机这些，都是我获得奖金后犒劳自己的。这个沙发我早先逛宜家的时候就看中了，后来我负责的项目业绩出色，拿到了一笔奖金，我就把它拿下了。我发现为了打造我的这个小家，我每天工作动力都特别足呢！"朋友一脸满足地说。

看着朋友眉飞色舞地为我介绍她是怎么一点一滴地打造她的小家的，我感觉她是真的享受其中。

刚入职场两年的朋友，工作很忙碌，薪水也不是很高，可是她的生活依然井然有序，丝毫不显狼狈。即使家里只有她一个人，她也非常认真地生活。

可我还是有点儿担心，我说："可这房子不是自己的，万一哪天你需要搬家了，这些努力不是都付诸东流了吗？"

朋友毫不在意地说："不会啊，我喜欢的家具都可以搬走嘛，搬不走的，我可以在新的住所重新布置啊。难道因为咱们租房子住，就可以去将就生活吗？我把这里布置成我喜欢的样子，舒服、高兴的是我自己啊！"

　　她的话警醒了我：很多时候，我们抱怨在异乡打拼过得怎样艰辛，抱怨租住的房子怎样狭小、简陋、肮脏，其实这些我们是可以凭借双手改变的，可我们不愿意去改变。是我们自己选择了消极、狼狈的生活方式，又有什么资格抱怨生活呢？

　　如果生活态度不积极，没有生活情趣，对生活没有顿悟，即便住上大房子，也未必能过得有滋有味。

　　朋友还说，她平时很喜欢自己做饭，即使一个人也不草草了事，一到周末就对着菜谱研究新的菜式，现在她的烹饪水平已提高了很多，过年回家都可以给家里准备年夜饭了。

　　朋友的生活态度值得我们学习，她并不把租来的房子当成一个睡觉的地方，而是当作家来打理，她也愿意为一个家买单。

　　她把墙纸、家具、窗帘、地毯都换成自己喜欢的样子，在这样一个小家里，她身心愉悦，精神状态好，工作效率也高，为了把家变得更理想，她还有上进的动力。她认真对待了生活，生活也在源源不断地回馈她。

　　咖啡煮好后，我俩坐到窗边的藤椅上，一边喝着咖啡，一边继续闲聊。

　　我又问她："你怎么好像什么事情都会做，能煮这么棒的咖啡，还会扦插月季花？"

朋友笑着说："我之所以这样热爱生活，还具有这么多生活技能，主要是因为我妈妈。小时候我家里条件特别不好，我们一家三口睡觉、吃饭都在一个房间里，你能想象吗？可是即便这样，我妈妈也把房间收拾得干净整洁、温馨雅致。我虽然没有什么新衣服穿，可是我妈妈会用她那双巧手给我编漂亮的发辫，把我收拾得干净利落。妈妈还会在院子里种上各种蔬菜和花草。小时候，我家有各种各样的花，我的同学都很喜欢来我家里玩。而且我妈妈会做一手好菜，简单的食材能被她烹调得有滋有味。所以，虽然我家很穷，可我从来没有自卑过。相反，到现在我都很怀念那时的小家。

"我听别人说，心中有田野，就处处有诗意，我觉得我妈妈就是一个心中有田野的人。她教会我日子就是要认真过的。"

那个静谧的下午，我和她一起窝在藤椅上，享受着温暖的阳光，那几个小时的时光，我想我一生都难以忘却。

我们大多数人都是平凡世界里不起眼的小角色，我们没有可以随意挥霍的财富，我们也不能随心所欲，但现实的压力不应该成为我们把生活过得有滋有味的阻碍。只要你愿意，你随时都可以让自己的生活鲜活起来。

　　抛开一切烦恼和不如意，在力所能及的范围内，为自己的生活投入足够的热情吧！认真去过日子，你会发现，日子能在黑暗中发出光来。

第二章

你不努力自救，
凭什么让别人救你

▼
爱别人，也要爱自己

当一个人开始懂得爱自己的时候，才会发现，所有的痛苦都源于不尊重自己：丧失自我，无个性，无主见，甚至无梦想。试想，一个总是活在别人的世界里，受别人摆布，没自我，没大志的人，别人怎么会喜欢你呢？社会怎么会接纳你呢？

小房是典型的贤妻良母，身边的人都夸她"贤惠""无私""体贴""温柔"。

小房与丈夫是相亲认识的，两人第一次见面，互相感觉都不错，便顺理成章地坠入爱河，然后顺理成章地结婚生子。丈夫说，他最喜欢小房的一点就是体贴，比如她会在前一天晚上为丈夫熨好上班要穿的衬衣，会每天早起做可口的早餐然后送丈夫出门，会每天晚上做好精致的晚餐迎接丈夫回家。

有了孩子之后，小房的角色由原来的"妻子"变成了"母亲"，她除了依旧对丈夫体贴之外，还要负责照顾儿子的饮食起居。

几年的家庭主妇生活让小房变得细心体贴的同时，也变得啰唆起来。

有一次，儿子的幼儿园组织春游，要求每个小朋友都要带一份便当，小房在春游的前一天晚上精心制作了便当，又为儿子准备了各种要带的东西，一样一样地往书包里塞，后来发现书包塞不下，硬是给孩子准备了一个行李箱。第二天早上，儿子看了一眼行李箱，说什么都不带，只背了平常上学用的书包就走了。小房感到一阵失落，当天晚上她思考着孩子春游的事情，几乎失眠，她不明白为什么儿子不懂她的爱和付出。

如今，小房的儿子已经上小学，小房终于结束了家庭主妇的生活，开始工作，但已经与社会脱节的小房碰壁不少才找到一份愿意让她试试看的工作。为了将这份工作做好，小房晚上把孩子哄睡了后还要继续学习，与此同时，几年如一日的家务事小房也没有落下。小房每天早起晚睡，一边计算着柴米油盐，一边兼顾着工作。由于操心的事情越来越多，小房自然就越来越啰唆，甚至谁少吃了一个馄饨，多喝了一口饮料，她都要说一说。终于有一次，丈夫爆发了与她的争吵。情绪激动的情况下，丈夫脱口而出："你就知道叨叨，简直就是个讨人厌的黄脸婆。"

小房无限委屈地找我哭诉："为什么我付出那么多，他们却不珍惜？我做好了红烧鱼，一个劲儿地把鱼肉夹给他们吃，自己吃鱼头，可他们从来不知道我也不爱吃鱼头……我感冒发烧的时候，还是得拖地、洗衣服，他们该看电视看电视，该玩游戏玩游戏，都不知道搭把手……"小房喋喋不休地说了很多，我从她的话中得知，她确实是"贤妻良母"，一个爱别人胜过爱自己，毫无存在感和价值感的"贤妻良母"，只是这样的好名声有什么意义呢？

当一个人爱别人爱到失去了自我，那她自己就变得不值得爱了。人要存有志向，有个性、有主见，爱人七分足矣，剩下三分爱自己。

民国时期的才女张爱玲，既有美貌，又有才情，她的高贵典雅似乎是与生俱来的，可是，她与胡兰成的一段爱情却让她的传奇人生蒙上了一层灰暗的色彩，因为在这一段爱情中，张爱玲只懂得爱别人，忘记了爱自己。

两人最初的相识是因为胡兰成看到了张爱玲的文字，还没谋面就已经满心倾慕。后来两人相识、相知，继而相恋，张爱玲沉溺在胡兰成的才华和恋爱的美好之中，不顾对方已有妻室，也不顾对方汪伪政府要员的身份，委曲求全地爱他。

张爱玲曾经送给胡兰成一张照片，照片的背面写了这样几句话："见了他，她变得很低很低，低到尘埃里。但她心里是欢喜的，从尘埃里开出花来。"也许起初，张爱玲的内心是快乐的，但是当她得知胡兰成风流成性、处处留情的时候，心底的痛苦想必是多于最初的甜蜜的吧，可是张爱玲依然没有放手，甚至一直接济着当时处在困境中的胡兰成，一直到张爱玲再也难以忍受胡兰成的拈花惹草，写信给胡兰成做最后的诀别，随着诀别信一起寄给胡兰成的，还有张爱玲的三十万元稿费。

一个传奇女子，她的才思令世人铭记，却在爱情里迷失了自我，把对别人的爱当成了唯一因而让自己深陷这段感情的泥淖，失去了爱自己的能力。

我认识一个单亲妈妈，她的名字叫 Eva，我们认识的时间不长，但我却深深地喜欢这个女人的精致与优雅。

很多初次见到 Eva 的人基本上都会想当然地认为，她一定有一个幸福的家庭，而且与老公感情很好，也有人猜测她资产不菲，家世阔绰，因为 Eva 无论什么时候出现在人们面前，都保持着得体的妆容和衣饰，再加上她挺拔的身姿，白天鹅般的脖颈，还有精心打理过的黑缎一样的头发，淡雅的笑容，简直让人移不开眼睛。

事实上，Eva 并不是出自富贵之家，她拥有的每一样东西都是自己辛苦打拼挣来的，她也没有令人羡慕的婚姻生活，相反她离过婚，现在独自生活。但无论遇到任何情况，她都坚强面对，永远保持着自身的美丽与可爱，所以她身边从来不乏优质的追求者。

Eva 坚持健身，擅长烘焙，家里的阳台上还养了各种花草，拥有各种技能的 Eva 说："生活什么样子，取决于你自己是什么样子。只有懂得爱自己，生活才会爱你。"

与 Eva 相比，小平就完全不一样了。小平的男友是她高中时的初恋，两人已经到谈婚论嫁的地步，男友却突然提出了分手，小平苦苦挽留，却依然唤不回男友。

小平在家整整闷了两天，不吃、不喝、不说话，她还觉得不够，便约了朋友，来到 KTV 唱了一个通宵，喝了一瓶又一瓶啤酒，散场的时候，小平是被大家又背又抬地送回了家。小平清醒过来之后，头痛欲裂，但还是强撑着给男友打电话，哭着喊着倾诉自己的爱恨情仇，男友无动于衷，小平便威胁说要割腕自杀，可又哭又闹的小平等来的却是那头无情的挂断音。痛苦的小平宛如神经质一般折腾了一次又一次却不起任何作用，此时，她终于明白：一个不爱自己的人，是不值得别人爱的。

当初恋爱的时候，她为对方精心烹制菜肴，因为她相信"抓住男人的胃就是抓住了男人的心"，她要用美味佳肴拴住对方；她总是时不时地检查男友的手机，因为她不允许对方与除了自己之外的女人有过多的接触。她不自信，她患得患失。

然而，当你的生活中只剩下别人的时候，也是丧失自我的时候。生活中，有太多的人习惯于取悦别人，认为只有让身边的人高兴，自己才能得到真正的快乐，其实不然。你需要先学会爱自己，取悦自己，提高自己，只有这样身边的人才会看到你内在的活力与美，也才会发现你的与众不同，他们看待你的眼光不同了，你身边的世界自然会变得更美。

▼

健康，是你追梦的资本

在一次大学同学聚会中，大家谈起了大学的学长佳哥。佳哥刚参加工作两年，却骤然去世。听到这个消息，我十分震惊和痛心。佳哥是我们学院的学生会主席，又是学霸，非常优秀，所以收获了一大票小学妹的喜欢，我们班有几个人也常常在宿舍里谈论佳哥，但是他如今却成了大家口中叹息的对象。他是在一个加班的晚上心脏骤停的，第二天项目组要开讨论会发现佳哥没到，打佳哥的电话一直无人接听，同事们辗转来到他家，找来物业开门之后发现，佳哥躺在书桌旁边，桌上的电脑还是开着的……

之后的几天，我一直闷闷不乐，总难以相信佳哥的生命竟然如此短暂。佳哥走了，他的梦想也变成泡影随他去了。此时想到人一生之中，忙忙碌碌，有哪一样是真正重要的呢？

　　我虽闷闷不乐，但在感伤之余很快地就投入到战斗一样的工作当中，又恰好赶上那段时间工作很忙，便每天都经历相同的夜晚：一边感慨"这活儿老娘真是干够了"，一边戴着黑框眼镜，盯着电脑屏幕，噼里啪啦地码字。

　　二〇一八年十月二十五日，央视著名节目主持人李咏去世，铺天盖地的媒体报道让人们不得不相信这个噩耗。李咏的妻子哈文没过多地披露李咏生病的细节，但是每个人都能感受到哈文的心如刀绞，一句"永失我爱"令人潸然泪下。

　　那么幽默、阳光、充满正能量的李咏老师，就这么突然离开了他的观众，这实在令人难以接受。看到新闻的时候，我跟大多数人的反应一样，只有惊愕。我默默地在朋友圈转发缅怀李咏老师的推文，然后告诉自己：无论什么样的身份地位，也无论什么样的才华能力，都不能阻挡死神的脚步。之后，我定下目标，按时作息，认真对待每一天的自己。

　　后来，当然又有新的工作拥过来，我依然以爱岗敬业的态度熬着数不完的夜，生产最新鲜的黑眼圈。

　　直到有一次，我正在加班的时候，觉得口渴难耐，想去客厅倒杯水，可是当我站起身来的时候，发现双腿麻木，突然的心悸让我几乎跌倒在地。那是我第一次真实地感受到我的身体已不像十几岁的时候那么禁得起折腾，我需要很好地爱惜自己了。

我们要明白，生命才是一切的基础，先有健康的身心，才能服务社会帮助他人。

还有，我想说说我的爷爷。

爷爷是土生土长的农民，他一生要强，但没有任何人可以依靠，他是一个孤儿。在那个温饱都是问题的年代，他没能闯出一片天地，只把一身的力气都用在了黑黝黝的土地上。

爷爷后来娶了奶奶，他很满足，因为贫穷让他觉得自己没有可爱之处，能娶到奶奶他觉得很幸运。和奶奶结婚以后的五十多年里，他常常挂在嘴边的一句话是："让你受苦了，没能给你好的生活。"

爷爷过得非常节俭，事事都精打细算。爷爷七十五岁那一年，春节刚过，他开始了连续的胃痛，但是爷爷一直秉持着不给家人增加麻烦和负担，小毛病能忍则忍的原则，直到疼得不能忍了才说出来。家人带他去医院检查，结果已是胃癌晚期，一切救助手段都已经无济于事。爷爷选择不治疗，家人不同意，求医生给爷爷做手术，可是医生说，癌细胞已经转移到肝脏，而且以爷爷现在的年纪，上了手术台可能就下不来了，最后只能选择保守治疗。

爷爷在接下来的两个月中，迅速消瘦下来，但是我们从来没有听到爷爷呻吟一声，他总是在老院子的门前坐着，一坐就是半天，我不知道他在想什么，也没有问。

医生开了止疼药，嘱咐说疼也不能多吃，副作用太大，一天最多吃两颗，爷爷严格按照医生说的每天吃两颗，但我不知道那是真的无法忍疼还是只是例行公事，因为我没有听过他喊疼。直到爷爷去世之后我才知道，那种疼痛是一般人难以忍受的，而且医生已经开了止痛针，说在最后阶段可以为他减轻一些痛苦，但爷爷拒绝了。到死他也不想多花一分钱。

爷爷爱抽烟，但是为了省钱，也为了不让奶奶唠叨，便戒了。生病后的爷爷在照顾他的方面没有对我们提出任何要求，只是总是很眼馋的样子看着爸爸抽烟。有一次，叔叔看爷爷脸色难看，似乎是疼得厉害，便点了一支烟递到爷爷嘴边，爷爷贪婪地吸了两口，吐出烟圈，眼神呆呆的。这个时候，奶奶走过来了，爷爷一脸慌张，忙不迭地把烟掐灭，我看到爷爷的手指被烫伤了。我说不上来什么感觉，只觉心疼得要命，实在不愿意看到他事事委屈自己。

爷爷在同年的端午节去世，临走的时候嘱咐家人，要求丧事从简，然后把自己攒的钱都留给了奶奶和三个儿子。

我在爷爷的葬礼上哭不出来，满心的难受却难以表达，那使我第一次感受到，爷爷的离开带走的不仅是一个生命，还有身边人的牵挂和快乐。我不明白，难道钱比生命还重要吗？

现在想来，佳哥只顾梦想，无视健康，只能让梦想和生命一起烟消云散。爷爷要是珍惜生命，不吝钱财，可能就会拥有健康，至今健在。由此看来，健康的生命真是成事的本钱，否则，什么都无从谈起。

▼

廉价的爱，终将被嫌弃

　　生活中好像不乏这样一种人，他们天生一副被嫌弃的样子，明明做了很多，付出了很多，却还是得不到别人的认可和理解，自己苦恼的同时却找不到问题的根源所在。其实，问题没有那么复杂，当你置身事外，以一个旁观者的身份去观察和思考，就会发现，你之所以被人嫌弃，归根结底是因为你的付出太廉价。

　　我曾经有一个同事椰子，堪称是贤妻良母的典范，大家都说谁娶了她谁有福，但是这样一个女人，婚姻生活却并不幸福。

　　椰子与男友是大学同学，谈恋爱的时候读大三，毕业之后，男友回到老家就业，椰子则选择继续读研。读研期间，男友向她求婚，椰子喜出望外。但是，男友接下来的要求却给椰子浇了一盆冷水，男友要求椰子退学，结婚生子，原因是家里的老人认为女孩子学历太高没什么用，早点儿组建家庭才是正理。在经历了艰难的抉择之后，椰子同意了。

退学后的椰子迅速结了婚，第二年就生下一个可爱的女儿，成了一名全职太太。虽然不工作，但是椰子并不轻松，既要照顾孩子，又要照顾公婆。在孩子五个多月的时候，椰子与老公的沟通出现了问题，老公常常唉声叹气，话里话外都在表达对椰子的不满，例如"一个人养活全家压力大""不能为家庭贡献力量的女人不是好女人"。

有一次，因为喂养孩子的意见不统一，椰子与婆婆发生了争执，晚上老公回家之后，对着她一通数落，说椰子不够善解人意，老人帮忙带孩子不知道感激不说，还胡乱挑剔。公婆还添油加醋地数落椰子的不是，说自己的儿子眼光不好云云。椰子满心委屈却无法诉说，只能暗暗流泪。

可椰子没有一蹶不振，她觉得凭着自己的努力，肯定还是能够处理好家庭问题的。既然丈夫觉得自己没有为家庭贡献力量，那么她决定做点儿什么来分担丈夫的压力。由于孩子还小，她思量再三，开办了一个辅导班，白天照顾孩子，晚上辅导来她这儿的孩子写作业。由于椰子尽职尽责，辅导班办得还不错，寒暑假的时候更忙。

后来，老人又开始催促椰子生二胎，因为他们想抱孙子，于是一边照顾两岁的女儿，一边开办辅导班的椰子再一次选择了顺从，开始备孕。可就在椰子备孕的时候，她发现老公出轨了，她一气之下说要离婚，老公没有任何挽留，而且对椰子的态度十分冷淡。伤心欲绝的椰子在一个冬天的夜晚夺门而出，她失落地走在马路上，突然觉得一阵眩晕，身体就像灌了铅一样走不动，她打车到了医院，检查结果是：妊娠八周。

椰子又改变了主意，她想为了孩子留下来，于是她又回了家，但当她说出自己怀孕的消息时，老公却不为所动，甚至认为她是为了挽留婚姻而撒谎。椰子万念俱灰，一个人去医院做了流产手术。没过多久，椰子就被起诉上了法庭，本就已经焦头烂额的椰子，再也无力折腾，她最终接受了法院的离婚判决，孩子的抚养权也被男方夺得。

椰子总是哭，她说她做饭、洗衣、看孩子，还挣钱养家，对待公婆孝顺，对待老公体贴，自己明明已经对他们很好了，付出了那么多，却还要承受这样的命运，她不明白为什么。

椰子三十出头，但已经是满脸沧桑的样子，每天都好像很累很累。我不知道如何安慰她，唯有常叫她出来喝喝下午茶，让她坐下来享受一会儿安静的时光，脱离一会儿鸡飞狗跳的生活。

我想，椰子的生活之所以是这样的结局，归根结底，是因为她活得太没有自我。我不能否认，椰子是个好女人，因为她总是很努力地要做传统意义上的好女人，而要做这样的女人，就要不停地满足别人的要求，以至于把自己的感受放到最不重要的位置；久而久之，别人不但不领情，还会觉得你做一切都是应该的，做不到就是有罪。就像你每天给别人一块糖，有一天你不给了，在别人眼里你就成了坏人。

看着痛苦的椰子，我想到了一部电影——《被嫌弃的松子的一生》。

松子是一个美丽的女人，但是她待人处世的方式、对待人生的态度和凄惨的结局却令人心疼不已。

松子有一个身患重病的妹妹，这让松子的人生变得灰暗起来，因为父亲把所有的注意力都集中在了妹妹身上，对松子缺乏必要的关注和情感上的照顾。松子因为父爱的缺失产生了自我嫌弃的心理，为了获得父爱，松子开始想尽办法哄父亲开心，她希望通过这种超越自己身份和年龄的做法，换来父亲一丁点儿的关怀。在这个过程中，松子越来越没有自我，甚至连别人对自己的嫌弃也认为是理所当然的。当看到松子对着父亲不停做鬼脸的时候，我的心里隐隐作痛，十分心疼这个原本可爱的小女孩。

不可否认，松子的父亲在松子的成长中对她的忽视是导致松子性格缺陷的重要因素，但是松子本身的性格弱点也是她人生悲剧的导火索。

成年后的松子，依然延续着小时候的做事风格，在爱情里，无论值不值得，她都会付出全身心的爱，以求得一份安全感。

松子的第一个恋人是一个不知名的小说家，他穷困潦倒，却认为自己是天生的作家，因为难以忍受前途渺茫，堆积已久的心灵重负最终变成了施加在松子身上的拳头。松子默默地忍受，直到对方以卧轨的方式结束自己的生命。

后来，松子做了别人的情妇，当得知对方只是利用自己后，自暴自弃的松子当上了浴室女郎；再后来她将欺骗她感情的另一个男人杀死，然后打算跳楼自杀；被人救下来之后，松子再次坠入爱河，与救命恩人过起了踏实快乐的生活，却还是没能逃脱警察的追捕。

狱中的松子依然没有放弃努力，她想在出狱后过正常的生活，但这样普通的愿望对她来说也是奢求。出狱后的松子接连遭受新的背叛，但执迷不悟的松子依然用挖心掏肝的爱来对待别人。当松子的情人说"松子的爱太过耀眼，太令人心痛，太可怕了"的时候，松子大概还不明白，自己对别人那种付出一切的爱，反而给了对方巨大的压力，让人望而却步。

影片的最后，松子满怀着希望走在繁星满天的夜空下，却被一群小混混围殴致死。看完电影，我忍不住泪流满面，松子是多么可爱的人，可是又是那么傻，她不明白，当为别人付出到失去自我的时候，也就是生命失去价值的时候。

《被嫌弃的松子的一生》中这个场景令人唏嘘不已。人，懂得为他人付出当然是好的，可是，这些都应该建立在自我认同、自我肯定和自我喜欢的基础之上，否则，即便你做得再多，也不一定能得到别人的回馈，甚至可能遭到别人的嫌弃。

▼

心中的爱，是支撑你最强大的力量

　　在生活的洪流中飘来荡去，难免有不堪重负的时候，也许你曾有过伤心和失望，但是一定不要让沮丧和懊恼填满你的内心，那是对自己的摧残，也是对周围亲人朋友的摧残，他们一定会被你消极情绪所感染。这时你要想一想，他们是爱你的，你也爱他们，为什么要把负面情绪带给他们，让大家都不开心呢？为何不用这些爱支撑起自己的内心，使自己强大起来，战胜困难继续前行呢？

　　七月的上海，正是梅雨季节，整个城市都弥漫着湿气，闷热得像蒸锅，易欣前几天因为一个项目出了问题被领导狠狠批了一通，并且被降职了，心里更加燥热。易欣为了这个项目加了两个月的班，总是第一个来，最后一个走，熬得眼睛发红，牙龈出血，她都没有怨言，因为她想把这个项目做好。可是，在最后的交付阶段却因为客户的突发奇想，不得不修改原来的方案，时间紧，任务重，易欣一边要赶进度完成客户的要求，一边还要安抚情绪失控的项目组成员。可是，最终的结果还是不尽如人意，客户依然投诉了他们，这让易欣很难接受，领导更是不分青红皂白地否定了她这段时间的所有努力，她感到委屈极了。

垂头丧气的易欣回到家里也没有好脸色，无处发泄怒气的她跟男朋友大吵了一架跑了出来。她坐在公园的长椅上，想着这段时间一团乱麻的工作和生活，心里很不是滋味。这个时候，手机响了，易欣掏出手机，一条消息弹了出来："周六去徒步吧，我替你报上名了!"署名是"豆芽菜"。

"豆芽菜"是易欣的朋友，准确地说，是认识不到半年的新朋友，她们是在一次驴友组织的徒步旅行中认识的，"豆芽菜"活泼爱笑、平易近人，那次，易欣吃了"豆芽菜"递过来的"士力架"，两人聊得很投机，就成了朋友。

易欣本能地想拒绝"豆芽菜"的邀请，但一想到"豆芽菜"那不容人拒绝的笑，还是回复了："好的。"

周六，易欣与"豆芽菜"一起参加了徒步活动。这次的路线很陌生，她们走得很累，易欣和"豆芽菜"掉队了，她们走了一条错误的路，沿途遇到一片残破的墓地，易欣觉得非常倒霉，心情很是烦躁，"豆芽菜"却在前面一边哼着歌一边走着，心情似乎丝毫没有受到影响。易欣在后面亦步亦趋地跟着。

"小心，""豆芽菜"往前迈了一大步回头对着易欣说，"这里有一块倒了的墓碑，不要踩到它。"易欣觉得她有点儿神经质，满脸不爽地说："都什么时候了，你还有心情顾得上这些。""豆芽菜"说："这是对逝者的尊敬嘛。我知道你最近心烦，但是你不能因为遇到了一些烦心事就虐待自己的情绪，虐待周围其他人的好心情啊！更不能因为自己的不顺利，就失去对所有人和事物的善意啊！"

易欣虽然觉得她说得有道理，但她就是沉浸在自己的倒霉、郁闷的情绪中出不来。"豆芽菜"走过来，拉着易欣的手提议两人坐在路边休息一会儿。看着远方的天空，易欣突然很有倾吐内心的欲望。

"我不明白，为什么我这么努力地工作生活，依然这么点儿背……"易欣叹了口气，继续说道，"我现在满心都是委屈和不公，对所有事物都很厌恶，连我也讨厌这样的自己……""你啊，真是吃的苦太少，不懂得现在的生活多么可贵。""豆芽菜"笑了笑，说道。接着，"豆芽菜"讲起了自己的经历。

原来，那么爱笑、那么爽朗活泼的"豆芽菜"也有不为人知的故事和隐痛。"豆芽菜"三年前不顾家人的劝阻辞掉了工作，随着男友去了新加坡。男友承诺她"生死契阔，与子成说"，"豆芽菜"便像着了魔一样非他不嫁，尽管那时候他们认识才几个月的时间。沉浸在甜蜜爱情中的"豆芽菜"毫无防备之心，也没有给自己留下任何退路，只带着一腔对真爱的渴求和自己攒的十万块钱飞去了新加坡。

起初在一起的日子，"豆芽菜"觉得无比暖心，男友会煲好她喜欢的汤叫她起床，会在圣诞节的时候把礼物塞满她的袜子，也会一边说她重得像小猪一边仍然背着她上楼……一切都美好得不成样子。直到有一次，"豆芽菜"在路上被人搭讪，因为不好意思拒绝而留下了电话号码。男友当时没有说什么，拉着"豆芽菜"回了家，刚进家门，就把"豆芽菜"重重地摔在地板上，然后到来的便是劈头盖脸的谩骂和拳脚相加，"豆芽菜"彻底蒙了，这个眼神充满戾气的人还是那个温文尔雅的男友吗？

经历了这一次"家暴"事件后，"豆芽菜"才意识到自己遇人不淑，但是当她想要分手的时候，男友却又是下跪又是痛哭流涕地挽留，"豆芽菜"选择了"看他今后的表现"。男友后来果然又变回了那副温柔的面孔，只是，"豆芽菜"常常会发现，自己独自出门的时候，男友总是不知道在什么时候会出现在一个不起眼的角落里跟踪，她每天都活在被监视的恐惧当中。

后来，"豆芽菜"偷偷地离开了，丢掉了对幸福的憧憬，也丢掉了对那个男人的爱。

回到上海的"豆芽菜"带着满心的辛酸和委屈开始了新的生活，她说："刚回来的时候，觉得孤独得好像世界上只有自己一个人，工作、爱情，甚至连跟家人的热络都要从头开始……真的很难，但是我觉得不能因为一段不堪的过往就让心里充满了怨恨，生活还要继续，我要坚强地站起来，善待自己，善待爱我和我爱的人，只有这样生活才会充满阳光。"也许没有人能体会"豆芽菜"经历的创伤，但是包括易欣在内的很多"豆芽菜"身边的朋友都看到了她阳光快乐的一面，仿佛她从没受过伤，仿佛这世界对她从来都是美好的。

徒步旅行回来后的易欣，主动和男友道了歉，易欣将自己内心的压抑向男友和盘托出，收获了男友心疼的拥抱。易欣又像平常一样开始工作，以更好的姿态和神采奕奕的面貌展现在人们面前，也许，她的生活依然不会一帆风顺，但至少她懂得，只有自己心中对生活充满爱，才能在困难袭来的时候刀枪不入。

有一年的八月份的晚上，我和朋友去一个海滨公园消暑。

夜晚的公园十分热闹，公园广场上围了一群人，我们在人群中穿梭，突然听到一阵美妙的歌声，我们随着声音走了过去，原来是有人组织了露天 KTV，唱歌的是个年轻女孩。那女孩的声音真的美极了，既温柔又充满着力量，我们忍不住在人群中多待了一会儿。一曲唱罢，人群中响起热烈的掌声，女孩鞠了一躬，说："谢谢大家，我今年高考，成绩并不如意，我选择了复读，我相信明年我能考好，谢谢你们听我唱歌，谢谢你们的鼓励……"我和朋友相视一笑，这样的女孩，多好。

她是那么真实，心痛是真实的，快乐也是真实的。那天晚上的歌声像是有魔力一样，让我一直难以忘怀，让我在内心深处一直珍藏着那份动人与纯粹。

一个人快乐不快乐，不取决于外界环境，而是取决于他的内心，如果心中是装满对这个世界的爱，对自己的爱，那他眼中的所有事物都会是美好的，他也才能不被困难的流矢击中，而能幸福地度过每一个日夜。

第三章

我不怕千万人阻挡，
只怕自己投降

▼
苦难不怕，战胜它你就是人生大赢家

人的一生要经历很多的苦难，逃避不是办法，况且想逃也逃不了。只有迎难而上，直面苦难，从中锻炼自己，提高解决问题的能力，才能战胜苦难。某种情况下，苦难也是人生财富，关键取决个人的人生态度。

小默和男友在一起已经两年了，男友是个风趣幽默的人，长得不错，工作能力也很强，身边的人都说，小默捡到了宝。小默也这样觉得，而且最让她感到骄傲的是，她的男友对自己的女友身份从来都不会遮遮掩掩，反而十分愿意将她介绍给朋友们，或者是发朋友圈的时候带上她的照片。

就是这样的模范男友，却被小默发现劈腿了，劈腿的对象是他的前女友。小默之所以发现这件事，是因为在男友的衬衣上发现了一根长长卷卷的头发，而小默是短发。小默忍受不了这样的背叛，提出分手，但是男友却苦苦哀求，说是自己喝多了一时失控才会发生那样的事，还信誓旦旦地说对小默的爱日月可鉴，如果撒谎就天打雷劈，小默看到眼前这个痛哭流涕的男人，心软了，还是选择原谅他。小默说，想起那时候傻乎乎的自己，真恨不得给自己一耳光。

和好后，男友对小默百般殷勤，每天接送上下班，还不时地制造浪漫，小默真的以为男友浪子回头了。正当小默沉浸在庆幸和喜悦中时，男友提出，自己打算入股现在上班的公司，公司的发展前景很好，他入股的话他们便能早点儿有个家了。在糖衣炮弹的轰炸下，小默失去了理智，当场转给男友三万块钱。

男友的消失是在得到三万块钱的第二天，去上班之后就再也没回来，直接人间蒸发。小默骂了男友祖宗十八代，最后瘫坐在地上失声痛哭。就在她想着如何找回男友，如何当着很多人的面给他几个耳光的时候，领导打来了电话，小默没有接，马上又来了第二个、第三个，在领导的连环攻势下，小默接了电话，领导说："马上收拾东西跟我一起出差。""啪"电话挂了。小默想，这是招谁惹谁了，哭都不能痛痛快快地哭。

小默还是收拾好了出差的行李，换上整洁利落的衣服，跟着领导出差了。小默为了躲避欺骗、背叛带来的痛苦，连续地加班，不停地根据客户的要求修改方案，在方案改了七八遍的时候，她想：连这么难缠的客户我都对付得了，我还怕什么呢？

小默不再执着于要找到那个负心汉，也不再以当面打男友耳光为梦想，她让自己一天天地忙起来，不给自己胡思乱想的时间和机会。三个月后，小默升职了，领导说："三个月前看你跟我一起出差的时候的那个样子，以为你家天塌了呢，我都没敢问怎么回事，看来你消化坏事的能力不错啊！"小默笑着说："凡打不倒我的，必使我强大。"

小默成了职场上雷厉风行的女强人，看人的眼光也好了很多，新男友还是愿意主动将她介绍给自己的朋友，也会在朋友圈里发两人的合照，但是，她不再以这种表面的虚荣为荣，也不再担心男友会不会劈腿，因为她的内心已经足够强大。

我读初中的时候有一个偶像，她是我们班的第一名，也是全年级的第一名，她的名字叫杉杉。杉杉的成绩好到每个科目几乎不丢分，比全年级第二名成绩高几十分是很正常的。我在班上排名前五，而我觉得自己已足够聪明，也足够用功，但我就是追不上她，因为她太聪明了，也太努力了，她思考问题的角度与众不同。

　　杉杉学习好，长得漂亮，但是杉杉有残疾，听说她小时候生病扎针扎得肌肉坏死，两条腿的肌肉不一样，所以她是"瘸子"。在当时崇拜她已经到了一定程度的我看来，她的"瘸"都是一种优秀。

　　上初中的孩子已经开始有了爱情萌芽，也有人给杉杉写情书，可杉杉从没有打开看过，都封存了起来，很多人说她成绩好太骄傲才会那样，多年后我才知道，那么优秀的她原来是那么自卑。

　　高考成绩出来后，杉杉报考了医学专业，想是因为自己身体的不幸，所以她不想看到其他孩子遭遇与自己相同的厄运吧。

　　杉杉上了大学后，依然没有要谈恋爱的意思，父母催，她每次都搪塞过去，有人追求，她也不同意。直到后来，杉杉喜欢上了一个男生，男生跟她的关系不错，看得出来对方并不排斥她，她第一次幻想以后可以跟正常人一样有个家，但是他会把自己当成正常人吗？杉杉无比忐忑。

　　杉杉的满腹心事被男生看了个明明白白，他问杉杉："我不知道自己能不能配得上你，因为你太好了、太优秀了，你用实际行动征服了苦难，你比正常人都优秀。但我想要一个机会，你愿意给我吗?"杉杉喜极而泣。

男生带杉杉回家见了自己的父母，杉杉很紧张，但是男生的父母都十分开明，而且他们喜欢杉杉的上进和温柔。从此，杉杉不再自卑，她要摆脱多年来的心理负担，做一个幸福的人。实际上，杉杉已经用行动征服了困难，只是自己没觉得。

杉杉结婚之后生了一个小女孩，一切正常，而且非常漂亮。杉杉成了一名儿科医生，每天都很忙，但她总是对那些前来就诊的小朋友投以温暖的笑，小朋友都喜欢这个和蔼可亲的阿姨。

人一生下来就是哭着来的，很多人解读说那是因为人生下来就是"苦"的，虽然我不相信这样的说法，但是人生的苦难确实无法逃避。我们要做的是消化苦难，而不是任由苦难折磨我们的身心，也不是陷在苦难的泥淖中自暴自弃，有多少苦难来袭，我们就该有多大的力量将其化解。当你战胜了苦难，它就是你的财富；当苦难战胜了你，它就是你的屈辱。

▼
别急，总会有为你煮粥的人

　　没有人愿意承认，他的爱情是速食品。但事实上，很多人的爱情都是速食品。为了年龄而结婚，为了父母亲人而结婚，为了舆论结婚，甚至为了保证下一代的质量而结婚。为了这一切速速结婚，说的是你吗？

　　小岩又被安排去相亲了，这是第几次？没人知道，连小岩自己也记不清楚，大概是第二十几次吧！小岩甚至都没有细问男方的情况，但是妈妈说了，对方各方面条件都挺好的，属于优质资源，如果自己不赶紧抢就要被别人捷足先登了。

　　小岩与对方约在一家餐厅吃饭，两个人的聊天进行得还算顺利，吃到一半的时候，男方突然很正式地说："你看你，虽然脸上看不出来，但是身上还是有点儿胖的，你需要多运动运动才行，我就在健身房上班，可以把我们那边的金钻会员优惠给你……"小岩目瞪口呆，一时竟然没有答上话来。

如果从另一个角度讲，也许这个男人是懂得处处营销的好员工，但是在这样的场合提出这样的问题，还是很煞风景。

回到家之后，小岩跟妈妈吐槽，不想跟那样的男人发展下去，妈妈却说，那样的男人才懂得赚钱养家，嫁给那样的男人，女人才能幸福。小岩笑笑不说话，心里却打定主意不再继续了。

跟小岩一样着急的还有芸芸，芸芸始终相信，爱情这件事不是自然就能等来或者遇到的，而是要自己有计划地去寻找，挖掘一切可挖掘的资源。

有一段时间，芸芸迷上了社交软件，微信自不必说，还有很多相亲 APP，陌陌、探探等通通下载，她信奉的原则是"广撒网，钓大鱼"。

但是芸芸并没有如她所想的钓到大鱼，却差点儿钓到鲨鱼。社交网站上什么人都有，有人加了芸芸的好友，聊了没几句就开始说些不着边际的话，有些人甚至说黄段子，开下流的玩笑，芸芸一开始以为这只是个例，后来发现这样的人着实不少。气愤之余，芸芸选择卸载了这些软件。

后来芸芸明白了，爱情这回事，还是要靠缘分，寄希望于虚拟的世界，那是傻子的做法。

当看到别人目标明确的恋爱经历，还有五花八门的相亲史的时候，我也会纳闷，我们并非爱情中的无能者，为什么不能拥有爱情？我们可以这样问自己，但一定不能怀疑自己，因为大多数看似美好的表象之下往往隐藏着不好的一面，当我们顺应身边人的感受或者觉得时间到了该有个家的时候，往往就是我们委曲求全的时候。

爱情里，急是最没有用的，要相信，"物以类聚，人以群分"，只有优秀的人才能吸引同样优秀的人，盲目地相亲，或者为了结婚而结婚，都不是对自己负责的态度，而且我们所得到的，一定都不是匹配我们的最优选项。

小柏四岁的时候，因为一场大病进了医院，其实他完全可以很好地被治愈，却因为当地的医生用药不当而使他的腿落下了残疾。

小柏本身就是个内向的孩子，在发生了这些事情之后，小柏变得更加木讷，而且非常自卑。一见到女孩就脸红，完全不知所措。小柏的父亲母亲简直愁坏了，他们深深地为他的未来担忧，怕以后连个陪伴他一生的人都找不到。

　　小柏进入青春期以后，心中对爱情也有了一些憧憬，但是他从来不敢对有好感的女孩表达自己的心思，更没有奢望过有一天能得到异性的青睐。有一次，老师到小柏家里家访，他详细了解了小柏的情况后感到十分同情。小柏的父母很迷茫，不知道接下去小柏读书与不读书有什么区别，就算是考上大学又能怎样呢？但是老师接下来的话，让小柏对自己的人生有了彻底的改观。

　　老师说，一个人不能选择自己的出身，也不能改变自己的过去，但是将来是可以自己把握的，只要敢于努力，敢于追梦，想要得到的珍贵的东西早晚都会得到。老师又给小柏讲了张海迪、海伦·凯勒的故事，他们可能比小柏的情况更糟糕，但是依然找到了人生的意义，活出了尊严和生命的色彩。

　　此后，小柏开始认真地看书、学习，学校的课本都被他翻烂了，他又开始向别的同学借书来看，他渐渐地发现，书里有一个丰富多彩、神秘奇妙的世界，他开始尝试着在没有任何人知道的情况下自己写作。

　　由于身体原因和家庭经济问题，小柏没能读大学，但是高中毕业的时候，他已经在很多报纸杂志上发表了作品，而且有报纸专门来采访他，报道他的事迹，还有报社要和他签约，让他做报社的专栏作家。

小柏不知道，他的文字打动了无数人的心，让无数人流下了热泪，其中就包括他后来的妻子。小柏的妻子在没有和他见面的时候已经是他的粉丝，只要是他写的文章，她都仔仔细细地收藏起来，反反复复地读，她被这个诚恳善良的灵魂所打动，后来费了一番周折打听到了小柏的住址，他们一见如故，成了知己好友，再后来他们就顺理成章地在一起了。

小柏和妻子结婚的时候，他哭得不成样子，妻子却笑得特别坦然，她说："你的文字，你的心，都是晶莹剔透的，我爱这样的你，永永远远。"

婚后的生活很平淡，也很幸福，小柏非常珍惜这段感情，对妻子特别体贴，妻子也在慢慢地学习如何更好地照顾他，父母见到小柏夫妻两个如此包容对方、爱护对方，都十分欣慰。

无论是谁，只要认真地打磨自己，经历了时间的洗礼和锤炼，都能变成芬芳的花朵。当我们觉得自己是注定孤独一生的人，伤感地皱着眉头时，不要忘了提醒自己微笑，天知道谁会爱上你的笑容！你的独特与美好总会被发现，总会有一个人，愿意为了你系上围裙，在每一个阳光明媚的清晨，为你煮粥。

▼
一边疲惫，一边梦想

　　当骨感的现实不足以支撑丰满的梦想时，我们常常会怀疑梦想成真这回事是否真的存在；当我们为了追逐心中的梦想而奋力拼搏的时候，那种疲惫不堪的感受也许会让你瞬间失去斗志。但是我们不该灰心，因为这个世上有太多人都是在疲惫中坚持着自己的梦想。

　　小欧和男友是异地恋，后来因为距离原因，小欧的男友有了新欢，小欧在没有任何心理准备的情况下被劈腿了，对方说了声"对不起"之后就此消失。

　　小欧受了情伤，她承受了异地恋带给她的巨大伤害，便不愿意再承受这样的痛苦，所以下定决心再也不要异地恋了。

　　小欧后来遇到了她现在的老公，老公对她十分温柔体贴，两个人除了上班的时候各自忙碌外，其他时间几乎都腻在一起，异地的问题再也不会困扰小欧了，小欧很知足。在经过一年多的恋爱之后，他们走进了婚姻殿堂。结婚的时候，小欧对老公说，她的梦想很简单，一间房，两个人，柴米油盐足矣。老公用力地点头，郑重地承诺："我一定会让你实现这简单的梦想的!"两人在婚礼上相拥落泪，感动了在场的所有人。

婚后的生活依然甜蜜，小欧和老公也孕育了他们的爱情果实，小欧生下了一个白白胖胖的小姑娘。两个人的小家庭变得更加热闹。

就在孩子刚刚一周岁的时候，小欧的老公因为公司开拓业务的需求，需要出差一年。虽然小欧的老公承诺一定每个月都回来一次，但是一年的时间毕竟不短，小欧很失落，她不想两地分居，何况现在还有孩子，她一个人很难应付。小欧的老公十分抱歉地对小欧说："我承诺过不会离开你，虽然这一次在事业上是个绝好的机会，但是如果你真的不能接受的话，我就不去了。"小欧哭了，但是她还是同意了，她对老公有信心，对他们的爱情也有信心。

在老公出差的一年当中，确实如他所说，每个月都尽量挤时间回家，但是每一次都是一两天，而且每次都匆匆地来又匆匆地走，小欧几乎一个人解决了所有的问题。

小欧一个人在家照顾孩子，给孩子做饭洗衣服，把孩子哄睡着了之后才能吃两口饭，有的时候为了速战速决，饭凉了她也只能将就着。

最让小欧感到崩溃的是孩子生病的时候。每当这种时候，小欧恨不能长出来三头六臂，能一边安慰哭闹的孩子，一边排队挂号，还有取药，伺候孩子吃奶喝水。

白天带孩子去医院看完病，晚上要一次一次地帮孩子量体温，贴退烧贴，不断哄着因为病痛哭闹不止的孩子。还要变着花样地给孩子做饭，以激起孩子的食欲。每次孩子生病，小欧都得瘦上好几斤。就这样，小欧挺过了一年。

小欧的老公结束出差回来的那天，小欧打开门迎接，两个人抱在一起，老公抚摩着她的脸，一个劲儿地说"辛苦了"，小欧流着泪，泪水滴在老公手里一大束百合花的花瓣上。

小欧的老公因为在外地的业务拓展得很出色，职位得到了晋升，他们的收入比原来高了很多。老公便更加不吝惜在小欧身上花钱，哪怕小欧说不用乱花钱，太浪费，老公依然时不时地给小欧制造惊喜。

后来，他们的孩子上了幼儿园，白天可以托管在那里，小欧开始上班了，两个人努力地工作，干得劲头十足。没几年，他们换了房子，一家人搬进了新家，周末的时候，一家人会集体出游，不管远近，每个周末的放松时间都让他们越来越感觉到家庭的温暖和家人的重要。在夕阳下，小欧倚在老公的肩头，轻轻地说："我的梦想实现了。"是啊，尽管经历了很多辛苦，但朴素的梦想还是实现了。而且，小欧总是会开玩笑地说，如果以后还需要老公出差，她绝对不会再哭，而是会全力支持。

无论当下的生活有多艰难，无论过得有多疲惫，都一定不要忘了初心，在疲惫中怀揣梦想的人才是伟大的人。

平平对都市里忙忙碌碌的生活越来越厌倦，她出生在一个偏远的农村，虽然童年时期她们家的生活算不上富裕，甚至可以说有点儿拮据，但是随着在都市里生活的时间越长，她就越想念农村那种古朴、恬淡的感觉，她多想在这灯红酒绿的城市里拥有一处安安静静的天地，能够寄托浮躁的内心。

平平跟朋友谈起这种感受，朋友赶紧附和说他也是这种感受，感觉每天都忙忙碌碌，但是又觉得特别空虚，有时候真的想要体验一种回归田园的生活。

后来，平平和朋友去过一次农家乐，他们休了一天假，在农家小院里种花种草，自己亲手摘果子，亲手喂鸡喂鸭，他们还跟着当地人一起下地干活，感受泥土的气息和汗水的味道。回来之后，平平的心里一直不能平静，那就是她向往的生活啊！

平平找朋友商量，想要在郊区租一块闲地，在那里种点儿花草蔬菜，既不用花很多钱，也不用费很多时间，自己有了放松身心的地方，多余的瓜果还可以送亲戚朋友或者同事，这样岂不是两全其美。朋友一听，当即表示同意。

于是，两个人开始行动起来。租下的地方虽然不大，但真的动手整理起来也实属不易。尤其是朋友从来没有拿过锄头、铁锹，叫苦不迭，平平也比他好不到哪里去，毕竟很多年没有下地干过活了。虽然两个人也请了其他朋友来帮忙，但是大家都是一开始兴致勃勃，慢慢地就没有激情了，纷纷告辞了。平平的朋友坚持了几天以后也跟平平摊牌了，说这件事说说还行，真做起来困难太大，他决定放弃。

在大家都不了了之的情况下，平平一个人坚持了下来。从一棵棵小花小草开始，到后来的蔬菜，她按时地浇水、松土，发现种子萌芽的时候，她激动得跳了起来，当叶子看上去不太健康的时候，她到处找人咨询、查资料，一定要搞清楚原因，进行补救，以至于后来大家都戏称平平成为半个蔬菜专家了。

在平平的坚持下，那一小片菜地和花草居然越来越像模像样了，平平每个周末从郊区回来的时候，都会带一些自己亲手种的花花草草做成的花束，她把这些花束送给自己的朋友、同事，大家纷纷感叹平平的用心。当然，大家也经常收到平平送的纯天然的绿色蔬菜，像小白菜啊、苋麦菜啊之类的。后来平平还尝试种起了草莓，结果非常成功，整个办公室的人都吃到了酸酸甜甜、娇艳欲滴的草莓。

平平每个周末似乎都要比平常工作的时候更加忙碌，有人问她，这样做值得吗？到底是为了什么呢？平平总是说很值得，虽然有时候也会觉得辛苦，但是至少是快乐的，因为她所做的事情都跟梦想有关。

现如今，平平那小园里的果蔬和花草越长越好，身边开始有人跟平平说，能不能给多带一些新鲜蔬菜，可以给一定的报酬。有人劝平平，可以趁机把这片花田菜地扩大规模，再雇些人，接下来就可以创收了，平平笑了笑，说："还是算了吧，我没有那个时间，也没有那个魄力。"

其实，平平并不是没有时间，更不是没有魄力，只是她不想把自己接近童年生活、接近自然的小小梦想变卖，她不为一切美好的东西都一定要跟利益挂钩。只是简单地种种养花草，哪怕只是在工作之余有那么一点儿短暂的时松自己，让自己得到快乐的同时，也让身边的人感到快乐，她就很知足了。

　　追逐梦想的过程是辛苦的，甚至可以说苦不堪言，但是谁不是一边拖着疲惫的身体，一边仰望着远处的梦想，继续前进的呢？

▼

谁的人生，不是初来乍到

　　没有谁的人生是预先设定好的，更不可能有人能预知生活里的喜怒哀乐，或者把那些不美好的事情提前按下取消键。每个人的人生都是初来乍到，觉得不好过的时候要自己想办法，而不是愁眉苦脸，让周围的空气都随之变得沉重。

　　我曾经认识一个年轻的女孩裴裴，二十六七岁的样子，长得眉清目秀，一头长发让她看上去特别温婉可人。女孩不仅外形条件好，工作能力也不错，在同时进入公司的新人中是晋升最快、薪资最高的一个。但是，就是这么优秀的女孩，却总是一副愁眉苦脸的样子。

　　有一次，朋友问她："你为什么总是皱着眉头呢？你笑起来的时候真的挺好看的。"裴裴撇了撇嘴，就开始对着朋友大倒苦水，说："你以为我不想天天没心没肺地哈哈笑吗？我只是表面看上去挺好，实际上生活是一团乱麻，简直让人绝望。"朋友一听这么严重，只好问裴裴到底怎么回事。

裴裴说，她有一个谈了半年多的男朋友，因为她不常带男友一起出来，所以大家对他们的感情也不是很了解。裴裴说，男友倒是很有上进心，待人也很周到，带出去绝对是很有面子的那一类型，但是唯一的缺点就是一点儿也不懂得体贴和浪漫。

裴裴说，虽然两个人相爱，但是生活当中总是要有一些仪式感，缺了仪式感的生活会慢慢失去生机的。但是男朋友从来不会在情人节或者其他节日对她有任何表示，就连自己的生日都不会刻意准备礼物，更不用说惊喜了。她想了很长时间，想要分手但是又舍不得，一直游移在分手的边缘。每天为了两个人不同的恋爱方式而烦恼，简直是精神上的一种折磨。

而且，明明自己就在为感情的事情纠结发愁，家里人还总是隔三岔五地打电话问东问西，什么时候带着男朋友回家，打算什么时候订婚，什么时候结婚，什么时候生小孩……裴裴说，简直就像夺命连环问。

裴裴一边说，一边唉声叹气，仿佛自己是世界上最惨的那一个。

不仅如此，裴裴还为经济担忧。朋友很惊讶："你职位比我们高、工资比我们高，还有什么不满意的啊？"裴裴说："我虽然现在薪资不算低，但是总觉得在这个公司也就这样了，没有什么可发展的空间。而且我十分看不惯公司领导总是怀疑女员工工作能力的行为。"为此裴裴在一段时间里总是有跳槽的想法，但是思来想去又觉得太麻烦，不愿意轻易变动工作，就这么既不满意也不离开地混日子。

其实像裴裴这样的都市青年实在太多了，谁都有感情不顺、工作不顺的时候，越是这样的时候，越要懂得调整自己的情绪。如果每个人都像裴裴一样大发牢骚，因为生活中的一点儿小事郁郁寡欢，那这个世界就要坏掉了。

洛洛就跟裴裴不一样，她从来不抱怨、不发牢骚，尽管她的生活比裴裴辛苦得多。

洛洛已经踏入中年已婚女人的行列，属于按部就班生活的那种人，在二十五岁的时候结了婚，二十七岁的时候生了孩子，很多人觉得洛洛的生活挺轻松，但她背后面对着怎样的压力又有谁知道呢？

洛洛和老公在结婚之前贷款买了车子和房子，为了以后有了小孩上学方便，他们买的是学区房，价格着实不便宜，两个人每个月光车贷和房贷就是一笔不小的费用；而且结了婚之后，洛洛发现人情往来也需要花很多钱，哪个亲戚家里生了宝宝，谁家的儿子要娶媳妇，谁家搬家了，谁家孩子考上大学了，谁职位晋升了，这些份子钱都要算在每个月的开支里。洛洛和老公每天就是一边工作一边还贷，一边养孩子一边处理着这些生活琐事。

洛洛面对这些杂七杂八的事情，从来都没有灰心失望过，而是跟老公下定了决心，要通过自己的双手解决这些问题，创造更好的生活。

为了增加收入，洛洛在网上找了一份兼职工作——帮母婴店卖纸尿裤。于是，洛洛的生活更忙了，在处理完生活中所有问题之后，还要及时地看手机，回复买家的信息，耐心地给他们介绍产品，而且常常要忙到晚上十一二点。第二天上班前可能还要早起去拿货，上班的时候都有可能顺道给客人送产品。

更加不走运的是，洛洛做兼职的事情被领导发现了，当着所有员工的面，洛洛被领导指着鼻子骂了个狗血喷头，而且在后来的工作当中领导总是时不时地给她找麻烦。洛洛最初很难接受，可小鞋穿得多了，也就习惯了。

尽管洛洛的生活有时候一地鸡毛，但是这些从来没有影响到洛洛对生活的热爱，她依然每天神采奕奕地去工作，回到家主动做家务，对待孩子依然和蔼可亲。

　　虽然怎样过日子都是个人的选择，但是不同的生活方式和对待生活的态度，确实会给人带来不同的结果。我们对着生活笑的时候，它必然回敬你微笑。我们有着不服输的决心，它才肯赐你成功的体验。每个人的人生都是初来乍到，没人能为你铺好将来的路，平坦也好，坎坷也罢，都要自己蹚过去。

第四章

你只需努力，
剩下的交给时间

▼
你努力的样子，真可爱

很多时候，一个人的魅力不在于他的外表是什么样子，有多少花里胡哨的修饰，或者多么成功，多么有权势地位，而在于他永远积极向上，永远不停歇地努力着。一个不停努力的人，灵魂是有香气的。

我的朋友圈里有很多努力的人，最让我欣赏和觉得望尘莫及的，不是有了丰富的人生阅历或者尊贵地位的所谓"成功人士"，而是一个普通的 90 后女孩。

女孩的微信名叫"月亮"，我觉得特别好听，便一直称呼她为月亮。月亮是一家图书出版公司的编辑，她最大的爱好就是囤书、看书。每次月亮更新朋友圈，不是读书心得，就一定是最近囤书的目录和看书的进度。有时候我在她的朋友圈里看到她的读书心得或者好书推荐，即便读过的，也总是想再买来细细地读，总觉得自己以前读书读得很应付，应当使劲儿啃个几遍才对。

我实在惊叹于她的读书量，有一次便在微信上问她："你怎么读书读得那么快？又要上班，又要读书，你的时间都是从哪里挤出来的呢？"她给我发了一个可爱的表情，说："我每天早上五点起床啊！雷打不动啊！""那你几点睡呢？""十一点。也基本是雷打不动。"我不是喜欢赖床的人，但是我也知道一年四季五点起床对于很多年轻人来说并不是件容易坚持下来的事。月亮说，每个人的时间大概相等，如何变得不一样，就取决于如何充分利用自己的时间，每天这样的作息并不会影响到她的身体健康，反而让她变得越来越自律，越来越喜欢自己。

除了读书，我还了解到，月亮坚持做的事情太多了，比如，她坚持做手账，将自己每天的工作和生活记录下来，有时候是一篇短小的随笔，有时候则图文并茂；她每天都要走一万步，无论阴晴雨雪；她每天都至少练字半小时，写完的字帖一本又一本，已经积攒了厚厚的一摞……

月亮养了一只猫，给它起名叫老虎，每天晚上月亮在读书写字的时候，老虎就在旁边静静地陪着，我没有真的见到过老虎陪着她的样子，但是光看月亮的朋友圈就可以想象那美好的场景了。月亮从来不在朋友圈里晒自拍，但是没有见过月亮真人的人，只看她的朋友圈就足以被她吸引，我们完全可以想象她读书写字时认真的样子，那必是无比可爱的。

月亮年龄不大，但是工作很有劲头，学习的动力也十足，我相信，今后的月亮一定有越来越好的未来，因为在通往未来的每一天中，她都付出了全身心的努力。

景文最喜欢的一部电影是《美丽心灵》，电影中普林斯顿大学教授马丁与约翰·纳什教授有一段对白：

他们消失了吗?

没有，并且可能永远都不会消失。

与精神分裂症斗争多年的约翰·纳什教授轻描淡写地说出这句话，但每次看到这段对白，景文都无比感动，因为这让他想到自己的奋斗经历。

景文从小就有口吃的毛病，每次在别人面前讲话都结结巴巴说不明白，他很努力地练习，但仍然没办法将自己的想法用语言清晰流利地表达出来。也因为口吃的毛病，景文不愿意开口练习英语，所以从上学的时候起，英语就一直不好。

上大学以后，景文要参加英语四级考试，生性要强的他却发现这简直是一道难以逾越的鸿沟，因为自己的英语基础太薄弱，四级考试的试卷他有很多地方都看不懂，更不用提什么阅读、听力训练。他想，先把落下的单词补上来，于是他开始了每天泡图书馆的日子。只要没课，景文就在图书馆里看英语，一遍一遍地圈点勾画，一遍一遍地抄单词，一本厚厚的词汇书被景文翻了十来遍。景文顺利地通过了四级考试，后来又通过了六级考试。

景文大二的时候决定要出国留学，四六级顺利考过之后，更大的难关是雅思。景文在中文表达上的问题都一一出现在了英语口语上，为了过这一关，景文每天早上都来到教学楼前的湖边，一个人对着空气练口语，为了克服口吃，他在嘴巴里含着小石子练，没过多长时间，校园里就传开了：有个呆子每天早上在湖边喊，也不知道喊的是什么。景文对这些丝毫不放在心上，他只知道，这种人生处处受限的感觉真的不好，他只想解决掉自己的问题，实现自己的留学目标。

后来，景文参加了一个英语口语培训班，他能听懂老师的话，也知道怎么对答，但就是没有办法流利地说出口。他一着急就浑身冒汗，手脚冰凉，很多次，他急得几乎掉眼泪。外教老师不断安慰他，景文也不断地鼓励自己：这么长时间的努力不能白费，而且摆脱掉口吃不仅对学习是必要的，对今后的实际运用也是非常必要的。

景文顶着巨大的压力，强迫自己开口，哪怕说出来的只是断断续续的词组甚至是单个的单词。每次会话课，景文都提前写好发言的内容，自己在湖边练，课上的时候以最大的努力说出最多的句子，慢慢地，景文从最初的只能说出单词、词组，到后来能说简单的句子，虽然他的语速很慢，但这一句足以令他手舞足蹈。

努力的意义是什么？不就是改变现状吗？哪怕在别人眼里，这一点儿改变是微不足道的，可对自己来说已经无比珍贵。

如人所愿，景文通过了雅思考试，顺利地出国。在国外，景文遇到的难题更多，一个完全陌生的环境，完全不同的语言，还有挥之不去的口吃阴影。景文每次觉得孤独艰难的时候，就在夜里狠狠地哭一场，然后第二天继续早起练习口语。

经历了漫长的自我折磨，景文终于能说出连贯顺畅的语段。后来景文进入了奢侈品行业，做了奢侈品行业的数据分析师，因为需要经常和客户打交道，景文经常需要进行演讲，虽然他的语言表达能力仍有瑕疵，但是，当景文把演讲的内容做到极致的时候，客户们基本选择忽略这些瑕疵。

景文说，虽然几年来他的进步很大，但是口吃并没有离他而去，然而这些都不再会是景文成长路上的困难，他已经选择了坦然地接受和面对。

在我们的生活中，虽然困境一直在，但只要不停努力，生命终将绽放灿烂的光芒！

▼
越努力，越幸运

　　有这样一些人，每当看到身边的人取得了一定成就，就会生出一些忌妒和不平：明明我也很努力，为什么我不是幸运的那一个？努力不努力，只有自己知道，主观上认为自己很努力和真正脚踏实地地做事，是有本质区别的。不要老觉得自己不够幸运，很可能是努力得还不够。

　　小雨和小月是同时进到一家公司的实习生，后来，小雨提前一个月转正，小月心里总有些不舒服，她认为那是小雨的运气比较好，而且小雨分到的小组的组长也更有能力，小雨得到了很好的培养。

　　半年之后，公司进行考核评比，小雨被评为"优秀新人"，并获得了公司发的两千元奖金，而小月什么也没有。年终的时候，小月偷偷地问小雨发了多少年终奖，没想到小雨的年终奖足足比小月多了一倍。小月积攒了很久的不满和怨气终于爆发，她气冲冲地找到自己的领导，质问道："为什么我跟小雨同时进公司，她能提前一个月转正，被评为'优秀新人'，连年终奖都比我多一倍？凭什么她那么幸运？"

领导示意小月坐下，然后问道："你还记得有一次我让你去接一个客户吗？"小月疑惑地说："接客户跟小雨有什么关系？""我也安排小雨去接过一次客户，想知道她是怎么做的吗？""怎么做的？不就是打车到车站或者机场把人接来就可以吗？""她提前查了当天的天气，天气预报显示那天有雨，她准备了雨伞，而且同行的几个人中有一位女士，因为担心雨天路滑，小雨还特意准备了替换高跟鞋的平底鞋。""她只是细心而已，这就足以让她超过我那么多吗？""她提前给客户定好了酒店，并把公司的简介和做过的几个具有代表性的项目资料整理好，作为客户了解我们的第一手资料。另外，她提前用邮件确定了对方这几天的行程，提前约好了会议室，并且通知到了相关对接人，还安排好了会议记录人。""我知道她做事很周到。""她连客户来的这几天的一日三餐都安排好了，带着他们吃遍了本地的特色美食……"

领导说起来滔滔不绝，嘴角带着得意的笑容，那笑分明是说："有这样的员工，我真是太知足了。"小月也想起了自己接客户的经历，打了车去车站，接回来之后就去了公司，客户个个拿着大包小包的行李无所适从，还是小雨看情形不对赶紧定好了酒店，先带客户去办理好入住手续，才开始正式地谈工作。但是时间已经耽误了不少，给客户留下的第一印象着实不太好。

人与人之间的差距不是与生俱来的，而是后天努力与否的结果。你越努力，就越优秀，就像飞机的头等舱和所有的VIP通道，只有你足够努力和优秀，才能享受到完全不一样的优厚待遇，有人说那是幸运，其实是实力。

李桑是一家大型信贷公司的老总，手底下有几十个分公司，员工两千多人。有人说，李桑是个幸运的人，因为他抓住了信贷行业最火热的时候起步，没有吃多少苦就起来了。但是只有李桑知道自己创业时的艰辛。

李桑创业的时候，身边没有别人，只有一个发小儿跟他一起干。虽然跟银行的合作都谈好了，但是李桑的公司没有名气，没有客户上门，李桑愁了好几天，每天晚上都难以入睡。在一个睡眼惺忪的早上，李桑突然想起来，他们公司作为一个新入行的团体是完全没有知名度的，但是他可以想办法让公司的名字传播出去。于是，李桑决定开始行动。

但是李桑的创业资金不多，他不能大张旗鼓地做广告宣

传，于是，他决定用最传统也是最笨的办法做广告——发
传单。

　　李桑先印了两万份传单，然后将公司周围五公里范围内
的所有小区和店铺做了一个统计，将这些信息列表后，他开
始发传单，发了三天后，李桑的脚肿了，他第一次知道，原
来走路爬楼梯会这么累。虽然这么辛苦，但李桑的电话却毫
无动静，他想，这只是个开始，他需要更大范围地宣传。

　　于是李桑每天早上四点钟就起床，骑着电动车，带着传
单在各个小区里穿梭，每发完一个小区，李桑就在那张密密
麻麻的清单上做个标记。后来，李桑的发小儿也开始早起跟
李桑一起干，甚至李桑的父亲看到儿子这么坚持和努力，也
帮他一起发传单。就这样，李桑加印两万份传单，又加印两
万份……最终将传单铺遍了目标小区和商铺。在一个周六的
下午，李桑接到了第一个客户的电话，他压抑住内心的激动，
尽量平静地给客户介绍业务，直到半个月后，这个客户才真
的成交，客户对李桑的工作态度很满意，虽然这笔业务李桑
只挣了几百块钱，但是他看到了努力带来的希望。

　　李桑想，目前对他来说最省钱也最直接的就是发传单，
公司的名字必须一遍又一遍地出现在可能成为客户的人群面
前，于是，他又雇了两个兼职员工，一起帮着发传单，走访

客户。

接下来的两个月，李桑又做成了两笔业务，李桑觉得开心极了，正好赶上过年，他把赚来的钱拿出一部分分给了三四个员工作为年终奖。他说："虽然我们刚刚起步，这段时期很困难，但是很感谢你们都那么相信我，年终奖虽然不多，但是代表着我对大家的感谢和对这份事业的坚持。"

在李桑的不懈努力下，公司接的业务越来越多，更多工作人员也开始慢慢加入这个大家庭，李桑在成立公司之后的一年时间里只休息了两天，一天是腊月三十，一天是正月初一。亲朋好友拜年的时候，李桑还不忘了宣传自己的公司业务。

皇天不负有心人，李桑的事业越做越大，广告投放越来越多样，资金的投入也越来越多，但是李桑总是说，始终忘不了当初那种最笨最累的方式，因为那种苦更让他觉得今天的一切来之不易。

一个人成功与否，也许很难界定，但是一个人是否努力，却是显而易见的。所以那句说了很多遍的心灵鸡汤"越努力，越幸运"，我是完全相信的。

▼

努力是对平庸最好的反击

　　相对于茫茫宇宙而言，每个人都渺小如芥，如何将这短暂渺小的一生过得精彩非凡，有意义有价值，是很多人终其一生都在探索的问题。也许，每个人的骨子里都是不甘平庸的，都埋藏着向上奋进的种子，但是，如何才能摆脱平庸，不白白来这世上走一遭呢？

　　晓晓出生在一个普普通通的小镇上，因为头脑聪明，又勤奋努力，高考的时候，晓晓被高分录取到国内一所名牌大学，一下子成为当地出名的"天之骄女"。晓晓的父母也因为这么争气的女儿被人羡慕忌妒恨，一说到晓晓，父母总是眉开眼笑。每当看到父母这样的笑容，晓晓心中都无比骄傲。

　　晓晓大学毕业之后，并没有像她身边大多数同学一样，到处参加招聘会，四处求职，因为有名校光环的加持，晓晓投的简历几乎没有被拒绝过，而且很多成功的公司都会到晓晓的学校开宣讲会，晓晓还没走出校门就已经被一家大型科技公司录用了。

晓晓打电话给父母，父母自然又多了一个可以人前炫耀的理由。晓晓知道，父母需要这样的炫耀，这能带给他们巨大的快乐。

晓晓正式参加了工作，她发现这份工作简直太令她满意了，她每天得意地出入于高档写字楼，因为头脑灵活，负责的工作内容很容易就上手了，而且她的工资超出很多高中同学不止一点儿。于是，她把大把的时间用来喝咖啡、闲聊、网上购物。晓晓非常满足目前的生活，她想，原来只要成绩好，生活就可以过得如此顺风顺水。

但是，没过多久晓晓就发现了问题。她在工作上手之后不思进取，下班到点儿就走，不是分内的工作，她从来不肯多做一点儿。而其他人都很拼，每天忙忙碌碌，加班加点，学到了很多新东西。时间久了，这个曾经骄傲的"天之骄女"却成了最碌碌无为的一个，工作一直原地踏步，还养成了慵懒散漫的毛病，而且，刚工作几个月，晓晓居然胖了十斤。

　　老家的七大姑八大姨依然在感叹晓晓有本事，她的父母有福气，只有晓晓的内心怅惘莫名。当初那个自我感觉优越的自己，如今已经"泯然众人"了，这是多么令人难以接受的事情。晓晓不愿意接受这样的自己，于是，她下定决心要改变自己，她不能就这样成为一个无所事事的人，哪怕看起来光鲜，但内心不能如此空虚荒芜。

　　身边有很多人说，等攒够了钱就要出国留学，但是钱攒到多少算是攒够呢？什么时候是合适的时候呢？曾经的梦想都被束之高阁了。晓晓曾经也有出国留学的想法，但是这个想法同样搁浅了，既然现在已经没有更好的脱离这种环境的方法，不如孤注一掷吧！

　　晓晓开始准备托福考试，她每天除了工作就是往图书馆跑，疯狂地记单词，练习听力和口语，她似乎又找回了当初上学时的感觉，这种打鸡血一样的冲劲儿让她内心无比充盈。因为晓晓的积蓄有限，她又不愿意向父母伸手，只能省吃俭用。她只申请了三所学校，当 offer 下来的时候，晓晓激动得泣不成声。

　　在国外读书的时候，晓晓也丝毫不敢松懈，她时刻紧绷着心弦，她要从头再来，她要努力把自己从那个平庸的旋涡中拉出来。毕业后，晓晓顺利地进入一家知名公司，她依然没有停下努力的脚步，拼命地学习，严谨地工作，得到了周围人的赞叹和支持。

也许，晓晓依然是大千世界中的平凡之人，但是至少，当她回首往事，再看自己的奋斗历程的时候，可以问心无愧地说："我努力了，我不平庸。"

二〇一五年，一部喜剧电影《实习生》走进了人们的视线，罗伯特·德尼罗也因为饰演的幽默绅士的男主角本而获得美国评论家选择电影奖最佳男主角提名。本的角色设定之所以讨喜，除了其本身的幽默热情、进退有度之外，对于平淡生活的挑战和改变也是冲击人们心灵的一个重要方面。

本已经年过七旬，在一个公司做过高管，按常理来说，为社会服务了一辈子的老人，理应安享晚年，过平淡的日子，但是本不愿意。虽然退休了，但是本不是那种养花遛狗以打发时光的老人，他拒绝这种平淡无奇毫无波澜的生活，他在七十岁高龄依然保持着对各种新鲜事物的好奇和热情。

于是，本做了一个惊人的决定，他要继续工作，哪怕是以一个高龄实习生的身份。后来，本进入到一家互联网服装公司，成为叱咤商场的女老板朱尔斯的助理。起初，朱尔斯对这个高龄助理并不满意，也没有长期留用他的意思，但是在每天的相处中，朱尔斯发现了本的诸多优点，她感受到了他的严谨、认真、与时俱进的生活态度，渐渐对他产生了家人般的信赖感。后来两人不再仅仅是工作同事的关系，更成了互相帮助和鼓励的忘年之交。

刚进公司的本，不明白什么是 USB 接口，对一些新兴的科技产品更是一窍不通，但是他不甘示弱，他不想做一个平庸的"糟老头儿"。于是他向自己的孙子学习，向身边的年轻人学习，尽快地适应新的环境，也适应年轻上司的做事风格和处事原则。对于公司的产品销售情况，他起初一无所知，但他不厌其烦地分析数据，到最后可以洞察市场动向。当然，本的不甘平庸还体现在他生活中的方方面面，无论什么时候出现，无论当天是否有约，本都把头发打理得一丝不乱，身上永远是笔挺的西装，一派绅士作风。

这样的本，实在让人喜欢。

没过多久，本已经成为女上司朱尔斯的得力助手，甚至本还帮助她解决了一些家庭矛盾，当然，本在同事之间也左右逢源，成为大家的好朋友。电影的最后，总让人不得不感叹，原来一个退休的老人，只要敢于追求，不甘平庸，日子也可以过得如此有声有色！

　　平庸不可怕，怕的是习惯平庸甚至赞美平庸。一个人的生命是否鲜活灵动，就要看这个人为自己的人生涂画了怎样的色彩，给自己的人生如何定位。当你已经迈出前进的步伐，朝着更美好的方向奔跑的时候，其实已经是对平庸的最好反击。

▼

擅长做自己的你，才是真迷人

有的时候，我们会为了跟上周围人的脚步，或者只是让自己看上去不"例外"，而选择原本不属于自己，自己也并不擅长的生活方式。时间长了，你的行为变化了，但其实骨子里还是那个自己，而这个时候回首才发现，那个拼命将自己活成别人的人，真的可笑极了。

考上大学的小艺觉得自己开启了新世界。大学所在的城市是一座充满活力和现代气息的大都市，出了火车站，映入眼帘的是高楼大厦、车水马龙，而不是满眼的庄稼和村舍；身边接触的是城里的各种新鲜事物和人群，而不是穿着粗布衣服、埋头苦干的农夫农妇。

小艺被分配到了一个四人间的宿舍，还没有开口交谈，小艺的自卑感就露出来了。很显然，小艺无论是穿着还是举止，都是这个宿舍里最不起眼、最土气的一个。"我要改变，一定要改变。"小艺在心里狠狠地下了决心。

宿舍里有一个女孩，在小艺眼里简直是耀眼夺目。小艺从没见过那样皮肤胜雪、五官精致的女孩。她穿的衣服总是那么好看，她用的东西小艺有很多都没有见过。那些瓶瓶罐罐的化妆品，更像是一个炽热的梦，让小艺想入非非。

小艺多想成为那样的女孩。

随着接触的时间越来越长，小艺发现女孩总是喜欢翘课，不是窝在宿舍里看电影，就是化漂亮的妆出去逛街。一开始，小艺还会劝女孩不要落下课程，可是女孩说："学校里讲的东西没有多少有用的呀，还不如去社会上增加点儿经验呢，对以后毕业了也有好处呢……"女孩笃定的语气让小艺觉得她说的话肯定都对。后来，小艺也跟着女孩一块儿翘课。

女孩喜欢喝咖啡，虽然小艺非常不习惯咖啡的味道，但女孩每次喝咖啡的时候，小艺都觉得赏心悦目。女孩还很喜欢吃坚果，小艺觉得她用长长细细的手指剥开坚果的样子简直优雅极了。小艺也想做那样的女孩，可小艺的父母是土生土长的农民，给小艺的生活费很有限，于是小艺省吃俭用，学着女孩的样子泡咖啡、吃坚果，学着她穿衣打扮。

慢慢地，农村姑娘出身的小艺有了不输女孩的公主病，稍微有点儿不开心就要弄得像黛玉葬花一样凄凉，以前干农活完全不输男生的小艺也变得手无缚鸡之力，遇到搬搬扛扛的事情都要跟男生撒个娇求帮助。小艺还主动学习女孩的说话语气和走路方式，她觉得自己越来越像女孩，越来越可爱了。

　　毕业后，小艺开始找工作，却因为专业成绩不够突出而屡屡碰壁，找到工作后也因为自己不愿意吃苦受累或者觉得工作琐碎无聊而频频离职。

　　每一次回老家，小艺见到的父母依然还是那样土里土气，地里的庄稼还是那样茂盛，成熟的时候依然要滴着汗珠子把它们收回家。小艺村里的人都不知道咖啡是什么味，也对吃坚果没有兴趣，他们只关心干活和收庄稼。

　　小艺作为村里为数不多的大学生，被很多乡亲询问在城里的工作如何，小艺只能搪塞着说两句。因为她的工作实在不尽如人意，她租住的小房间狭窄潮湿，工作也没有什么前景。那时候小艺才开始觉得，自己那些为了变得更好所做的努力都让自己变得更差了。

　　一次偶然的机会，小艺得到了许久不联系的女孩的消息。她已经结了婚，结婚对象家境优越，她依然还是原来的样子，喜欢喝咖啡、吃坚果，没事的时候化个妆出去逛逛街，做做美容。小艺心中充满了失落，原来，那些努力朝着别人的方向追逐的日子是那么傻，浪费了青春，她依然是原来的自己。

小艺很郁闷地找她的朋友聊天，说起这些年隐藏在内心的挣扎和努力，谁知她的朋友却说："你那些追求怎么能称得上追求呢？你那是迷路了！你根本没有看到自己的价值，你一味地去学别人，那你本身存在的意义又是什么呢？"一语惊醒梦中人，小艺流下了眼泪，她在哭那些被自己稀里糊涂搞丢的青春时光，也哭她迷失的自我。

我有一个朋友叫铮铮，亲朋好友对他的评价就是"不着调"。铮铮上小学的时候，每次都会提前预习好功课，上课的时候觉得老师讲得实在无聊，便偷偷逃学。他在家门口的树底下玩蚂蚁，他把蜂蜜涂在地上，吸引蚂蚁过来，然后把它们圈养起来，还喊着口号让蚂蚁排队，令他的爸妈哭笑不得。

上了中学的铮铮依然"不着调"，老师写错了字，他非要在全班人的面前大声地喊出来；老师要求抄五十遍英语单词，他就用复写纸抄；堆积如山的试卷他也不会熬夜完成，而是只挑选自己认为不会做的做。

令人意外的是，这样的铮铮居然考上了不错的大学，他选的是教育学专业，家人想当然地认为他有当老师的志向，所以全力支持。铮铮毕业后，果然进了公立学校，成了一名历史老师，但是历史课总是容易被占用，学校也不要求铮铮坐班，铮铮觉得这样很没意思，就瞒着家人辞了职。

一年以后，铮铮辞职的事情被爸爸知道了，爸爸对着他劈头盖脸就是一顿骂，铮铮云淡风轻地对爸爸笑笑，说："我是从公立学校辞职了，但我还是在做教育啊！"原来，铮铮从小就觉得有很多像他一样"不着调"的孩子不是不愿意学习，只是不愿意在铁一样的框框中学习，他们更愿意学习自己擅长的，学累了的时候可以有丰富多彩的课外生活。他从小就想，等以后自己长大了，要做适合这些"不着调"的孩子的教育，让他们学习得更轻松，生活得更快乐。所以，铮铮辞职以后，加入了一家教育机构，因为对方的教育理念与铮铮不谋而合，所以铮铮工作得也很快乐。短短的一年时间，铮铮付出真心对待所有孩子，最终得到了一个校区校长的职位。铮铮说，在他那里学习的孩子，或多或少都有些"不着调"，但他就是要他们这样，因为，擅长做自己的孩子，都很聪明，很有个性，他们对事物的看法也都有独到之处，他们喜欢新事物，易于创新，人才往往出自他们之中。

很多典型的乖孩子不敢有任何违背家人的想法，更不用说行动，他们最擅长的是伪装，最不擅长的是做自己。

我是在认识了铮铮，并且了解了铮铮的事情之后才发现，原来，"不着调"的人，也挺可爱。有的时候跟铮铮在一起聊天，总觉得他有着丰富多彩的生活，灵活的头脑，我总是开玩笑地说，以后如果结婚生子，孩子一定要培养成像铮铮一样的人，不用做别人，做自己就很好。

第五章

不完美，才是人生

▼

他很丑，但他真的很温柔

生活中的爱情，大多都不是郎才女貌，也很难做到举案齐眉，但是，那些没有称之为佳话的爱情，也有其独特的甜蜜之处，外人难解其中滋味。

他们认识已经很多年了，初中就是同学，但是很奇怪的是，她从没有注意到他，一是因为女孩是好学生，精力和注意力都在书本上，二是因为男孩长得丑，不仅她不会注意到，所有的女孩都不会注意到。

大学毕业之后，女孩在烟台工作。一次休假的时候，她乘坐大巴车回老家，快到站的时候，车上人已经不多了，这时，一个男孩坐到了跟她隔了一个过道的座位上，问道："你放假回家啊？"她抬眼一看，半天没认出对方是谁，"是我，咱俩初中同学，你忘了？我在二班。"她努力地回忆，终于想起了那个其貌不扬的男孩。"好久不见。"她落落大方地回答。

到站了，两人一起下车，男孩的爸爸来接站，女孩很自然地问好，然后道了声再见。

很多年之后女孩才知道，那天分开之后，男孩的爸爸问："那个女孩是谁？""我同学。""有男朋友吗？""不知道。""你怎么不问问？""问那个干吗？""没有男朋友的话你就追啊，我看这孩子就挺好!"原来两人最终结缘还是爸爸的助攻。

经过那次同坐一辆车，女孩才知道，他们两个在同一座城市工作。男孩约女孩吃了几次饭，但都是以老同学的名义，女孩也没有多想。后来，男孩发现，这么多年不见，原来女孩的优秀他一直都不曾发现，他觉得自己心动了，可是他问自己，自己配得上她吗？

直接促成男孩表白的是一次意外。女孩在路口转弯的时候，被一辆闯红灯的车刮倒了，虽然没出现大的问题，但是女孩的脚因为重重一摔损伤了韧带，当时女孩只觉得有些疼，便一瘸一拐地走回了家。但是过了几天，脚肿得越来越厉害，鞋都穿不上了，也没法走路了。

　　女孩在烟台除了同事不认识别人，只好给男孩打了电话，男孩飞速赶来，一看女孩脚伤情况不好，赶紧把她送医院治疗。医生给女孩的脚打了绷带，并嘱咐她绝对不能行走。于是，那些日子，男孩一下班就来照顾她，给她做饭，打扫卫生，还不停地鼓励她安心养伤。

　　女孩能感觉得到男孩的细心和体贴，但还是只把他当朋友。伤好以后，女孩就不让男孩天天来了，但男孩还是经常过来看她。男孩觉得自己的心因为女孩的出现而安定下来了，他给女孩写了长长的表白信，但是，还是被女孩拒绝了。

　　两个月以后，女孩辞掉了工作，回了老家，没有告诉男孩。男孩只能暗自伤心。女孩在老家重新找了工作，但是，现实没有她想象的那么美好，便经常在朋友圈里吐槽，男孩每次都在下面评论：随时等你回来。

　　过了整整两年，女孩又发了一条朋友圈：打算回烟台。男孩马上给女孩打来了电话，问她什么时候来，坐哪班车。女孩再次踏上烟台的土地，男孩就在车站外笑脸相迎。功夫不负有心人，男孩终于追到了心上人。

　　两人的结婚典礼上，男孩激动得话都说不连贯，准备了很久的誓言也在开口的时候变成了省略号。婚礼中有一个环节是向各自的父母敬茶，男孩跪在岳父面前，端起茶杯，"咕嘟咕嘟"喝了下去，婚礼现场的人都笑成了一团，新娘子也笑出了眼泪。

男孩和女孩已经结婚三年了，有了一个可爱的男宝宝。有时候两个人聊天还会回忆以前的事，女孩说："你是不是知道我会回来？"男孩说："我确实不知道你会不会回来，但是我知道，只要你回来，我就一定要娶到你。所以，你告诉我你坐哪班车的时候，我就去看房子了，我要和你建立一个家。"

婚后的生活既平淡又琐碎，男孩不再是没结婚时的那个小伙子，而是一个顶天立地的男人。每天晚上，男孩都雷打不动地给女孩端洗脚水，经常为她剪脚指甲，陪她逛街，给她买衣服、化妆品更是家常便饭。女孩说，每次看到男孩准备好的早餐，她都觉得自己无比幸福。

今年的圣诞节早晨，女孩刚一起床，就看到床边站了一棵小圣诞树，树上挂满了礼盒、雪花、圣诞帽。她随手拿下一个礼盒，里面装的是一串手链，手链上有一颗珠子，珠子里面刻的是女孩的名字，她又拿下一个圣诞帽，里面装的是一封信，她打开信纸，上面写的是：有你在，每一个清晨和夜晚都是节日。

　女孩和男孩最初走在一起时，也有朋友说："他那模样，怎么配得上你呢？"但是"如人饮水冷暖自知"，最幸福的是，我盛装迎你的时候，你已在门口，我想要的温柔你恰好都有。

▼

努力笑，笑到眼睛闪泪光

　　漫长的人生，总有人来了，有人走了，总有人带给你快乐，也带给你痛苦，总有横冲直撞的人打乱你平静的生活，总有来不及躲闪的意外给你带来折磨。但是，生活本就是一个不断接受磨砺的过程，如果真的觉得痛了，就努力地笑一笑吧，含着泪光还能笑出来的人往往是最美的。

　　还记得十年前那个夏天的一个闷热的下午，教室里弥漫着青春的气息，上自习的少男少女奋笔疾书，为梦想努力着。下课铃声响起，校园广播站传出 SHE 的《候鸟》，那是一个青春的回忆。当时在 SHE 这个组合中，我最喜欢 Selina，因为她长得最甜美，笑起来温柔又明媚。那个时候的喜欢就是如此简单。可是那时候，谁都不会想到，多年后，那个笑容甜美的女孩，会有一场凤凰涅槃般的痛苦经历，在浴火重生重新绽放光芒，我对她的喜欢也因此由最初的颜值，开始蔓延到她对生活的态度。

当时，Selina 和未婚夫刚刚订婚一个月，就遭遇了片场爆破事故而被重度烧伤，尽管当时已经紧急送医院抢救，但是Selina 还是经历了四十多天的半昏迷状态才脱离了生命危险。命保住了，但是接下来等待她的是一次又一次的清创和植皮手术，那种痛苦是常人难以接受和想象的。

幸运的是，Selina 的身边一直有家人和未婚夫的陪伴，尤其是未婚夫的不离不弃，让 Selina 无比感动，也感动了无数网友，人们纷纷称赞，这样的男人才值得托付一生。果然，未婚夫履行了诺言，在 Selina 康复之后，为她披上了婚纱，满身伤疤的 Selina 在婚礼上还是那么美。

但是这一切的美好都没有维持多长时间。结婚五年后，Selina 公开声明与老公已经离婚，尽管离婚声明中说，两个人的感情胜似亲人，离婚对他们来说是最好的选择，但是想起当初 Selina 谈到老公时的幸福的表情，还是令人不禁心疼。

经历了残酷的烧伤，身上的伤疤还触目惊心的时候，又遭遇了爱情的失败，对于一直顺风顺水的骄傲公主 Selina 来说，一切似乎都令人绝望，但是这个看似柔弱的女孩，硬是咬牙挺过了。她开始出现在马拉松比赛的队伍中，开始参加电视节目，勇敢地袒露自己的成长历程，开始关注和她一样遭受烧伤痛苦的人群……这次一开始出现在大众视野当中时，Selina 总是将自己包裹得很严实，她的爱美之心不允许她将不那么光鲜亮丽的一面展现在人们的眼前，而后来，她可以风轻云淡地向人们展示伤疤，用自己的痛苦经历来激励更多在痛苦中挣扎的人们。原本令 Selina 无法直视的伤疤，最终都成为她口中的"新文身"。

Selina 也参加了一些美食节目和相亲节目的录制，她在采访中的表现依然像曾经那个活泼美丽的十八岁少女，她的心似乎永远都那么纯净美好。虽然内心多了一些成熟和理性，但是 Selina 坦承，她依然相信爱情的存在。

每每在电视节目上看到 Selina，我依然会被她的笑容所感染，仿佛那是一个从未受到过伤害的鲜活生命，仿佛这个世界对她是一如既往地爱护。

无论身处怎样的逆境，无论多么不完美的人生，当一个人纵情地笑起来的时候，是足以温暖世界的。

在一次朋友组织的出游中，我们一行人来到了一座小山上。在山中的一座凉亭休息的时候，我们被不远处的一群人的笑声吸引，他们一边走着一边谈天说地，但是他们跟我们不同的是，手上都拽着一根细绳，眼神似乎也和常人不同。

怀着好奇心，我们一直关注着他们，直到他们走近了，我们才发现，原来是一群盲人朋友。领队的是一个正常人，大概三十四五岁的样子，他一边走，一边介绍着山中的一草一木。他们也来到凉亭中坐下来，出于好奇，也是尊重，我主动地跟他们问好，他们也亲切地与我攀谈起来。

原来，领队的人是一位盲人运动志愿者，而组织开办盲人运动营，每周都组织志愿者带着盲人朋友出门接触大自然的竟然也是一位盲人。在交谈中，我们得知组织者名叫大军，是四川人，在他十几岁的时候，患了一场严重的眼病，由于当时家里的经济条件比较困难，父母没钱为他治病，只好任由这个正对世界充满着无限好奇的少年渐渐失明。

很多人都觉得大军会恨他的父母，但是大军说他从来没有，命运给的好的东西、坏的东西他都接受，命运给你什么你不能选择，但是对待命运的态度却是可以自己决定的。大军后来通过学习盲文，认识了更多的字，他自立自强的故事也被当地政府机构知道，对他进行了一些经济方面的帮助。但是大军更想自食其力，他学习了按摩技术，自己开了一家按摩店，随着生意越做越好，大军终于可以开始做自己一直以来想做的事情。

大军说，很多盲人朋友因为自身的身体条件限制或者因为自信心不足，总是把自己封闭起来，不愿意与人接触，更不用说接近大自然，或者锻炼身体，这样时间一长，身体就变弱，心理也更加敏感。他想通过自己的努力，照亮盲人朋友的内心世界，改变他们的生活方式。

成立了运动营之后，大军平日里为客人按摩，有时间的时候就到处发传单，或者到残疾人疗养院之类的地方，呼吁盲人朋友参与到运动营的活动中来。一开始他是拜托自己的亲戚朋友当导游兼保姆，照顾一同出行的盲人朋友的行动起居，后来这个活动被更多的人知道，陆续有志愿者加入队伍。据说，大军的志愿者队伍已经达到了两百多人，他们的盲人运动营已经成为当地十分出名的运动组织，帮助了不少盲人朋友重新走向大自然，重新认识生活，树立了生活的信心。面对这些，大军笑了，盲人朋友也笑了。

▼

不完美，才是人生

　　每个人都是上帝咬过的苹果。这个世界上，有追求完美的人。却没有真正完美的人，坦然地接受自身的不完美，与这样的自己并肩同行，才不会把自己压得喘不过气，才能把人生的道路走得轻松洒脱。

　　小美是个漂亮的女孩子，但是外貌的美却从来没有让她自信过。从小到大，她一直习惯低头走路，几个人在一起的时候，她一定是站在最边上或者靠着墙走的那一个；大家侃侃而谈的时候，她一定是静静地看着不停微笑的那一个。很多人都喜欢小美，说她生性安静，容易接近，只有她自己知道内心的翻涌。

　　小美的妈妈是个完美主义者，对小美的一切都有着极高的要求。小美的脸颊上长了几颗雀斑，天生的，看上去挺俏皮的，但是很小的时候，妈妈就在小美耳边唠叨："唉，你的姥姥在你很小的时候就死了，什么都没留给你，倒是留给你一脸的斑斑点点，真是的!"小美没有说话，但是她照镜子的时候总是关注那几颗雀斑，以至于忽略了自己忽闪忽闪的长睫毛，清澈如水的眼睛和红润娇美的嘴巴。

小美学习成绩很好，经常在班级里面考前三名，但是考好了妈妈从来没有夸奖，只会说一句："下次要继续保持。"考得稍微差一点儿，妈妈就开始唠叨："就知道你脑袋笨，考不好也是意料之中的事。"

小美很喜欢读书，也喜欢写作，在一次写作文的时候，小美写了一句"天有不测风雪"，妈妈看了之后劈头盖脸就是一顿训："明明是'天有不测风云'，连这种最简单的知识都记不住，你还写文章，写什么写!"小美沉默。她的心在流泪，因为她以为妈妈会因为这一句夸奖她，她想到前几天要出门玩的时候突然下雪，所以突发奇想地改写了"天有不测风云"，她以为这是聪明的做法，却遭到了责备。后来，小美写作文再也不敢乱用成语、俗语或者诗词中的句子。

小美上初中的时候，第一次收到了男生的情书。那是一张粉色的信笺，上面的字迹虽然有点儿歪歪扭扭，但是那些不成熟的文字激起了小美对于爱情的向往，她偷偷地把情书藏在写字台桌洞的最里面，用笔记本压着，但是几天后还是被妈妈发现了。妈妈尖着嗓子对小美吼道："你也不看看自己什么样，才这么小就开始谈恋爱，要不要脸了！"小美没有听见妈妈说了什么，只是觉得妈妈的脸慢慢地扭曲，变得狰狞可怖。

长大后的小美恋爱了，这段恋情经历了妈妈的多次阻挠。理由不是说男方长相不行，就是经济条件配不上自己的女儿，就连小美男友吃饭的时候掉了饭粒、洒了汤都成为小美妈妈攻击的理由。小美这一次没有听妈妈的话，还是选择跟男友结婚，两个人婚后十分恩爱，日子过得甜蜜极了。

有一年回娘家，妈妈偷偷地把小美拽到一边，问道："结婚那么长时间了怎么还没有孩子？我就说你找的人不行吧，连个孩子都没有怎么行？"小美还是不说话，妈妈继续唠叨："你看看，长得也不好看，你俩倒是真过得下去！""你够了！"小美大声地对着妈妈吼道，这一次，她没有再忍下去。

妈妈第一次见小美这样的反应，瞬间呆住了，小美大声地哭着，似乎要把这些年郁积的情绪通通发泄出来。"为什么你永远都对我不满意，从小我就没有得到过一次夸奖，别的孩子考试考好了有奖励，我只有一句干巴巴的'继续努力'；考不好就更不用说，不是说我脑子笨，就是说我属猪的；连找个男人都要被你各种嫌弃，这到底是为什么?!"小美一边说，一边痛哭流涕，妈妈也哭了，抱着小美的肩膀一个劲儿地说"对不起"。女儿已经那么大了，可这大概她是第一次知道自己对女儿的高要求竟然如此深地伤害了她，但是，那些伤害已经造成，就像是钉进木头中的钉子，哪怕拔了出来，依然有着无法抹平的伤痕。

要求别人完美，或者要求自己完美，都是徒劳无功的，最终只能将别人或自己逼到墙角，逼得无法呼吸，进而崩溃罢了。

有一段时间，我特别喜欢张德芬老师的心灵成长课，在网上听了她的课，也买了她的畅销书《遇见未知的自己》来读。作为一位畅销书作家，同时又有着新闻主播、知名公司营销总监的身份，如此成功的女性，却因为对自己过于苛刻，极力地追求完美，将自己逼迫成了抑郁症。在那段痛苦的日子里，她将所有的光环卸下，只要求自己做一个普普通通的家庭主妇，反而获得了心灵的安宁。

与张德芬一样追求完美的还有著名歌手兼演员——郑秀文。当年，郑秀文为了使自己的形象更符合电影中的一个角色，获得理想的票房，她开始疯狂瘦身，甚至过度地节食，她还强迫自己苦练普通话，用她自己的话来说就是"不允许自己失败"。正是因为绷紧了弦地努力和对完美的极致渴望，当电影上映却票房不佳，她也没有收到理想的评价时，郑秀文再也坚持不住了，这部电影也成为她抑郁症爆发的导火索。

那时候正是郑秀文事业的巅峰期，但是饱受抑郁症困扰的她却不得不宣布暂时退出娱乐圈。经过长达三年的治疗，郑秀文才从抑郁症的旋涡中解脱。经历了这三年，她宛如脱胎换骨，她开始明白无论头上顶着多少光环，她都只是一个普通人，一个不完美的人，一个不能满足所有人的希望和期待的人。她开始认真地研究美食，培养兴趣爱好，还为自己的苛刻真诚地向粉丝和朋友们道歉。

生活中的强者不一定非要完美无缺，相反，敢于承认自己的不完美，乐于拥抱不完美的自己，在自我认知中面对生活中的种种磨难，这样的人，才能称其为真正的生活主宰者，也是真正有魅力的人。所以，当有人认为你不完美的，你可以骄傲地承认：是的，我从来都是不完美小孩。

▼

把潮湿的心拿出来晒晒吧

　　当一个人总是消极地面对生活，就仿佛心里在连绵不绝地下雨，如果不时常把潮湿的心拿出来晾晒，那就很容易发霉。时常晒晒潮湿的心，会让心情变好，人也变得阳光。

　　最近有个朋友总是在齐达面前满腹牢骚，说自己心情抑郁，快要生病了，齐达就问是怎么回事，结果朋友滔滔不绝地说了起来，往齐达的耳朵里灌了一大堆的情绪垃圾，听得齐达直挠头。其实，像朋友所说的情况谁都可能遇到，无非就是生活中遇到的各种不顺心，但是像齐达朋友这样生活一出现一些不和谐问题就对周围的人大倒苦水，甚至因此而变得脾气暴躁，对未来感到迷茫，觉得未来的路走不下去，那这样的人心态就太有问题了。他们需要的不是一下子把眼前的问题全都解决掉，而是把潮湿的心拿出来晒晒，重新感受生活中美好的一面。

朋友的牢骚让齐达想到自己的某一段时期。当时，他做着一份很清闲的文职工作，每天朝九晚五，生活极其规律，但是下班以后，他总是无所事事，感觉大把大把的时间白白溜走，非常浪费，他想要改变这样的状态，又不知道从哪儿下手。

后来，齐达想学英语很有必要，就兴冲冲地下载了一些学习软件，但是没有坚持几天就又回到了原来的状态。他就这样在反复的自我怀疑和短暂性的踌躇满志中折磨自己。齐达表面上还是维持着原来的样子，但是一下班就把自己闷在出租屋里，他的情绪越来越差，就连家人打来电话，也常常说着说着就发脾气。他越来越厌弃这样的自己，甚至有时候一米八大个子的齐达还会偷偷哭泣。

齐达觉得自己的坏情绪已经严重影响到了生活和工作，时间长了说不定要得抑郁症了，他不能一直这么消沉下去，何况他在生活中本就没有遇到什么了不起的难题。于是，他先找时间回了一趟老家，跟家人见了面聊了聊，把自己的一些想法都说出来，也听听家人的意见。从家里回来以后，他刻意地看了很多喜剧电影，每天都抽出一些时间出去跑步，遇到天气不好的时候，就在家里做做运动，有时候是俯卧撑，有时候是深蹲，或者只是打扫一下卫生，总之就是让自己忙起来。

后来，齐达又报名参加了一个英语培训班，他想，不管眼前能不能用到，至少每天能学到新东西，这就是好的。他每个周日都去上课，上完课之后回来练习口语，整理笔记，完成老师布置的作业。

连续这样两个多月之后，齐达的情绪比原来好多了，生活也比原来充实了很多。就连身边的人都说，齐达好像变了一个人，以前一直懒懒散散的样子，现在变得开朗积极了许多。

在很多时候，我们的情绪都会因为一些鸡毛蒜皮的小事而变得低落消沉，甚至失去了努力生活的动力；也有些时候，情绪的变化可能是毫无预兆的，但是无论哪种情况，人都不应该被情绪左右，而应该想办法改变现状。

贺贺的身体和常人不大一样，他不能发烧，因为一发烧就意味着他如果得不到快速的救治，就会很快惊厥，也就是口吐白沫加浑身抽搐，因此贺贺一家对贺贺发烧这件事的警惕胜过所有事。

有一次，贺贺又发烧了，一家人风风火火地去了医院，这一次，医生建议多住几天，以防止贺贺出现意外情况，贺贺的爸爸妈妈点头同意。

贺贺的鼻腔中有鼻涕，每天睡觉的时候就听到他发出"呼噜呼噜"的声音，肯定很不舒服，贺贺妈想要帮他擦一下，但是贺贺完全不配合，贺贺妈便想出了一个办法，干脆教贺贺自己擤鼻涕。贺贺妈捏住鼻子，跟贺贺讲擤鼻涕的动作要领，贺贺觉得好玩，就学着妈妈的样子擤，擤了半天没有成功。贺贺妈又教了一招，一根手指按住一个鼻孔，只用一个鼻孔用力，这一次，贺贺成功了，他兴奋得直跳。还不到两岁的贺贺就会自己擤鼻涕了，贺贺妈看着贺贺滑稽的样子，也哈哈大笑。

来查房的护士也在贺贺母子两人身后笑了起来，然后说："来到这里的家长都愁眉苦脸的，我还是第一次见你们这样的，心态可真好啊！"贺贺妈笑了："嗨，事情都已经发生了，整天心情不好又有什么用呢？比这不好的情况我们也经历过……"

上一次贺贺住院的时候，他们是完全不同的样子。当贺贺发着高烧被送到医院的时候，最崩溃的不是贺贺，而是贺贺妈。住院的几天，她一直守在儿子的病床旁边，无论谁提出让她去休息一下，她都哭哭啼啼地说不能离开儿子。

在贺贺妈这种情绪的影响下，一家人都很痛苦，虽然轮流到医院来陪着贺贺，但是每个人都寝不安席，食不下咽，家庭矛盾也愈演愈烈。贺贺妈更是像一颗定时炸弹，无论是谁，不经意间说的话或者一个小动作都能将她引爆。贺贺虽然还小，但是看到妈妈每天剑拔弩张的样子，也跟着不停地哇哇大哭，他一哭，全家人的心就更悬着落不下来。

贺贺妈说，那段时间，对全家人来说都是一种巨大的煎熬，但是现在不一样了，她在照顾贺贺的同时，也懂得劳逸结合，保证自己的睡眠，这样才能更有精力照顾贺贺，反而她的情绪好了，全家人的精神压力也小了。她说，上一次住院像打仗，这一次住院像度假，贺贺不仅没有像以前那样爱哭，反而跟医生护士们都玩成了一片，经常逗得大家哈哈大笑。不仅如此，贺贺还在医院遇到了好几个跟他差不多大的小朋友，没几天他们就成了铁哥们儿，贺贺除了休息的时候在自己病房，其他时间经常去串门。

坏情绪不仅让自己身心俱疲，也会给身边的人带来很大

的伤害，只有先把自己的情绪调节好了，才有可能让周围关
心你在乎你的人更加轻松。真正强大的人，一定是能左右自
己的情绪、让情绪为自己服务的人，而非情绪的奴隶。

致奋斗的青春

将来的你，
一定感谢
现在
拼命的自己

鑫同　编著

北方妇女儿童出版社

· 长春 ·

图书在版编目（CIP）数据

致奋斗的青春／鑫同编著. -- 长春：北方妇女儿
童出版社，2019. 11 （2025.8重印）
ISBN 978-7-5585-2150-8

Ⅰ.①致 ... Ⅱ.①鑫 ... Ⅲ.①成功心理-青年读物
Ⅳ.①B848. 4-49

中国版本图书馆 CIP 数据核字（2019）第 239469 号

致奋斗的青春

ZHI FENDOU DE QINGCHUN

出 版 人：	师晓晖
责任编辑：	关　巍
开　　本：	880mm×1230mm　1/32
印　　张：	20
字　　数：	320 千字
版　　次：	2019 年 11 月第 1 版
印　　次：	2025年8月第8次印刷
印　　刷：	阳信龙跃印务有限公司
出　　版：	北方妇女儿童出版社
发　　行：	北方妇女儿童出版社
地　　址：	长春市福祉大路5788号
电　　话：	总编办：0431-81629600

定　　价：108.00 元（全 5 册）

前言 QIANYAN

现在的你，是什么样子的？

或许，你正安守在一座小城，日复一日地上班、下班；或许，你正在一座陌生的大城市里埋头苦干，拼命的样子让人心疼……

无论你在过着怎样的生活，只要是努力的、认真的，那都是值得嘉许的。所有的不甘平凡，所有的奋不顾身，所有的义无反顾，所有的为生活燃尽生命的样子，都是最美的。

梦想不怕遥不可及，只怕不曾全力以赴。我们都曾因梦想而热血沸腾，但热血往往抵不过现实的凄风冷雨。多少人却步了，只因大雨倾盆，前路漫漫。

我们终要知道，在奋斗的路上，不会一直清风朗朗，总要栉风沐雨，才能抵达远方。在奋斗的路上，我们都是单枪匹马，我们总要试着去做自己的千军万马，昂首阔步，勇往直前，哪怕头破血流，也要凯旋，做自己的英雄。

想要闪耀，就不能惧怕风雨，谁的人生不是一路荆棘、一路磨难，不要担心努力会徒劳无功，所有的脚印都会留下痕迹，照耀前进的路。

即使跌跌撞撞，也要活得轰轰烈烈，不要相信安逸会伴随你一生。世上从没有真正的安逸，只有努力向前，才能一步一步走出安逸。

人生是自己的，不要等到白发苍苍，才悔之晚矣。人生如棋，落子无悔。所以你走的每一步都必须反复思量，不要让将来的你徒留悔恨和遗憾。

现在的你，是否足够努力了？

有时候，或许我们还要更努力一些，"拼命"虽然是个"狰狞"的词，但现在不拼，未来可能就要落寞地谢幕了。

你想象得出你未来的样子吗？

未来的你是讨厌现在的你，讨厌你的得过且过、碌碌无为，还是感激现在的你，感谢你的无所畏惧、一往无前？

努力吧！别问为什么努力，因为我们每个人都知道答案。愿每一个生命都如花，在最好的时光里绽放，摇曳生姿，美好一生。

目 录
MULU

第一章

别问为什么努力，你心里没数吗

第二章

拼命是个"狰狞"的词，但不拼真不行

第三章

你想敷衍人生，谁又能奈何

第四章

梦想是用来"捍卫"的，而不是用来"妥协"的

第五章

生活，有时是需要硬着头皮走下去的

别问为什么努力，你心里没数吗

为什么努力，其实答案都是一样的

为什么要努力？

为钱、为房子、为车、为自己、为家庭……

别说这些俗气，这就是生活。

生活是由物质和精神组成的，物质要有，精神也要有。

为什么努力，其实答案几乎都是一样的，就是想要过得比原来好一点儿，想让自己变得更好、更优秀一些。

表弟阿俊在我最初的印象中是一个不太上进的男孩。

小学时，他特别调皮捣蛋，总喜欢在上课时搞小动作，因此屡屡被老师训斥。

中学时，他严重偏科，数学、物理、化学几门功课还差强人意，但语文总是不及格。虽然明知自己语文很差，但他就喜欢在语文课上睡觉，这让老师很头疼。

中考时，因为成绩不理想，他只能复读一年，第二年才勉强考进了重点高中。

高中三年，他在学习上也没有太用心，还经常逃课去网吧，虽然被父母和老师警告了几次，但依旧三心二意，最后，勉强考入一所三本大学。

大学四年，阿俊过得更加逍遥。还记得他上大二时，我曾问他："你大学生活过得怎么样？"

他笑着说："早上睡到自然醒，打牌、上网、玩游戏，很惬意。"

我听了很担忧，又说："这样玩儿不好吧，你还是需要在学习上用点儿心的。"

他听了摇摇头，说："你真啰唆。"

我当时也不想再多说什么了，我比表弟早几年进入社会，对于生活的艰辛自然是多有体会，我知道表弟还年轻，所以不能理解努力的意义。

有时候，说再多都是无用的，只有让他自己去经历、去体会，他才能看清生活的真相，才能懂得为什么要努力。

阿俊大学毕业后去了深圳，他面试了很多工作，最后做了一名保险推销员。阿俊做了五个月，因为业绩不佳，所以工资很少。除去交房租、付水电费和饭钱，剩下的钱连给自己买身新衣服都不够。

做了一年保险推销员，阿俊灰心了，他听朋友说房地产挣钱，于是又转去卖房了。

最初三个月，阿俊一套房都没有卖出去，微薄的底薪让阿俊的生活异常艰苦。他说，那时他住在不见阳光的简陋出租屋里，每日挤着人挨人的公交车，甚至连喜欢的女孩都不敢追，因为没有钱约会。他内心很苦闷，觉得现实残酷、生活太苦，但除了坚持，除了去拼，别无他法。

他向哥们儿抱怨生活，但他渐渐发现，没有谁的生活是容易的。走出大学，步入社会，他才发现生活的重担是需要自己去扛的，人生的路是需要自己去奋斗的。曾经挥霍的青春，终究会令你遗憾、惋惜。

阿俊继续做着房产经纪人，站在大街上，顶着三十多度的大太阳发传单；骑着电动车，一个小区一个小区地带客户去看房……

他很累，但他知道自己必须向前跑，因为向前跑的每一步，都是为了让自己变得更好。生活有时候是不允许你原地踏步的，即使看不清前路，即使觉得前路迷茫，我们依然要向前跑，只有奋力奔跑的人，才能看到灿烂的未来。

一年、两年、三年，阿俊在房产经纪人的路上一步步走着，工资越来越高，人脉也越来越广。他换了出租房，交了女朋友，也明白了努力的意义。

一年前，阿俊又跳槽去了一家外国房产公司，因为销售的是外国房产，阿俊必须了解各国的风土人情和市场经济。整整大半年，阿俊都在晚上刻苦用功，他开玩笑地说："我高考都没这么用功过。"

当然，一切辛苦都是值得的，阿俊在新公司的业绩一天比一天好，不仅工资涨了几倍，视野也开阔了。

最近见阿俊，他说他已经报班开始补习英语了，看着西装革履、戴着眼镜的阿俊，我恍惚了一下，突然发现我记忆中那个调皮捣蛋、不求上进的阿俊变了。我知道是生活让他变了模样，不只是他，我们每一个人都会因生活而改变，生活会让我们成长，会让我们慢慢理解努力的意义。

只有不断地去努力，我们才能成为最好的自己，那个优秀的、无可取代的自己。

只有不断地去努力，我们才能活得比原来的那个自己更好一点儿。

只有不断地去努力，我们才能挣脱只有泪水和抱怨的生活。

去努力吧！为自己，为家人，为所有你热爱的和那些值得为之奋斗的梦想与期许。要相信，只要我们奔跑起来，我们就能拥有最美的未来。

不努力，你的人生就只能有一种选择

生活中总能听到这样的话：

"我没有选择啊！"

"不接受也得接受啊，还能怎么样！"

"唉！当初要是拼一下就好了。"

……

满含辛酸却又无可奈何，牢骚满腹却又束手无策，这是很多人生活的状态。

为什么有些人的生活会如此呢？

我想，主要是因为他们不够努力，所以在现实面前，只能退而求其次，只能有一种选择。

1

池姑娘是我的高中同学，印象中的她，爱美、爱干净，只是对学习不太感兴趣。

池姑娘的数学和英语每次都勉强及格，不过她的语文还不错，作文经常被当作范文。

因为在语文方面有天赋，池姑娘也受到了班主任的特别重视，班主任自然希望她能全面发展，在数学和英语上多下功夫。

起初，池姑娘受到了老师的鼓励，心里燃起了久违的斗志，每天抱着英语单词册子嘟嘟囔囔，谁看了都觉得十分刻苦。自习课上，她开始反复做数学题。

但池姑娘的斗志并没有维持多久，尤其是在之后的一次考试结束，池姑娘干脆恢复了之前的状态。其实，池姑娘是受到打击了，虽然她努力了十几天，但考试成绩出来后，数学和英语的分数几乎还和从前一样。

老师安慰她说："成绩是不可能那么快就提高上去的，需要一直努力才行。"但池姑娘终究是灰心了，她觉得无论怎样，她都是学不好数学和英语的，能维持及格就不错了。

我的想法和池姑娘不同，那时我的英语也不太好，但我知道想要考上好大学，每门课的成绩都不能太低。那时，我每天花费很多时间在英语上，背单词、做习题，甚至还买了辅导书，报了英语辅导班。

　　经过高二一年的努力，我的英语提高了十几分。而池姑娘呢，成绩一直是那样，不上不下。

　　高三那年，我们整个班都处于冲刺状态，尤其是下半学期，每月一次的模拟考让我们的神经异常紧绷。最让我们在意的其实是当时的成绩排名，看着自己的成绩上来下去，我们的心也跟着七上八下。当时池姑娘的成绩一直在中游，老师找她谈过，说她如果再努力一些（只要英语和数学的分数再提高一些），考个二本没问题。

　　虽然老师苦口婆心，但池姑娘没听进去，她最后考了一个三本大学。大学时期，她也没有多么用心。毕业后，她四处面试，大型企业她根本进不去，只能找一些小企业投简历，结果常常是石沉大海。最后，她进了一家只有十几个人的小公司，公司待遇并不是很好，甚至连基本的社会保障都没有，但她没有选择，因为能找到一份工作已经很不容易了。

　　有多少人和池姑娘一样呢？并不满意现在的公司和工作，但没有选择，因为以你的能力只能接受那样的工作。

　　想要挣脱，唯有努力。

　　只有努力，你才能掌握选择权和决定权。

2

姚姑娘是我的发小，她二十几岁就结了婚，老公是她的同事。虽然他不浪漫，也不富有，更算不上事业有成，但姚姑娘还是嫁了，因为觉得合适。

姚姑娘很清醒，她知道生活不是电视剧，不会凭空出现一个"高富帅"来爱上平凡的她，更不会出现霸道总裁爱上小职员的戏码。

事实上，她活了二十多年，就没看见过一个所谓的"高富帅"。虽然说爱情是自由的，恋人是可以随心选择的，我们的选择看似很多，但其实又有限制，也要看匹不匹配。

姚姑娘和老公都是公司的小职员，虽然工资不高不低，但二人都十分满足。

公司的一个同事上夜校，姚姑娘就说："好拼命啊！我可做不到。"

知道朋友一边工作一边学其他东西，姚姑娘就说："你那样也太累了。"

后来，同事跳槽了，去了一家待遇更好、薪水更多的公司。那个朋友自主创业了，小生意做得有声有色。

姚姑娘和朋友去逛街，她从不敢大手大脚地买衣服，即使很喜欢，也会一再纠结于价格，而她的朋友却可以随心所欲地买，因为人家负担得起。

姚姑娘和老公结婚时买的是一套一居室的小房子，去年他们的孩子出生了，就想着换一套两居室。

姚姑娘和老公跑了很多地方，看了很多房子，结果发现他们根本承受不了其价格。

选来选去，他们只能一再放低标准。位置不用很好，离上班地点远也没关系，只要能省几万就行；房子设计不好也没关系，能住就行；小区老旧也行……

最后，他们卖了住的房子，换了一栋位置偏远，而且小区年头有些久的房子。姚姑娘有时会和我抱怨："每天上班都要走很久，累死了。唉！但有什么办法呢，买不起更好的房子啊！"

是的，没有足够的资本就无法享受更优越的生活，只能退而求其次。

虽然我们总是强调"知足常乐"，但该有的奋斗还得有，如果你不想永远在选择面前退而求其次，那么你就得奋斗。

3

近两年，我越发努力了，没有人逼我，是我自己想这样活。

我不想这一生只走一条单行线，一辈子只能有一种选择。我希望我能掌握选择的主动权，喜欢就买，不用纠结于价格；累了就停下，来一场说走就走的旅行；想做某件事就去做，不用担心失败了会一无所有；不喜欢的公司说辞就辞，不怕没有地方收留。

我在简书、豆瓣、公众号和专栏上写作，日复一日，不敢松懈。在某些朋友眼中，我可能比较幸运，因为得到了很多人的喜欢，但哪有成功是一蹴而就的呢？不付出又怎能有收获呢？这些道理我们其实都知道，只是有些人喜欢装糊涂罢了，一面羡慕着你的成功，一面又不愿意像你一样努力，然后还来抱怨生活质量太差。

有些人宁愿相信我是天赋异禀，所以第一篇文章就崭露头角，第一部小说就畅销各大平台，第一个公众号就收粉无数。

但事实是，我真的没有什么天赋，更别提天赋异禀，因为从小到大，没有一个老师说过我有当作家的天赋。我只知道，我喜欢读书，然后便看了几百本书，不大的书柜早已塞满了各种类型的书；喜欢写作，于是每日练笔，写得不好就撕掉，一篇又一篇，直到自己满意为止。

看《奇葩说》的时候，对傅首尔印象特别深刻，她的那句话我至今记忆犹新："我努力的晚了点儿，所以我妈买任何东西都要看价格，我的儿子乖得不像个正常人类。"

这句话确实戳中了我的心，所以我更加努力了。我很喜欢现在的状态，因为自由，因为有更多的选择。我早已过了被工作选择的时期，或许生活依然有无可奈何和迫不得已的时候，但至少有些时候我是不用退而求其次的。

作家龙应台有一段话说得很好，她说：

"孩子，我要求你用功读书，不是因为我要你跟别人比成绩，而是因为，我希望你将来会拥有选择的权利，选择有意义、有时间的工作，而不是被迫谋生。当你的工作在你心中有意义，你就有成就感。当你的工作给你时间，不剥夺你的生活，你就有尊严。成就感和尊严，会给你快乐。"

我想，如果我们真的理解了这段话，那么就能理解为什么我们要努力了。

人生之路还是很漫长的，千万不要让自己只有一条路可走。我们要努力拓宽我们的道路，那样即使一条路走不通了，我们还能调整方向，去走另一条路。

有委屈也得忍，因为你还不够强大

当你走过懵懂的岁月，走出校园，便进入了自己也不了解的社会，这个社会不会容忍你的任性，不会对你温柔以待，可能还会让你饱受委屈、受尽欺辱，但有委屈也得忍，因为你还不够强大。

1

大约五年前，小唯和我坐在烧烤摊上，吃着烤串，喝着啤酒。酒喝了一杯又一杯，小唯有些醉了，心里所有的难过也都一股脑儿地说了出来。

小唯大学毕业没多久，在一家知名企业做小职员。作为一个职场新人，辛苦自然是要受的，当然也免不了挨训。

小唯一边哭一边说："什么破公司，就知道欺负新人，上司仗着比我早进入公司几年，每天让我端茶倒水，还对我颐指气使，什么琐碎的工作都交给我来做，复印资料、整理资料，没完没了。我天天忙得团团转，这他还不满意，对我的工作挑三拣四，一个表格也能给你找出好多毛病，生怕别人不知道他是我上司。最过分的是，当着其他同事的面就数落我，一点儿面子都不给我留。"

我听着小唯的哭诉，知道小唯受了委屈，但有几个职场新人不是这么过来的呢？于是我说："当年我的第一份工作也真心烦人，主编哪管你的面子，直接就将稿子摔在你的办公桌上，毫不客气地说：'你看你给我的稿子，这能看吗？一大堆毛病，下次你再给我这样的稿子，就直接走人。'虽然我被骂得很想哭，但心里更难受的是，我必须承认一点，那就是我还不行，所以挨骂也不该感到委屈，除了努力让自己变得强大，我别无他法。"

小唯问我："你就没有想过辞职吗？"

我说："自然想过，只是后来我也想到，辞职又能怎样呢？以我当时的能力，就算去了其他公司，也是要被别人挑三拣四的，能力不行，到哪里都是一样的。所以，在很长一段时间内，我默默忍受着主编的各种训斥，承受着残酷职场给我的一个又一个教训，直到我终于站到和主编同等的位置。现在，没有人会大声和我说话，周围都是客客气气的声音。我也注意到，公司的一些实习生和你现在很像，薪水不高，但杂事不少，委屈自然也会遇到，然而职场就是这样的，弱肉强食，适者生存。"

小唯听我说完，没有再说什么，继续喝着酒，只是不再哭了。

之后的几年，小唯走得很稳健，每次见她，都感觉她的气场不一样了。今天的小唯，已经是公司大多数人都不敢惹的主管了，面对做不好工作的实习生，她也变得不留情面，每一句话都够狠、够尖锐。我曾问她："你就不怕他们哭啊？"小唯说："哭才能成长啊！这不是你告诉我的吗？"

好吧，我承认，是我造就了一个职场女魔头。不过，社会这么现实，女魔头总比小菜鸟好吧！

2

我认识一位女演员，在这里我姑且叫她小白。小白在娱乐圈摸爬滚打了几年，也认识了一些导演和制片人。有一次，一部投资很大且主演都是知名演员的电视剧选角色，她参与了试镜，后来被告知可以出演女二号。

小白很兴奋，因为她知道，这部剧一定会大火，所以作为女二号自然也能提高知名度。不过就在开机前一个月，她突然被告知她被替换了，她很委屈，也很不甘，于是去找导演理论，结果导演无奈地告诉她，是投资人觉得她没有什么名气，所以找了另一个正火的演员换掉了她。导演说他也没办法，因为投资人才是老大。

小白难过了很长一段时间，经纪人给她安排工作，她也是推三阻四。她还和经纪人抱怨说："你安排的工作有什么用，节目都不受关注，我去参加也没人认识我，大家最关心的还是大明星的节目。"

经纪人说："你说得没错，观众自然是喜欢明星大腕，那你就努力也成为大腕呗！到时候看谁还能说换就换掉你。"

小白说："说得容易，怎么做到啊？"

经纪人说："你知道 XX 吧，她当年也默默无闻，而且长得也不是特别出众，但她却通过一个个小角色磨炼了演技，最后终于在一部电视剧中一鸣惊人。现在的演艺界，谁不说她演技好，现在根本轮不到剧本挑她，都是她挑剧本。你再看看你自己，长得比她漂亮吧，现在咱们不就差无可挑剔的演技吗？只要你用心演戏，早晚会一鸣惊人的。"

经纪人的话让小白彻悟，自此以后，她不挑角色，也不在乎是女二还是女三。她认认真真地演戏，不拍戏的时候，她就拜访老前辈，请他们指导演技。

几年过去了，小白的演技早已炉火纯青，她也早已被观众熟知，虽然还没有争取到女一号的角色，但已经是稳稳的女二号了。

在光鲜亮丽的背后，都是努力的汗水和无数的寂寞。没有人天生就幸运，只有日复一日地打磨弱小的自己，最后才能变得光彩夺目。

这世界或许有些残酷，甚至还有些功利，但就算受了委屈，也请先暂且忍耐。努力去使自己变强，那么世界也会对你友善起来。

任何时候，都别给人生设限

　　每个人都有变好、变强大的机会，别给自己的人生设限，任何时候努力都不晚，只要开始就好。更不要不相信自己的能力，你之所以能成功，是因为相信。只要不放弃努力，任何事情都会有转机。给自己一个成功的机会，勇敢并努力吧！

　　前段时间公司来了两个新媒体实习生，没过多久，领导给其中的一个小姑娘安排了一项任务。可能由于刚毕业经验匮乏，所以领导的话音刚落，姑娘就直接回绝："不好意思啊，姚总监，这个工作我之前没有接触过，做不了。"领导听完若有所思，姑娘现在的表现和面试那会儿信誓旦旦、胸有成竹的样子简直判若两人。不过既然被一口回绝，领导也没有再多说什么，而是把这个任务交给了另一个小姑娘。这个姑娘接到任务之后，略加思忖，然后郑重其事地说："明天上班之后我一定第一时间把写好的内容发给您。"领导听后满意地点了点头。

然而，据我所知，后一个姑娘的经验并不比前一个姑娘多，她之前也没有接触过类似的工作，而且她入职的时间还没有前一个姑娘早呢！两个站在同一水平线上的实习生给出了两种截然不同的回应。

在接下来的时间里，后一个姑娘拼命投入到工作当中，她开始上网查阅资料，然后虚心请教有经验的同事。说到关键之处，她一边小鸡啄米似的点头回应，一边还不停地做着笔记。为了更好地完成领导交给的任务，姑娘加班到很晚才回家。

果然，机会总是留给那些有勇气迎接挑战的人的。从那以后，后一个姑娘受到领导格外的重视，有什么优先的机会也都会考虑到她，当然那个姑娘的晋升之路也非常顺遂。

人生就是一个不断升级打怪的过程。尤其在竞争激烈、适者生存的残酷职场上更需要你打起十二分的精神，与一个个的怪兽斗智斗勇，打通全关，站稳脚跟。如果一碰到困难就像那个只会说"我不会"的姑娘一样，那么你一定会被生活虐得体无完肤。

在职场上，"我没文凭没能力没技术不聪明，所以我不会"这类怯懦的话一定不要说。领导招聘你就是让你给公司创造价值，如果你这也不会，那也不行，而且还很玻璃心，那么久而久之，你一定会被职场所淘汰，因为任何一个公司都是以盈利为目的的，每个人需要在有限的时间里尽可能多地创造价值，很少有人会像父母教你学说话、学走路那般不厌其烦。

如果你只是一味地顾影自怜、胆小怯懦，不舍得挥洒汗水自我蜕变，不屑于虚心求教提升自我，那么自然会有更有能力的人接替你的位置。到时候，一事无成的你不仅无法过上衣食无忧的生活，而且你的个人尊严也会变得一文不值。

反之，如果你敢于跳出舒适区，不为自己设限，不肯向生活中的困难低头，大胆遵从自己内心的选择，然后像实干家那样撸起袖子拼命干，那么一定能活出一个明媚的人生。

在日本有一个叫纯子的老奶奶，已经八十多岁了。这位从小经营家族餐馆的老人一直有一个关于音乐的梦想，虽然多年来生活的琐碎使她的梦想逐渐蒙尘，不过栖息在心底的那份对音乐的热情始终未曾熄灭。为了在有生之年一偿夙愿，不留遗憾，她在 70 岁的时候决定开始打碟。随着每天的勤学苦练，纯子奶奶的技术越发娴熟，后来形成了自己独特的风格。

　　有人说，付出才有回报，老天不会亏待任何一个努力的人。果不其然，纯子奶奶不计得失的付出得到了老天的垂怜和眷顾，她收获了很多酒吧的关注和演出邀请。后来又变成了大家眼中的 DJ 女王，10 厘米的厚底鞋、时髦的墨镜、惹眼的红唇成为她的标配，再后来她参加了新西兰的音乐节，接受过 "Billboard（《公告牌》）"的特别报道，甚至连 BBC、CNN 都为她拍过纪录片。

　　纯子奶奶说："我虽然知道自己已经 82 岁了，但我从未思考过，在我这样的年纪什么是能做的、什么是不能做的。身为一名 DJ，我彻底忘却了自己有多老，剩下的只有自由的感觉。"

　　是啊，这位老人说得多好。不管人生到了哪个阶段，都不要给自己设限。不去介意别人异样的目光，不否定自己，不给自己的心灵套上枷锁，只管认真做自己喜欢做的事情，那么你一定能在人生的舞台上光芒万丈。

第二章

拼命是个"狰狞"的词，但不拼真不行

不做"富二代"，只做"拼一代"

大一报到那天，琪琪的妈妈安置好琪琪的一切，竭尽诚意地对我和其他两个室友说："你们以后要多多照顾我们家琪琪，琪琪从小就被我当公主养，十几年从未离开过我身边，突然一个人要在外地上学，我这心里还真不放心。拜托你们好好照顾她，以后阿姨请你们吃饭。"

琪琪来自上海，家庭条件宽裕，是个名副其实的"富二代"，父母的掌上明珠。娇生惯养的她没有主动做事的意识，许多事都不会做。

一次宿管查寝，大家中午下课以后急匆匆地回到宿舍，忙忙碌碌地打扫宿舍，唯独琪琪不慌不忙地和朋友吃完饭才回到寝室。偶然间，琪琪听到了另外两个室友的对话："自己是富二代就什么事都让别人替她做，以为这里是自己的家啊，什么也不会做，家里没钱了，分分钟饿死。"

殊不知，琪琪虽然身为"富二代"，却十分要强，听到室友的对话，她感觉自己真的是一无是处。她自知"富二代"的头衔是父母给的，之所以被室友背地里数落，也是自己真的没能力的缘由，这怪不得别人。那一刻，她决定转变这一切。

自那以后，犹如一张白纸似的琪琪对自己的人生做了详细的规划。大学期间除了认真刻苦学好专业课，她还参加了各种各样的社团活动提高自己的组织能力和沟通能力，并且周末还会去做兼职体会挣钱的不易。大学四年她不仅学习成绩优异，课余生活也安排得井井有条。

大学毕业以后，琪琪的父母希望琪琪回去继承家业，琪琪违背父母的意愿，决定通过自己的努力，做一些自己喜欢的事。然而琪琪选择了梦想也就意味着选择了艰辛。

从小喜欢漂亮衣服的琪琪想做服装设计，但要从事服装设计，不仅要有艺术天赋和绘画能力，而且还要时时关注市场的潮流，具有创新思维。

在服装设计方面零基础的琪琪，花了一年多的时间，学素描、CAD、专业服装设计绘图软件等。学有所获，琪琪通过夜以继日地努力，终于完成了自己的第一个设计图。她胸有成竹地交给领导，领导让琪琪说出她的设计特色和理念时，琪琪哑口无言，因为她只是把自己认为很好看的两件衣服的样式结构拼凑在一起而已，设计理念和特色她并不知道。当时琪琪瞬间明白，原来她之前看到漂亮的衣服，只会夸好看，从来没有思考过衣服的设计理念和特色，就算看过再多服装杂志，但在服装设计方面她真的是外行。

每个周末，琪琪都会拉我一起去逛各个服装店，她不买衣服，只是把当季的新款和热销的衣服拍下来，回去自己研究，推敲它们的设计理念、颜色搭配、布料选择。闲暇时间，她还翻阅了各种服装杂志。就这样持续了大半年的时间，琪琪终于掌握了服装设计的构思和理念、布料的选择、颜色的搭配这一系列的问题。

只要坚持，终会得到你想要的。琪琪的第一个设计作品取得了令人满意的成绩，成为当季的热卖款。

我说："你这么坚持的意义是什么？"

琪琪从容地说："开始的初衷只是想证明我不是别人眼中什么都不会的富二代，但在坚持的过程中，我才发现自己真的是有许多不会的东西。以前只知道买漂亮的衣服，却不知道一件漂亮衣服的背后有这么多汗水。所以选择一件自己喜欢的事情，努力坚持下去，在这个过程中你会学到许多东西。"

现在的琪琪是一名杰出的服装设计师，她设计的衣服是每季的爆款。她说："努力的果实会让人上瘾的，当你尝到一点儿甜头，就会义无反顾地坚持下去，通过更大的努力来收获更大的成功。"

在我的工作和生活中，每当意志消沉的时候，我就会翻阅琪琪的朋友圈，看着她自己设计的那些衣服的样式，背后付出的艰辛可想而知。我就会深刻反思，比我富有、优秀的人都在努力，我有什么资格在这里矫情？

有很长一段时间没和琪琪联系了，也不知道她在忙什么，我好奇地点开琪琪的微信主页，她的个性签名是："虽说生命是父母给的，但生命的精彩是自己创造的。"这大概就是琪琪现在的人生观吧！

我发消息问她："琪琪，你最近在忙什么？"

琪琪说："最近闭关，忙着准备一场时装秀。"

原来琪琪这段时间在国外忙着准备自己的时装秀，她设计的衣服很惊艳，掺杂着各种各样的时尚元素，时装秀很精彩，办得也很成功。

我不由自主地对琪琪说："琪琪，你真的是太优秀了。"

琪琪对我说："成功的背后都是一次次的咬牙坚持，每个出类拔萃的人，都为他现在的成就，付出了很多很多！"

听琪琪说完才知道，琪琪为了她人生中的第一场时装秀，花了很多精力，除了服装方面的精心准备，其他什么事她都要亲力亲为，做到万无一失，场地和模特的选择、灯光的设置、出场的顺序都要一遍又一遍地确认。

琪琪认为："当你选择了梦想的那一刻，也就意味着你选择了艰辛。不要总是觉得为什么别人会轻而易举地得到你想要的，因为你看不到他们为之挥汗如雨的时刻，只知道此刻的他们很成功，却不知道他们多少次在深夜里痛哭，跌倒过多少次，伤口有多疼，他们熬过来了，才有了今天。"

她坚定地说："当你看到我的那个城堡建好了，觉得好气派，心里觉得真是很幸运。不，一点儿都不幸运，这和'开挂'没什么关系，只因为我吃的苦太多了，才配拥有这些奖赏，这些荣誉我担得起。"

如果大多数的人比你过得好，那他们一定比你付出的更多。

每一个人的精彩人生，都是在沉默中努力了很久才实现的。

别扯了，不努力你是不可能强大的

　　一个合租的室友得到家里的消息，父亲患心脏病住院了。家里的事让她心神不定，导致工作中出现严重的失误，被领导辞退了。

　　我回到住处，看她满脸失落，听见她喃喃自语："在这个世界上，没有人会像我这么倒霉了，为什么老天爷对我这么不公平，所有不好的事情都发生在我身上？"

　　了解清楚她的状况之后，我安慰她说："人生难免会经历几个倒霉的日子，一切都会过去的，一切都会好起来的。"

　　看着她泪如雨下的样子，我知道没有经历过这样遭遇的人是体会不到此刻她心里的难过与委屈的。

　　回想过去的自己，人生道路并不是一帆风顺，工作、生活对我来说是一塌糊涂。但我有自己应对困境的法宝，每次遇到挫折，我都会说："我这是在历劫，熬过这些劫难，一切都会朝着更好的方向发展。"

虽说起起落落才是人生的常态，但不努力的你不会起，只会落得更低，生活没有最糟，只有更糟。失败乃成功之母，但成功的前提是你得努力。生活不是经历了这次磨难，以后就事事顺遂。只有通过自己的努力改变现状，让自己强大起来，人生的霉运才会自动升级为好运。

俞灏明，2010年在剧组拍戏的过程中，因工作人员的操作失误，发生事故，导致全身39%的面积深二度烧伤，其中也包括面部毁容，这对于任何一个人来说都是难以承受的伤痛，更何况他是个事业正处于上升期的演员。二十岁出头的年轻人，不够成熟，也没有深厚的阅历，这已经是致命的打击。然而在他最脆弱无助的时候，爱人选择了离开。身心严重受创的他，人生已跌入谷底。

在那之后两年多的时间，他选择隐退娱乐圈，积极配合治疗，努力复健。在身体没有完全康复的情况下，成功地完成了他人生中的第一场演唱会。在电视剧《那年花开月正圆》里，他出色的演技令人惊艳，凭借这个角色入围了白玉兰最佳男配角。当时和他一起竞争的对手不是流量咖，而是何冰、倪大红、于和伟这样的老戏骨。

不要在人生的低谷期停留太久，努力往前走，终会看到黎明的曙光。

俞灏明在经历烧伤事故后，没有逃避那段人生的低谷期，而是张开双臂，迎难而上，努力改变现状，演技和歌唱水平的提高，让他在竞争激烈的娱乐圈站稳了脚跟。

但他是如何走过那段艰难的岁月，多少次在黑暗里抱头痛哭，谁又能知道呢？不是所有人都像他一样在受伤后能重新站起来，更不要说绝地反击，相信很多人会从此一蹶不振，或者一生都受困于创伤的阴影中。

各行各业经历挫折之后成功的人有很多，虽然他们曲折的人生故事丰富多彩，但他们摆脱困境、克服挫折的方法大多相似，就是重新站起来，努力改变。他们坚信人生的霉运不会自动升级，并不是经历的黑暗多了，就一定会迎来光明。

不要妄想时间会改变一切，也许时间会抚平你当时的心理创伤，但你不努力去改变，你接下来的人生只会更糟。

生命就是摔跤，被摔倒后，重新站起来。不管在任何情况下，都要坚信，现在你所经历的每一个煎熬，都会让自己以后的人生发生质的改变，咬牙坚持，努力改变，黎明的曙光就在前方。

"毅力"这东西，能有总是好的

我高三的同桌阿兰，由于高考失败，所以与自己理想中的大学失之交臂。一直以来，她是老师和父母眼里的佼佼者，成绩优异，考个重点大学轻而易举。可命运就是捉弄人，在临近高考的时候她得了严重的感冒，加上时间紧迫，备考压力又大，她的头疼症状越发严重，进而导致患上脑神经衰弱的病症，最后在高考中失利。

报志愿的那天，我问她："你现在打算怎么办？我个人还是建议你本科报个普通院校，之后考研选择重点院校。"她淡淡地说："我的家庭条件不允许我以后走考研这条路，我别无选择。"最后她放弃了填写志愿，选择复读。然而这无异于一场赌博。因为下一届的高中课程实行的是新课改，许多课程内容都发生了巨大的变化，对于她来说都要从头开始学习，但她坚信复读一年，她一定可以考上自己理想中的大学。

然而，那个看似艳阳高照的七月，她的农村老家却发生了水灾，她家的房子全部倒塌。由于家里急需用钱盖房子，便不让她复读了，而是让她去打工挣钱。就这样，我以为她已经放弃了考大学这条路，去打工了。

两年后的某一天，当我再次经过我的高中学校门口，看到高考光荣榜上阿兰的照片，心里一怔，怀疑我可能是眼花了，应该是和她长得像的人。当我激动地靠近那个照片，揉揉模糊的眼睛，看到上面真的是阿兰的名字。我当时又激动又震惊，阿兰没放弃，坚持与努力使她实现了自己的梦想。高兴之余，我想到了自己，我完全没有阿兰那样的毅力，更没有想过我的梦想是什么。阿兰朝着自己的梦想拼命努力、奋起直追的时候，我在这两年的时间里收获了什么，很明显，大多数的时间里，我在混日子。

阿兰的事已经成了我高中学校励志故事的典范，剪辑成视频在校门口的大屏幕上播放，我目不转睛地看着，眼睛渐渐地湿润了。视频中阿兰打工的同事告诉采访者："阿兰每天比其他人早起两小时，晚睡两小时，学习时间就是这样挤出来的。"原来阿兰在打工时，学习的脚步并没有停下，白天上班，晚上挑灯夜读，奋笔疾书。阿兰的故事告诉我们：就算再苦再累，只要有毅力，坚持下去，属于你的风景自会出现，顽强的毅力会驱走黑暗，让你攀上光明的高峰。

大学时的室友小雪，学的是舞蹈表演，每天早上六点起床，去排练室练习肢体的柔韧性。小雪每次练习回来，都会在笔记本上做记录，我很纳闷儿，练习柔韧性有什么好记的？小雪说："我每天都要记录自己的进步和不足，以便第二天坚持和改进。"有一次，小雪被一个剧组选中，参加一场舞蹈演出，班上几十个人，小雪是唯一入选的。

此后，小雪除了上课，剩下的时间都是在剧组训练，每天回到宿舍，小雪会把学习到的东西温习几遍，反复揣摩每个动作和眼神。闲暇的时候，还会在网上搜索那些舞蹈表演名人的视频，反复观看，仔细推敲他们的每一个动作，找到可以借鉴的地方，在练习中有技巧地运用。

一个学期以后，我有机会观看小雪参加的那场演出，那是一场盛大的舞蹈表演，每一个动作都美得让人窒息，看到小雪穿戴着精美的服饰，面带微笑，在舞台上翩翩起舞，我和室友们都看得目瞪口呆。演出很成功，得到了许多业内人士的赞扬。后来，小雪跟着剧组参加多个地方的巡演，成为我们宿舍最先且有能力在社会上站稳脚跟的人。

俗话说："台上一分钟，台下十年功。"我始终相信，如果没有小雪日复一日的练习，她可能就没有被剧组选中的机会；如果没有进组半年的辛苦操练，也不会有后来舞台上的大放光彩。

见证了她的成长和蜕变，我才真正明白"正是因为有了坚强的意志力，才有了咬定青山不放松的英姿"这句话所蕴含的道理。

我关注了一个网名叫"一口气瘦成80斤"的微博用户，她是一个比较胖的女孩。有天，她发表了一篇日志，大概意思是因为胖向自己喜欢的人表白被拒绝了，所以下定决心减肥。接下来的每一天，她都在微博上分享着自己的运动情况、饮食情况、体重变化情况，从未间断过。一年的时间里，她减了40斤，照片对比真的很大，棱角分明的轮廓，竹竿似的腿，我满是羡慕。

人们都说"每一个胖子都是潜力股，瘦下来都是美女和帅哥"，我对这句话持怀疑态度，容貌是天生的，后天可以改变吗？现在我看着她的照片和体重的对比图，我对那句话深信不疑。或许在其他人看来，她只不过每天拍了几张照片而已，可她汗流浃背，遇到美食的诱惑选择避而远之时的煎熬，只有她自己知道。

过去某些时候，我会错误地认为"顽强的毅力和过分的坚持"是一种偏执和钻牛角尖的表现。如果你已经选择的那条路不好走，那就退回去选择另外一条。然而现在我明白，半途而废只会浪费更多的时间和精力，生活经验告诉我们，要想以后的生活变得更好，当下的每一步路都要好好走。

我坚信：顽强的毅力可以征服世界上的任何一座高峰，它会使我们的生活变得更美好。

你必须知道，你还不够好

不久之前，一位闺中好友找我诉苦，听她大吐苦水之后，我大概了解了她烦恼的由来：作为一个培训机构的老师，她三天两头就会因为各种各样的原因受到领导的批评。讲课带点儿口头禅，领导要求她注意；学生小胖的字迹歪歪扭扭，领导指责她监管不严；学生小明在最近的一次模拟考试中名次倒退，领导嫌她对该学生管理松懈；学生小雨和同桌在自习课上交头接耳，打扰其他同学，扰乱课堂纪律，领导在私下斥责她管理无方……

就这样，经过领导一次次劈头盖脸的指责和痛骂之后，闺密对老师这个职业渐渐产生了恐惧，而且在她心里，辞职的念头也由最初的萌芽状态发展到最后彻底扎下了根。讲到动情处，闺密甚至双眼噙满泪地说："学生考分下降和很多因素有关系啊！为什么他偏偏把责任都推到了我的头上？孩子们写作业不认真，课堂上没有纪律，我也无能为力啊，全班几十个学生呢，我怎么可能一下子管得过来？再说了，讲课嫌我有口头禅，让他看看哪个老师没有这些停顿呢！这是多么正常的事情，他为什么老是找我的碴儿呢？我现在听见他的脚步声就特别紧张，生怕一个不小心又挨批了！"

听了闺密的这些哭诉，我自是十分难过，得知她被领导虐成这样，心里也泛起了一阵同情。从前的闺密是多么活泼开朗的一个姑娘啊，现在被工作搞得愁眉苦脸，这领导是有多不懂怜香惜玉啊！就算他冷面无情，一心为了教学工作更好地开展，那他至少也应该懂得一些管理的方法吧，这样一通夹枪带炮的指责谁受得了呢？更何况这些指责针对的是一个自尊心很强、脸皮很薄的女教师呢！想到这儿，我不由得和闺密一起同仇敌忾，谴责起那位严苛的领导来。

经过一番宣泄和我的极力安慰后，闺密激动的心情渐渐平复下来。这时，我的脑海里出现一个理性的声音：闺密之所以有这样糟糕的经历，其实与她自身的教学能力也有很大的关系。管理好课堂秩序、督促学生认真完成作业、帮助学生提高成绩，本来就是一个辅导老师应尽的职责，如果自身的职业技能和管理技能不过关，那领导批评几句也是再正常不过的。毕竟领导聘你进来是为了让你创造价值的，而不是为了让你只领工资不干实事的。

想到这儿，我不禁想告诉闺密一个事实："你必须知道，你还不够好。"尽管这样的劝告可能会惹得她再次伤心难过，但是这样扎心的真相还是有必要直言相告，否则她一旦沉沦在"我弱小，我可怜，我听不得批评"的狭隘认知中，那迟早是要毁了她的。真正的友谊不仅仅是能够锦上添花，更应该直言不讳，勇敢地指出对方的缺失和错误，这样才是真正为她好。

闺密回家后，我思考再三，在好友的对话框里谨慎措辞，认真编辑了一段委婉的、伤害值最小的话给她发送了过去，表达了我的逆耳忠言。经过一阵漫长的等待，好友那头终于传来了几句简短的话："你说的话我能理解，我的确不够优秀，还需多多成长磨炼，谢谢你！读完短信的一刹那，我长长地舒了一口气，如释重负。的确，我的闺密是一个善解人意的好姑娘，她能理解我的良苦用心，也有勇气承认自己的不足，这让我感到无比欣慰。

古语有云："黄金无足色，白璧有微瑕。"同样的道理，这个世界上没有绝对纯净的一种物质，也没有完美无缺的一个人。只要是人，都会有这样或那样的缺陷和不足，有的是性格方面的缺失，有的是能力方面的匮乏！普通人如是，明星也不例外。

在一档《我家那闺女》的综艺节目里，快乐大本营的主持人吴昕红着眼睛，数次哽咽哭诉："我的2018年真的很不顺利，在台里预定的节目被砍掉了，工作量也减少了一半。今年我36岁，也没有遇到适合结婚的人，未来如果不做艺人，还能做什么呢？

"有一年的跨年晚会，因为时长原因，然后就把我的节目拿下去了，所有主持人的都有，只拿掉了我的，这好像是在告诉我：你就是最差的那个，你就是被拿掉的那个。

"我人生中的一个魔咒，就是特别怕听到一句话：这么多年没有一点儿长进。说'你就不要占着这个位置，你把这个位置让出来'。"

其实吴昕刚从大学毕业时就拿到了很多人羡慕的人生剧

本：以第二名的好成绩签约了湖南卫视，经过多年的打拼在北京也有了自己的大房子，但让她难过的是，自己的主持工作一直不被观众看好，即使努力拼命仍然做得不够好，仍然得不到别人的认可，仿佛自己就是错误的集合体、成功的绝缘体。

她的挫折不顺、难过伤心，让我仿佛看到了曾经的自己。是啊，我曾经也像她一样普普通通却又努力地活着，可是始终觉得自己不够优秀，也无法证明自己存在的价值，随后就会把自己浸泡在自责和烦恼当中许久。

有一天，我睁开眼看着镜中的自己，灰头土脸、神色黯淡，好像经过一场大病的颓废的病人。这时，我的耳边突然响起了一种不一样的声音："我何必要这样折磨自己呢？向一个不完美的自己妥协，至少可以让我的心灵获得快乐啊！真正的勇士敢于直面惨淡的人生，接受不完美的自己是一种勇气，也是一个进步的开端！"

这样想着，我的心情也变得明媚了很多，但承认自己不够好，并不意味着向这个世界妥协，今后就算还要流泪，还要受伤，也不能放弃自己前行的步伐，哪怕有再多的困难，我也要一个个去攻克。

再后来，随着心智的成熟，我越来越明白一个道理：我们之所以觉得接受自己不够好是一件痛苦的事情，只是因为内心的完美主义在作祟。因为在完美主义者看来，一个人的自我价值感＝能力＝表现，一旦做某件事表现得不好，能力不足，就彻底否认了自身存在的价值。

如果单考虑完美主义的积极作用，我们倒也没必要警惕，因为自我的否定和挑剔在某种意义上也可以看成个人前进的一种动力。但最关键的是，完美主义心态也会造成很大的负面效应。比如，一个人一旦在某项工作中做不好，就会选择逃避，因为逃避可以让他不再承受表现不佳的风险，也不用感觉到自己的无能。而人一旦掉进了怯懦逃避的泥潭中，那么整个人生就会陷入无穷的恶性循环当中。

为了有效克服完美主义心态带来的负面效应，我们需要树立正确的价值观和人生观，并且及时捕捉负面情绪，一定要用一些积极、正面的话去引导、鼓励自己，比如"这个世界上没有十全十美的事情""成败不要紧，重在参与""做比不做好"……

最后，我想用美国著名作家梅·萨尔顿的一段话结束这章。"午夜时分，往事历历，纷至沓来。其中不尽是美事：痛苦、错误、未竟之事，以及令人羞愧和悲伤的种种往事一起涌上心头。但是一切，无论好与坏，痛苦与欢乐，都描绘进了丰富的人生画卷中，都成了我思想的粮食和进步的动力。"

第三章

你想敷衍人生，谁又能奈何

抱怨有什么用，你根本就不想改变

小文是我的大学同学，住在我寝室的隔壁，刚开始我们不怎么熟络，后来在一次讨论课上，我们俩被分到了一个小组。自那以后，我和小文的交集越来越多，后来我们成了无话不谈的好朋友。

最初，我还很感激她这么信任我，愿意把自己的心里话跟我讲，当然我也很庆幸自己多了一位知心好友。可是越到后来，我越倦于她的不思悔改和抱怨，迫于我们不是同一类人，从最初的知心好友，走到了后来的陌路人。

上学的时候，小文的皮肤过敏，得了一种叫荨麻疹的皮肤病，浑身长出大片大片的红疙瘩，看得人心有余悸。她每天痛苦得要死，我也很心疼她，一边安慰她，一边陪她去看医生。

经过调理，她的病缓解了很多，红疹子基本上都消退下去了。

可是好景不长，过了两三天，小文又跟我说她的红疹子再次爆发，痒得她整晚整晚睡不着觉。我不解地问她："你的病不是好了吗？怎么又复发了？你是不是吃了什么不该吃的东西？"小文思忖了片刻，说："哦，我想起来了，今天中午食堂做的麻辣小龙虾实在太诱人了，我忍不住买了点儿。"我质问她说："医生不是嘱咐过你不要碰那些海鲜和辛辣的东西吗？你怎么记不住呢？"小文听后小嘴一撇，撒娇地说道："我还以为只吃一点点会没事呢！"

看着小文委屈巴巴的模样，我也不好再说什么。我们又在医院开了一些药。吃了一段时间后，她的病情又好转了一些。不过没想到的是，有一天晚上，她又在微信上跟我说红疹子变得更厉害了，问及原因，还是和以前一样，没有管住自己的嘴，当天下午吃了一碗酸辣粉。那时的我略有些生气，明明不可以吃，为什么就不能控制住自己想吃的欲望呢？

经过多次复发，多次治疗，我想她应该能长点儿记性了。可事实证明，我错了。尽管我叮嘱得勤快，可是小文仍然一副记吃不记打的模样，不是被这个带辣椒的小吃吸引，就是被那个咸腥味的海鲜吸引。总之，渐渐地，她深深地陷入一种"刺痒→抱怨→吃药→好转→犯忌→再刺痒→再抱怨"的怪圈。后来，小文的急性荨麻疹终于经过她的恶性循环，成功转换成慢性荨麻疹了，这也意味着这个病治疗的难度增加了无数倍。

有天晚上躺在床上，她一如既往地开启了抱怨模式，抱怨身体的痛苦，抱怨疾病的难缠，我说："那你跑步吧，坚持跑几个月，体质增强了，说不定病就好了呢！"结果，对话框那边传来几个字："跑步太累了，我坚持不下来。"我看了气得差点儿一口老血吐出来。口也不愿忌，动也不想动，还总是不停地抱怨，这病能好了才怪呢！

再后来，我们毕业了。小文因为身体原因找了一个离家比较近也比较轻松、薪资比较低的工作，而我则进入一家网络公司做起了编辑。闲来无事的时候，小文又在电脑的一端敲打着她对生活的不满："这个工作无聊死了，而且挣得也不多，还不能出去走走，天天盯着电脑，心烦死了！"

我安慰道："那你来我们这边吧，现在正好在招人，任务也比较多，不会无聊，而且工资也比你那边要高一些。"谁知她以离家比较远为由拒绝了。我又跟她说："这边包吃包住。"接着她又问："那你们辛苦吗？一天写多少东西？"我说了具体的工作量，她说："一天写这么多呢！我觉得我没有能力做到！"我鼓励道："公司不会苛责新人，慢慢进步就是了。"谁知，她又来了一句："算了吧，去了那边又是一个新的环境，我又得重新适应，太麻烦了！"

至此，我除了用六个点的省略号以外，再也没有任何力气多说一句话了。

后来的后来，小文仍然没有停止对现状的抱怨和不满，而我那会儿已经被她浑身爆发的负能量搞得疲于应付了，感觉自己这个精神垃圾桶再也盛不下她一丝一毫的抱怨和倾诉，于是经过考虑之后，我决定远离这个负能量的人，我可以帮助她，却没有办法同化她，我也害怕时间久了会被她同化，慢慢地，我淡化了与她的联系，疏远了关系。

《摩罗诗力说》中有一句话说得非常好："哀其不幸，怒其不争。"我觉得拿这句话来形容我对小文的看法再合适不过了。不满现状，那你就去改变啊，既不想改变，又抱怨什么呢？一味地抱怨，能给你的生活带来什么样的改变呢？

说到这里，我不禁想起之前看到过的一篇关于三和大神的报道。这些大神常年寄宿在深圳市最大的人力资源市场三和，没有身份证明，身负巨额债务，与家人断绝联系，整日沉迷在游戏的世界里浑浑噩噩。为了能够获得继续混迹网吧的资本，他们出卖自己廉价的劳动力。

人们称他们为"大神"，并不是因为他们有多牛，而是因为他们把自己的人生毁到了极致，所以"大神"二字毫无疑问充满了嘲讽的意味。

当记者问到他们对于未来的规划时，多数人也承认这样的生活绝对不是自己想要的，有的人也表达了想外出闯荡的意愿，甚至还有人说等攒够了钱，便找合伙人做生意。然而悲剧的是，他们并不愿意为了改变现状而做一些努力。一没学历，二没能力，还不愿下功夫学点儿技术，兜兜转转还是在原地堕落。

作家臧克家曾经写过这样一句富有哲理的诗："有的人活着，他已经死了；有的人死了，他还活着。"我想那些活得像行尸走肉，不愿为现状做出丝毫改变的人应该都是"死"了的人吧！当然了，中国有一句老话叫"人生百态，世事无常"。肉体活着而灵魂已死的大有人在，而命运多舛、涅槃重生的人也有一大把。有的人从出生时就揣着一副好牌，最后到生命结束的时候却发现自己把这副好牌打得稀烂，而有的人刚出生的时候就是命运的弃儿，最后却靠着不怨不弃的可贵品质逆袭成了人生的赢家。

2015年，在《超级演说家》的舞台上，杀出一匹黑马。这匹黑马依靠励志感人、震撼人心的演讲，一路披荆斩棘，在众多强有力的竞争对手中脱颖而出，最后喜获了《超级演说家》的年度亚军。

这匹黑马就是身残志坚的旗袍企业家崔万志。崔万志出生时，由于脚先落地，头被卡在母亲身体里，所以导致大脑缺氧，一出生就几乎没有呼吸。在被医生努力抢救下，才勉强捡回了一条命，却不幸落下了行走不便、语言不畅的残疾。

虽然身体有着诸多不便，但是他靠着顽强的意志，克服了生活和学习中的种种困难，最终以名列前茅的成绩考到了当地最好的高中。可他没想到的是，开学第一天，校长就因为他残疾，在几分钟之内将他和他父亲以及他的行李踢到校门之外，然后指着他说："就算你考上大学也没有学校要你，你还耽误我一个名额。"为了让儿子能有学上，父亲当时就跪了下来，并且一跪就是两个小时。

彼时的崔万志想想自己曾经因为残疾而经历过的苦痛，想想曾经因为残疾而遭受过的白眼，再看看眼前那个为了自己放弃尊严的父亲，他的心里充满了对命运的恨意。不过好在后来，父亲一句朴实无华的话——"抱怨没有用，一切靠自己"，给了他继续前进的人生信念。

此后的崔万志在父亲的激励下似乎变得无坚不摧。为了生活，他摆过地摊儿，开过书店、网吧，甚至还在经营电商的时候赔了多年积攒的二十几万资金，再后来开公司又欠了四百万的外债。但就是面对这样残酷的现实，崔万志仍然没有一句抱怨，凭借着顽强的毅力一直坚持下去，最后命运似乎也被这个执着的男人感动了，终于让他成了名利双收的人生赢家。据说，崔万志在淘宝创立的"蝶恋"品牌，发展至今，一年能给他带来五千万的收益。

看完这个励志故事，你的内心也一定备受鼓舞吧！的确，生活很残酷，也很公平。当你不满现在的生活时，要么拼命，要么认命。若是选择了认命，那就不要再抱怨；若是选择了拼命，那就去改变、去创造吧！美好的未来藏在辛苦的打拼里，满腹牢骚只会让你的生活变成一团乱麻。

"世界是一面镜子，照射着我们的内心，我们内心是什么样子，这个世界就是什么样子。选择抱怨，我们内心就充满痛苦、黑暗和绝望；选择感恩，我们的世界就充满着阳光、希望和爱。"把这段来自崔万志的正能量言语送给在路上的你。

追求安稳，并不等同于"不思进取"

豆瓣红人三公子在她的一本书里写过这样一句话："追求平淡安稳的生活，并不是你拿来逃避努力的借口。"的确，在现实生活中，很多人已经把平淡安稳当成了自己能力平庸的一块挡箭牌，打着平平淡淡才是真的旗号，做着不思进取的事情。这种自欺欺人的做法又何尝不是其人生的一大悲剧呢？

我的好友 F 小姐，最近去法国旅游了一趟。在旅游期间，她给我们一众好友分享了一些自己在普罗旺斯拍的美照。在明媚的阳光下，F 小姐躺在如梦如幻的花海里，笑靥如花。我们这些可怜的加班狗除了羡慕她惊为天人的颜值，更羡慕她潇洒恣意的人生。

想当初 F 小姐不顾众人的反对，毅然从一家正规的图书出版公司辞职，然后一个人开启了漫长而孤独的自媒体之路。那时的她经历过迷茫，体验过彷徨，也熬过了无数个不眠的夜晚，最后终于在人才济济的自媒体阵营中杀出了自己的一片天地。

如今的她混得风生水起，一边拿着丰厚的收入，一边自由自在地去全世界旅游，整个人都活成了我们羡慕的模样。

在 F 小姐的一众羡慕者中，有一个我们共同认识的人小 D。小 D 多年来一直在一个不错的单位上班。不过她的工作很清闲，忙的时候敲敲键盘、填填表格，闲的时候追追剧、聊聊天，日子过得悠闲自在极了。

有人看到小 D 这样优哉游哉地混日子，便好心提醒她应该利用业余时间学点儿什么，提升一下自我价值。谁知小 D 反而不以为然地说："人生何其短，天天过得苦哈哈的，多不值啊！辛苦也是一天，享乐也是一天，我如今吃喝不愁，何必受那份罪呢？有一天，我也可以像 F 小姐一样环游世界，过几天岁月静好的生活！"

可是没多久，小 D 没有盼来她理想中的诗和远方，反而等到了如同晴天霹雳的裁员通知单。拿过通知单，她的名字赫然在列。一时间，她竟然不知道该怎么办！

目前的她虽然工资不高，但是让自己吃饱穿暖还是不成问题的，可要是断了这唯一的经济来源，不用说全世界旅游了，就连眼前最简单的温饱也解决不了呀。

痛定思痛之后，小 D 终于悟出了她和 F 小姐之间的差距。一直以来，她只是把追求安稳平淡、岁月静好的美好念想当成了自己懒惰懈怠、不思进取的借口。等到残酷的生活张牙舞爪地扑过来的时候，才发现自己完全没有像 F 小姐那样强大的抵御能力。

知乎上有个用户道出了一个很扎心的真相：成功的人才有资格讲自己的故事，那么我们失败者呢？也只能说一下自己的事故了。所以，像小 D 一样普通得不能再普通的我们，一定不要用双重标准来看待自己和别人。当别人在抛头颅、洒热血、甩开膀子干的时候，你也一定要紧跟其后，不能用追求平淡安稳来麻痹自己，不思进取。当你拥有了享受岁月静好的能力之时，才有资格跟别人一样谈诗和远方。

然而，回到现实中来，很多人却没有这样自知自省的能力。他们如果看到别人比自己过得好，常常会生发出一些羡慕忌妒，甚至恨的情绪来，然后给别人找一大堆己所不及的优势："他爹那么有钱，他的小日子才能过得那么滋润！""他的专业学得好，自然能在这行混得风生水起，哪像我跨专业，怎么跟人家 PK？"

"我的那个同事，今天这里游一游，明天那里逛一逛，完全是因为她嫁了一个好老公啊！"

只言片语，充满了酸臭味。他们的眼睛只盯着别人的优势和闲适，却从来看不到别人背后付出的汗水，以及其强大的能力。若是你真的跟他们较真，决定一辩高下，他们就又立马转换话题，自欺欺人地说："我这么多年一直没有坐上那个经理的位子，没有挣得面子、票子，那是我天生淡泊名利，只爱过平淡的日子。"

然而，事情的真相是这样么？扒开那个虚伪的面具之后，你会发现其实他们的内心都蜷缩着一个自卑、怯懦的灵魂，而裹着这个弱小灵魂的是一个外强中干、没有本事的躯壳。

的确，我承认追求安稳平淡的生活方式没有错，但若是把这种安闲舒适的生活方式当作你不思进取、自甘堕落的挡箭牌，那就大错特错了！毕竟装作风轻云淡的样子并不等于你过上了闲云野鹤的生活，因为不是每个人都天生有那种享清福的命！既然没有这个命，就要趁早认清现实，好好生活，因为真正能对你的人生负责的只有你自己。只有你自己才能让黯淡无光的生活变得重新耀眼起来！

心浮气躁的你，不要奢望梦想成真

以前在同事那里听来一个故事，这个故事的主人公是同事的高中同学，我们姑且叫他 B 君。

B 君长得儒雅秀气，风度翩翩，在学校颇受女孩们的青睐。再加上他爱好诗文，且能写几首充满浪漫主义气息的小诗和几篇辞藻华丽的美文，更是俘获了一众迷妹的芳心。然而就是这样一个有才气的翩翩少年，最后却混成了同事嘴里的 loser（失败者），这让人听了多少有些遗憾和惋惜。

据同事回忆，B 君从小的愿望就是当一个才气纵横的作家和诗人。这个理想旁人乍一听来觉得虚无缥缈，望而不及，可是基于 B 君极高的文字天赋，大家也觉得他的未来可期。不过让人遗憾的是，后来 B 君的心浮气躁和傲睨自若彻底摧毁了他精心编织的美梦。

在高中学习的阶段，他成天把郁达夫、余秋雨、毕淑敏等一众文化名人当作自己精神的偶像，并且也一直坚信自己有一天会成为那样的人。于是古现代诗文和散文成为其重点关注的对象，而其他学科则沦为其上课的催眠曲。有的时候，为了摆脱一窍不通的数学和物理，他甚至选择了翘课。为此，他被老师多次点名批评，同桌也劝他："就算你对其他学科没兴趣，至少你也得大致学习一下嘛，要不然即便你的语文成绩能考满分，那也是一条腿走路，不擅长的学科会严重拖垮你的呀。"

可他依然不为所动，满脑子装的都是诗词歌赋，认为根本没必要把时间和精力浪费在其他学科上。当别人昼夜苦读，置身书山题海时，他一边听歌，一边暗自得意："学得多不如学得精，我可是将来要当作家的人，这些密密麻麻的数字和公式在我眼里就是浮云！"倘若有人把他说急了，他就直接用作家韩寒的话回怼："数学，我想我只要上到初二就够了。一个人全面发展当然好，但可能越全面发展越是个庸才。说一个人学习高等数学是为了培养逻辑能力，我觉得逻辑能力是与生俱来的东西，并不是培养出来的东西。古人不学高等数学，难道就没有逻辑能力吗？"

有的人听了不服气，接着用高考成绩论来反驳他，他仍旧一副满不在乎的模样，并借用韩寒的话自嘲："七门功课红灯，照亮我的前程。"到底是文字功底扎实的学生，举起例子来生动形象，有理有据。其他人无话可说，也任由其破罐子破摔。

当然，有的时候他也为自己不争气的其他成绩懊恼过，幻想着高考的阅卷老师头晕眼花，误判考题，或者善心大发，多赐予他几十分。然而幻想始终是幻想，事实证明，阅卷老师耳不聋眼不花，而且还特别公正。等到高考分数揭晓的那一刻，一个刺眼的325分不出所料地甩在了他的面前。父母看到这样的成绩痛心疾首，大声呵斥，他仍然云淡风轻："家长不能'唯分数论'，这样会把人才逼进死胡同。我现在虽然综合分数是低了点儿，但是凭着极高的文学天赋，我一定会有功成名就的那一天。到时候那些老师和同学还不是对我这个文学大师羡慕有加，顶礼膜拜吗？"

总而言之，B君的高中生涯在心浮气躁、狂妄自大中飘飘然地度过了。至于他后来的境况，也是同事在同学聚会时从其他人七零八碎的描述中拼凑出来的。

由于成绩不佳，B君勉强上了一个非常一般的大学。在大学里，他整日郁郁寡欢，逢人抱怨生不逢时，自己的文学才华无伯乐赏识，时常发出"春风满面皆朋友，欲觅知音难上难"的愤懑和感慨，大有"伯牙碎琴"的阵势。浑浑噩噩的四年大学时光过去了，他的作家梦也在抱怨声中消耗得所剩无几。据一位和B君相熟的同乡介绍，他后来步入社会，也曾向报社和杂志社投过几篇文章，但是到最后都如泥牛入海，杳无音信，至此，B君的心态彻底崩了，他整日伤春悲秋，怀疑人生，无心工作，最后被公司领导扫地出门，一度沦落到"食不果腹"的悲惨境地。

古老的英格兰民谣里有这样一段代代相传的话："少了一枚铁钉，掉了一只马掌；掉了一只马掌，瘸了一匹战马；瘸了一匹战马，败了一次战役；败了一次战役，丢了一个国家。"这段话之所以流传至今，是因为它真实地反映了一段残酷而无情的历史，富含了深刻的人生哲理。一枚铁钉的缺失就意味着一顶王冠的易主，由此可见，一个小小的细节对整体布局也能起到至关重要的作用。同样的道理，若是B君能戒骄戒躁、步步踏实，把人生的每一小步都走好，或许这个世界上就真的又多了一位文学家呢！B君错就错在当自己的能力尚不能撑起野心时，就无端陷入自己编织的妄想中，最终在虚无缥缈的幻想和满腹牢骚的抱怨中彻底荒废了自己的人生。

纵观古今中外，每一个成功的人都不是思想的巨人、行动的矮子。他们懂得脚踏实地，一步一个脚印，把眼前的每一步路走好，从而为以后的成功奠定良好的基础。

人人都听过司马光砸缸的故事，但是大家却不知道他过人的智慧和渊博的学识恰恰来源于坚持不懈、日复一日的早读。为了戒掉贪睡的坏毛病，司马光用圆木头做了一个警枕，只要早上翻身，头就会从木头上滑下，人也随之清醒。

商业巨子李嘉诚在初次创业成功之后积累了数以千万元的资金，但是他并没有为这样一笔巨额财富沾沾自喜、好高骛远，而是脚踏实地，长期地思考，周密调查，为完成下一个既定目标做好准备。

苏格拉底给他的弟子们布置了一道作业——每天把手甩一百下。过了一个星期，有百分之八九十的人坚持了下来；过了一个月，坚持的人只有一半；而过了一年之后，坚持的人只有柏拉图。也许正是坚持不懈、脚踏实地的美好品质，将柏拉图铸造成了古希腊伟大的哲学家。

　　"大浪淘沙，沉者为金；风卷残云，胜者为王。"在如今这个竞争激烈的时代，如果你不是天赋异禀，成不了一个特别拔尖的人才，如果你没有像富二代那样优渥的资源，那么除了脚踏实地、拼命努力，似乎没有别的出人头地的机会了。

　　生活到底不是童话，并不是只要你简单说一句"吧啦啦啦小魔仙大变身"，就能变成一个众星捧月的公主或者英俊富有的王子，而且"霸道总裁爱上我"的戏码也只有小说和影视剧里才会出现。所以停留在嘴上的梦想始终是海市蜃楼，无法抓住，只有付诸实实在在的行动，才能把一切不可能变为可能。

今天的你，是不是还一事无成

大姚的新工作又干不下去了，最近又在拜托朋友们帮忙介绍新工作。这已经不是他第一次求助朋友们了，可连他自己都不清楚自己想要做什么工作，别人又能怎么办呢？

要说大姚其人看上去也算一表人才，上大学的时候学的美术，后来成了一名漫画师，平日里还喜欢弹弹吉他，挺招姑娘们喜欢的。

大姚不喜欢拘束，像我们这种天天在钢筋水泥搭建的城市中奋斗的人他总是看不上，觉得我们太没情趣。他经常出去旅行，一路上走走停停，他说这样可以捕捉更多创作的灵感。

前几年大姚也曾有过风光的时候，那时候他在一家规模不小的公司工作，他画的漫画也挺受追捧。公司还经常组织一些见面会、签售会之类的，长得还算英俊的大姚也曾有一帮小粉丝。

后来，由于行业竞争激烈，他们公司逐渐开始走下坡路，他又不喜欢被人管束，干脆辞职单干。

他不喜欢他所在的那座北方城市，辞职后先是各地旅行了一番，一路走一路画，最后在云南定居下来。

那阵子他发的动态都是苍山洱海边享受娴静的时光，茶马古道上展开一段奇遇，大理的酒吧里听一段低吟浅唱。那时候，可把大家羡慕坏了，觉得大姚过的才是潇洒的人生。

后来，动态停更了，过了好一阵儿我才听说大姚早已经从云南悄无声息地回来了。原来，在云南逍遥快活的日子很快就花光了他的积蓄，在那花团锦簇、浪漫绮丽的山水间，他也没有如愿找到灵感，反而越画越差。

为了解决温饱问题，他不得不回来。可是回来后他又没有好的作品，在这行越来越混不下去了。后来，他想反正自己这么聪明，又见过许多世面，这行不行，就转行，总能找到立足之地。

于是，他开始频繁地尝试和跳槽，销售、策划、公关、设计、文案……各行各业他都勇于尝试，但由于没有经验，肯接纳他的多是一些不靠谱的小公司，月薪最高的时候也没超过五千。他就这么不靠谱地折腾了一年多，换了好几份工作，哪一份都没干长，钱自然也没赚到。

后来，他就开始让朋友们帮忙介绍，朋友们虽然有心，但他实在缺乏经验，能帮他找到的职位也多是比较基础的。小职员自然事情杂乱，常被人呼来唤去，工资还不高，而他又眼高手低、没耐性，所以频频干不下去。

大姚很费解，他问我："为什么一个大专毕业的应届生找工作都比我顺利？"

我说："人家当然比你顺利，既知自己是职场新人，他们自然愿意放低姿态，为了解决眼前的温饱，什么杂活儿、累活儿都愿意干，权当是锻炼自己。你呢，你比新人少了青春活力，少了学习能力和服从意识，可是作为职场老鸟，你又缺乏最重要的工作经验。你说要是你是老板，你怎么选？"

这不是大姚一个人的苦恼，其实很多工作了几年的职场老人都有这样的困惑，有很多人都觉得自己的人生道路越走越窄。毕业头两年还敢不断尝试，随着年龄的增长越发觉得转行难，所以也越来越焦虑。

那些想出去走走的人，多半都是处在这个尴尬时期的人。社会压力大，事业又没有起色，想转行却又不知道从何下手，于是不管三七二十一地先逃离眼前的生活。殊不知换个地方根本不能解决你本质上的问题，你回来之后依然还是要面对这些烦恼。而且更为糟糕的是，因为你的离开，原有的阵地也失守了，你的处境只会变得更尴尬。

之所以感到焦虑，说明你还是有追求的。若毫无追求，即便庸庸碌碌、低人一等，恐怕内心也没有波澜。可是偏偏这点儿小追求、小才华，比上不足比下有余，老路走不下去，新路又蹚不出来，所以就这么不上不下地被干架在这儿了。

大姚曾经的同事，漫画画得好的，如今有的在网络上已经成为知名漫画师，画的漫画有的印刷出版了，有的改编成电视剧了。漫画画得不好的，有的果断转行了，现在在新的领域也混得风生水起，有的转行虽然没那么成功，好歹也有了经验。

而大姚眼高手低，没有目标，对工作也没有耐心，更不知道努力学习提升自己的技能，因此一事无成，变得越来越平庸。

他觉得自己有才华，只是时运不济。我们也承认他确实有才华，可是有才华就不需要努力了吗？成功需要仰望梦想与脚踏实地相结合，二者缺一不可。

人最怕的不是一事无成，而是看不清自己。你只羡慕那些到中年翻身农奴把歌唱的人，却忘了他为了走到今天的位置而付出了多少辛劳。

我对大姚说："想要真的重新开始，就要把自己的姿态放低，不要老是自视过高，熬过最艰难的头几年，未来自然会慢慢明朗起来的。"

如果你人到三十岁发现自己一事无成，想要有所改变，首先，要静下心来想一想，明确自己想要的是什么，不要像无头苍蝇一样乱碰；其次，你的双脚一定要记得落到地上。

第四章

梦想是用来"捍卫"的，而不是用来"妥协"的

梦想从来不是随便说说就可以的

九把刀在小说中写道："说出来会被嘲笑的梦想，才有实践的价值。即使跌倒了，姿势也会非常豪迈。"

很多人把这句话当作座右铭，结果却一事无成。这听起来有些荒唐，实际上却很可悲。因为人们常常只说不做，还怪罪别人嘲笑自己的梦想。心中有梦不去实践，那就是空谈，就是在做白日梦。

鲁迅先生说："人生最痛苦的，莫过于梦醒了无路可走。"我认为还有更痛苦的，那就是明明有路却不走，而是一直吹牛，最终只能眼睁睁地看着别人领先。

很多人年轻时认为自己是宇宙的中心，星星、月亮都要围绕自己转。我以前也是这样，觉得自己很了不起，常常对别人说自己将来能改变世界。可是到了现在，那些说出来的梦想几乎都变成了泡沫，真正实现的却寥寥无几。

小时候我很喜欢背唐诗，因为每背会一首诗妈妈就会奖励我两颗糖果。六岁时，我能把《唐诗三百首》倒背如流。小学四年级，我开始尝试自己写诗，还专门买了一个精装笔记本记录自己的"佳作"。同学们笑着说："你真应该做一个诗人。"我不仅没生气，反而认为这是对我的肯定，更加卖力地进行创作。我拿出自己的诗集给爸爸看，他哈哈大笑，说我写的根本不是诗，而是胡乱拼凑的流水账。我告诉他我长大后要做一个诗人。爸爸皱着眉头问我："你们班还有想做诗人的同学吗？"我无力地摇了摇头。爸爸告诉我，因为同学们都知道做诗人没有用，长大后得饿肚子。我吓得赶紧扔掉了诗集，不再想做诗人。

初中时，我喜欢在课余时间看小说，经常给好朋友分享一些精彩情节。同桌告诉我，她在新闻上看到有个年轻作家写小说赚了好几十万。我当时非常羡慕，萌生了写小说赚钱的念头。不记得从何时开始，我偷偷在晚自习编写自己的小说。最后还被老师发现了，他没收了我的小说，把我喊到办公室狠狠批评了一顿。我告诉他，我的梦想是成为一名小说家，求他把小说还给我。老师说我这是在浪费大好青春,如果父母同意,现在就可以退学回家安心写小说。成千上万的人在写小说,真正能养活自己的却没有几个。我一听说写小说这么惨,直接打消了成为小说家的念头。

高一分班时,班主任建议我分到文科班。我告诉他我喜欢物理和化学,希望以后成为一个发明家。班主任喊来了我的父母,说我根本不适合理科这条路,如果硬着头皮走下去,没有任何好处,再补习三年也考不上大学。我本来想反驳他,可是一想到理科成绩一塌糊涂就失去了勇气。最后,我放弃了成为发明家的想法。

这么多年过去了,我不知道换了多少个梦想,大部分变成一句句空话。不是因为父母或老师逼迫,而是自己选择了放弃。因为年轻时太过懵懂无知,没有正确认识自己就随意说出梦想,甚至很多时候一开口就知道不切实际。"梦想"二字说起来很容易,把它变成现实却很难。首先,梦想本身要在个人承受能力之内;其次,一定要脚踏实地地努力;再次,要学会忍受奋斗时的孤独,还有他人的冷嘲热讽;最后,可能还需要一些运气。

每个人都有年少轻狂的时候,敢于向身边人谈论自己的雄心壮志，和同龄人"指点江山，激扬文字"。正是凭借年少时的梦想，我们才有了亲身实践的勇气，而不是盲目地照搬前人的成果。追梦之路纵然遍布荆棘，却是一个接近现实、了解现实的机会，我们可以在这个过程中逐渐认清自己，找寻人生之旅的美好意义。

六年前我认识了安然，他在县城北街租了一个小店面，修理自行车和电动车。没人光顾生意时，他就待在店里摆弄那些废旧零件，搞一些小发明。我看过他用自行车轮胎改造的转盘灯，也看过他用电动车改造的健身机。周围人都觉得，安然是一个很有想法的修理工。可是他的妻子很反感别人这样说，觉得他不务正业，像个贪玩的小孩子。

有一次我家的电动车车胎爆了，来到安然的店里补胎。闲聊时他告诉我，修车只是养家糊口的技能，并不是他的人生梦想。他想多发明一些有用的东西，向国家申请专利，出售自己发明出来的产品。我承认他有一些创造力，但是那些简单的小玩意根本搬不上台面，真不知道他哪来的勇气。

他却认真地对我说，他自己的梦想他说了算，不在乎别人怎么看。他修了十年车，利用那些废旧零件做出了五十多个小发明，他觉得梦想正在向自己靠近。看着安然坚定的眼神，我忽然感觉他很了不起，不惧怕旁人的质疑和嘲笑，朝着心中的梦想不懈努力，就算失败了又何妨？我曾经有过很多梦想，可是都只是随口一说，听了别人的话之后就因为惧怕失败轻易放弃了。和他相比我才是那个失败者，因为为梦想而战总好过有梦不战。

去年夏天我经过他的修车店，发现店铺面积扩大了不止两倍，牌匾从"安然修车"变成了"安然车行"。从玻璃窗望进去，里面摆满了崭新的自行车和电动车，装修得非常豪华。进入店内，我看到安然正蹲在一辆破旧的电动车旁边，不知道在研究什么。我笑着问他，是不是买彩票中了大奖，现在的店铺真够豪华的。安然兴奋地告诉我，他发明了一种高速省力的自行车，申报了国家专利，有几个大老板听说后亲自过来查看，认为他的自行车很有市场，就和他建立了合作关系。

我万万没想到，他那些不起眼的小发明，有朝一日真能飞上枝头变凤凰。安然说，研发这辆自行车耗费了他五年时间，中途失败了无数次，多年的积蓄也被他花光了，甚至还和朋友借了一大笔钱。家人多次劝他放弃，他都不为所动，好在自己的努力没有白费。我说："万一最后你失败了怎么办?"安然认真地告诉我，失败了也没关系，他更享受追梦的过程。是啊，梦想不仅仅是为了达到目标的那一刻，还应该包括为梦而战的坚持和苦尽甘来的喜悦。

在梦想初长成的年纪，我本可以选择其中一个梦想努力坚持下去。可是我并没有那样做，因为我太在意别人的看法，太担心承担失败的后果。其实梦想有多远并没有关系，只要你有愚公移山般的意志，它就会离你越来越近。过去的时光再也回不来了，幸运的是我们还有今天和明天。那些虚幻缥缈的梦想，该舍弃就早点舍弃。静下心来好好问问自己，究竟想要做什么事，应该如何努力才能做到，然后付诸行动，这才是一个追梦人应该做的事。

我现在很讨厌那些只会夸夸其谈的人，他们就像年轻时的我，不知道实际行动起来有多难，也意识不到自己的不成熟。其实有梦想并没有什么了不起的，你说得天花乱坠也能够获得别人的赞许，可是你没有努力实现它，就不要怪罪别人笑话你说大话。

我身边有一些朋友，他们是大家眼里的成功人士。很多人羡慕他们站在领奖台上的耀眼，却不知道他们为梦想付出了多少心血。当人家早起背诵课文时，你可能还在被窝里酝酿美梦；当人家认真进行每日总结时，你可能还在床上悠闲刷剧；当人家周末出去补课提高自己时，你可能正待在商场乐不思蜀……每个人每天都有 24 个小时，你选择辛苦一点儿还是舒服一点儿，直接决定了你的未来。

你的梦想，不是用来被人嘲笑的

　　每个人都有梦想，有些梦想举手投足之间便可实现，有些梦想即使你使出九牛二虎之力也不一定能成真。那些难以实现的梦想，往往会引来别人的嘲笑。面对嘲笑，不管你是选择坚持还是放弃，梦想都在那里。既然如此，让他们去嘲笑吧！只要你努力坚持，说不定哪一天梦想就成真了。若是不坚持，连个梦想成真的机会都没有。当梦想成真的那一刻，他们的嘲笑自然就变得苍白无力了。

　　电影《当幸福来敲门》中有一句台词说得很好："如果你有梦想的话，就要去捍卫它。"

　　江月常常对我说："走自己的路，让别人说去吧。"我至今还能想起他第一次说这句话时的场景。

　　我和江月很小就相识，他的父亲经常找我父亲下棋，常常带他过来和我玩。我是一个外向开朗的小女孩，从小乖巧懂事，对父母言听计从。江月却很内向，年龄的增长并没有改变他的性格，反而使他更加沉默寡言，这令他的父母非常头疼。

江月小时候很喜欢音乐，他的父亲特意送他到音乐班学习。他非常有天赋，很多曲子一学就会，从此家里贴满了各种比赛的奖状。母亲总是在我面前说隔壁的李阿姨生了一个音乐家，问我有什么梦想。

我小时候哪懂什么梦想，不过是在母亲给出的几个选项中选择最喜欢的一个。我当时都没好好思考，随口说："我想成为一名军人。"母亲还很高兴，说我是一个女中豪杰。可是后来我根本没朝这方面努力。

江月比我坚定得多，周围人从小就夸他是未来的音乐家，后来他真的走上了这条路。

初中时，我们又分到同一个班。我还是像儿时那样外向开朗，身边有很多朋友。江月的沉默寡言让大家都觉得他很孤僻，班里没几个人愿意和他玩。

每到周末，他还是会跑到音乐班学习。学校举办各种文艺晚会，他总是踊跃报名，所有老师都知道他多才多艺，小提琴、吉他、钢琴都是他的拿手乐器。他唱歌也很好听，音乐老师总在课上让他领唱，大家却在背后喊他"孤独歌手"。

其实江月也很想和同学一起玩，他只是不善表达。我常常看到他和一些小学生一起玩耍，在阳光下笑得非常灿烂。

一次体育课上，班里的同学谈到梦想。江月认真地说，他想成为像贝多芬一样伟大的音乐家，将生活中的美好演奏出来。同学们却嘲笑他白日做梦，贝多芬可是世界著名的"乐圣"，也是"交响乐之王"，江月怎么能比得上？

听了同学们的嘲笑，江月默不作声，抬起头仰望天边的云彩，眼神无比坚定。我当时感觉他很忧伤，拉起他的胳膊走到篮球架下，微笑着说："不要在意他们的话，我知道你有远大的理想，我相信你。"他目不转睛地盯着我，双眼湿润起来，笑着说了一声"嗯。"

初二时，班主任把江月的父母叫到学校，告诉他们江月严重偏科，如果继续下去将无法考上高中。他的父母非常着急，便不让他再去音乐班，周末必须到补课班补课。他们认为，音乐无法让孩子成家立业，只有拿到大学文凭才能在社会上立足。

暑假期间，我端坐在家里做试题，江月喊我出去陪他散心。那天中午，太阳火辣辣地炙烤着大地，我们来到公园，在一棵大杨树下乘凉。他像个猴子似的爬到树上，坐在两米高的树枝上向我伸出双臂。我小心翼翼地爬到树枝上，紧紧靠着他，生怕一不小心掉下去。这时有微风从耳边拂过，我觉得心旷神怡。他忽然回头问我："你长大后打算做什么？"

我当时根本不知道如何回答，只记得父母想让我考大学，所以我一直努力学习。

他以为我没听见，在我耳旁又问了一遍："我说，你长大后打算做什么？"

我想了想，轻声说："爸妈想让我考上大学，当一个老师。"

他冷哼一声，问我为什么要听父母的话，难道就没有自己的梦想。我认真琢磨他的话，一时半会儿想不明白。很长一段时间，我都在父母的规划下成长，他们说什么好我就做什么，他们想让我成为什么，我就努力去实现。

我抬起头对江月说："我知道你有音乐天赋，想成为一个音乐家，你一直那么努力，梦想一定会实现。"

他双拳紧握，微笑着说："谢谢，总有一天他们会理解的，就像你一样。"我知道，江月说的是那些质疑他梦想的人。

我告诉他，其实我想成为一名作家，但是父母肯定不会同意。

他拍着我的肩膀说："梦想就在你心中，走自己的路，让别人说去吧。"他说话的样子是那样豪迈，我深信不疑。中考后，江月到外地上学，我们就此断了联系。

高考成绩出来后，我拒绝父母为我挑选的专业，站在他们面前大声说："不用你们管，我想自己选专业，我有自己的梦想。"我还记得他们目瞪口呆的样子，我猜他们当时很难过，但是我不后悔，因为这是捍卫梦想的第一步。

父母最终还是同意了我的决定，说我长大了。我高兴地笑了，转身之后眼角流出激动的泪水。

大学毕业后，我听说江月回来了，在端午放假期间我去看他。虽然七年未见，但是我偶尔听说过他的故事。先是逃课参加音乐比赛，一曲成名后放弃高考。然后被推荐进入音乐学院，唱片公司和他签了合同。如今的他已是一位人气歌手，多次登上荧屏。他从未放弃自己的音乐梦，让那些曾经嘲笑他的人竖起了大拇指。

他家门口停满了车，院子里人头攒动，其中有很多慕名而来的记者和粉丝。我艰难地从人群中挤进去，看到了那张熟悉的脸。我大声呼唤江月的小名，成功吸引到他的注意。他匆忙避开闪光灯，悄悄对我说，下午六点到公园等他。我看到他很快被人群再次淹没，真未料到有朝一日他会如此受欢迎。这哪儿还是那个沉默寡言的江月!

公园那棵老树下,江月如期而至,摘掉帽子、墨镜和口罩。他仍然像个猴子似的蹦到树枝上,向我伸出双臂。我激动地坐在他身旁,不再担心会掉下去。岁月在他的脸上刻下少许皱纹,时光在他的眼里画上沧桑。我猜,他为了追寻音乐梦,一定付出了很多。

我忍不住问他:"听说你曾经为了音乐放弃高考,难道不害怕父母指责,不担心走上一条不归路?"

江月告诉我,他确实担心过、焦虑过、恐惧过,但是一想到自己爱好的音乐,就有了抗争的勇气。他告诉我:"别人都说你不行,那是因为他们害怕失败。别人都在质疑你,那恰好也是证明自己的机会。别人怎么说那是别人的事,只要你信念坚定,一如既往地朝着梦想努力,全世界都会为你让路。"

看着自信满满、无比坚定的江月,我被激励了,仿佛也瞬间有了为梦想不顾一切的勇气。

就像我曾经对江月说的,我的梦想是成为一名作家。为了成为作家,我说服了父母,大学学了文学。毕业后,同学们都各奔东西,有的进了大公司做文员,有的考了编制,有的直接改了行,从事文学创作的可谓寥寥无几。

我的梦想在很多同学眼里都成了不可能实现的"笑话"。

有的戏谑说：

"呦！大作家，我期待你的大作哦！"

"什么时候出书了，别忘了寄一本给我，要是我还能看清字的话。"

有的劝我说：

"实际点儿吧！赶快找个稳定工作，别浪费时间。"

"你以为作家谁都能当，那也是需要天赋的。"

……

否定的声音太多，但并没有浇灭我内心燃烧的梦之火。几年来，我孜孜不倦地敲打着文字，抒写着内心的悲喜故事，虽然这一路饱尝寂寞与辛酸，但幸好不负努力。

时至今日，成千上万的读者已经成为我前进的力量，曾经的那些质疑也早已变成了嘉许，我终用汗水和坚持捍卫了我的梦想。

至此，我想要告诉你们的是，梦想不怕被人嘲笑，就怕你自己放弃。冲破重重阻碍，冲破一切质疑，坚持最初的梦想，勇敢去走自己的人生路。

梦想怎可"妥协"，该倔强就得倔强

"梦想还是要有的，万一实现了呢!"我很喜欢这句话，因为它能给人希望。

我常常对那些不善坚持的人说："只要你不放弃，就有可能成功; 一旦你放弃了，就绝对会失败。"很多人认为现实扼杀了自己的梦想，但我想问问他们，真的为梦想努力坚持过吗?

亚楠是起点中文网的签约作家，她的小说非常畅销，好几本书已经被改编成电视剧。她因此赚了不少稿费，还在北京四环给父母买了一套房。母亲每每向人谈起这件事，总是开心得合不拢嘴。父亲却觉得这一切多亏了他，要不是他从小鼓励女儿多读书，亚楠也不会有今天的成就。

但是亚楠跟我说，她能成为一名畅销网络小说作家，离不开对梦想的"不妥协"。

亚楠的父母是市一中的老师，他们希望女儿能够考上名校，所以从小就对她管得很严。上小学时，亚楠放学写完作业不能出去玩，必须到钢琴班学习。周末时间母亲也给她安排好了，各种补课班排得满满的。在父母的规划下，她从学前班到初中毕业，一直是全校第一。

亚楠考上市一中后，母亲为了监督她学习，让她住在教师宿舍。每天晚上回家，她还要多做一个小时试卷。高二的一天晚上，亚楠回家特别晚，她解释说和同学一起出去吃夜宵。母亲觉得没什么大不了，让她以后早点儿回家，因为还要做试卷。可是第二天晚上，亚楠又回来很晚，母亲便起了疑心。第三天晚上，母亲悄悄跟在亚楠身后，发现她并没有和同学吃夜宵，而是一个人来到图书馆看书。看的是什么书呢？古装言情小说。

母亲气坏了，拧着她的耳朵痛斥道："我以为你在这里复习功课，没想到却在看这些乱七八糟的东西，你这是在作死！还有一年就要参加高考，怎么能在这上面浪费时间？"

她反驳道："不就晚回来一会儿吗？我把你给的卷子做完就是了。"

"你还敢顶嘴！有本事再说一遍，你的卷子是在给谁做？"

　　亚楠嘴里嘟囔着说："本来就是嘛，从小到大每天叫我学习，就连过年都不能休息，你有没有问过我愿不愿意？我现在已经是全校第一了，你还想要我怎么样？"

　　母亲狠狠打了亚楠一巴掌，气愤地说："我还不是为了让你考个好大学！"

　　亚楠摸着滚烫的左脸，哭着说："这样的大学我不稀罕！"然后拿起书包冲出了图书馆。

　　看着亚楠远去的背影，母亲伤心地落下眼泪。一直以来，亚楠都是她手心里的乖宝宝，从来舍不得打骂。可是这一次她太生气了，没想到女儿说话这么冲，完全不理解她的一片苦心。

　　亚楠母亲回家之后，将女儿看小说的事告诉了孩子父亲，哭喊着说女儿长大了不听话，还一个劲儿和她顶嘴。父亲安慰说，孩子只是一时糊涂迷上了小说，母女俩好好沟通沟通就没事了。亚楠将头缩在被窝里，依然可以听到母亲的哭泣声。她觉得自己也很委屈，不理解母亲为什么把她逼得那么紧。不过她也不想让母亲难过，再也没去图书馆看小说。

　　一年后，亚楠考上了名牌大学。成绩公布的那一刻，她觉得浑身轻松了，像是完成了父母的心愿。她的大学专业是电子信息科学,同学们喜欢在课余时间研究编程,而她却泡在图书馆看小说。大学期间亚楠读了很多小说,从鲁迅读到林徽因,从三毛读到海子。她还报名了校文学社,积极参加各种写作比赛。室友好奇地问她,这么喜欢小说为什么不报考文科专业。亚楠说专业是父母为她选的,便于毕业后找工作。她虽然喜欢看小说,但是不想让父母伤心。

转眼间就到了大四。老师把亚楠叫到办公室,先是夸她学习努力、成绩优异,然后告诉她一个好消息,学校想要推荐她去微软公司工作。亚楠却说,她对微软没兴趣。老师以为亚楠心中还有更大的目标,没想到她说打算以后写小说。

老师一脸困惑,觉得亚楠在开玩笑。作为系里数一数二的好学生,就算不考研、不考公务员,也该找个像样的工作。一个理科尖子生,放弃自己擅长的专业去写小说,这难道不是乱来吗?

亚楠说,她是认真的。她从高中开始就爱上了小说,虽然大学成绩很好,但是并不喜欢自己的专业。她打算报考现当代文学研究生,提高自己的文学素养,为写小说做积累。

老师语重心长地告诉她,只要顺利进入微软公司,用不了五年，她一定能成为一个优秀的软件工程师。亚楠谢绝了老师的好意，她说想要做自己喜欢做的事，不然就算成功了，也不会快乐。

离开办公室后，亚楠来到图书馆看书，一向寡言少语的父亲打来了电话。父亲质问她是不是打算跨专业考取文科研究生。亚楠意识到，一定是老师给家里打了电话。她小声说了一个"嗯"，听筒里传来父亲的怒吼声："你这不是胡闹吗！放着好好的软件工程师不做，写什么狗屁小说？"

亚楠没有怪老师给家里通风报信，她料到早晚会有这么一天，但这一次她不想再妥协。她坚定地说："软件工程师也许能赚很多钱，可是人活着难道只是为了大把的钞票吗？这些年一直在你们的安排下生活，我已经受够了！我是一个鲜活的人，不是用来实现你们计划的机器。如果想当软件工程师，你们自己去当吧！"

父亲沉默了，身旁的母亲也沉默了。他们忽然觉得，亚楠的话也不无道理，孩子的未来应该由她自己做主。母亲挂掉了电话，心情平静后给亚楠回了一条短信，承诺以后不会再为女儿规划人生了，既然女儿已经长大了，就放开翅膀勇敢飞翔吧！

如果梦想太重从高空坠落，父母会伸开双手接着她。

看了母亲的信息，亚楠很后悔刚才的大喊大叫，她觉得父母一定很伤心。但是她又很欣慰，因为她的不妥协换回了自己追梦的权利。

六年前，亚楠遵从自己的喜好成功考上研究生。她在起点中文网注册了一个作家账号，连载自己的第一部小说。创作之初并不容易，短短三千字她就花费一整天的时间，而且还没有多少读者。可是她没有灰心丧气，而是认真阅读畅销小说，学习他们的遣词造句和表达技巧，继续更新自己的小说。每当有人在评论区留言，她都会认真回复。就算遇到一些态度不好的读者，她也会耐心地沟通，思考自己有没有犯错误。长期的文化积累让她形成了隽永的文笔，喜欢她小说的粉丝越来越多。

几个月后，亚楠收到网站编辑发来的邮件，邀请她成为起点中文网的签约作者。她开始靠自己的小说赚钱，即使薪资很低。朋友认为亚楠这样做下去没有前途，不如继续研究编程。因为写网络小说的人特别多，那些有名气的作家掌握了大量粉丝，像她这样的新手很难生存下去。亚楠说，万事开头难，她愿意为自己的梦想努力坚持下去。

六年以来，亚楠没有断更过一天，累计写下一千多万字，很多人把她称为"女版唐家三少"。她也没有停下学习的脚步，每天坚持阅读名家作品，文字功底越来越深厚。两年前，她的一本历史小说被改编成电视剧，亚楠因此成为一名畅销网络小说作家。父母也开始理解她，对她竖起了大拇指。亚楠告诉我，幸亏当时没有妥协，否则不会有现在的成功。

每一位家长都希望儿女成为人中龙凤，他们从小就按照自己的规划教育孩子。可是他们的规划就一定正确吗？如果亚楠听从老师和父母的安排进入微软工作，或许会成为一名软件工程师，但是谁能保证她不会后悔？

每个人都有自己的人生道路，其他人都是这条路上的指引者或过路人。没有谁能安排好一切，因为世界在无时无刻地在变化着。年轻时，我们涉世未深，遵从父母的建议理所当然。长大后，便不应该再盲从，因为只有你自己才真正了解自己想要什么。

为了自己的梦想，该倔强时一定要倔强。也许你不会成功，但是至少不会留下遗憾。

请允许我的梦想不"高大"

看到"梦想"二字，我总能回想起童年时的那一幕。

一位和蔼的老师站在讲台上，对着台下的学生说："同学们，你们有自己的梦想吗?"

一群小学生拖着长长的尾音说："有……"

老师满怀期待地看着众人，希望有自告奋勇者讲一讲自己的梦想，结果却没有人举手。过了几秒钟，老师指着南边的窗户说："从这一排开始，大家轮流说一说自己的梦想。"

我很庆幸自己坐在教室中间的位置，这样就可以好好准备一下措辞，不至于像第一位同学那样紧张。我当时根本不知道自己的梦想是什么，因为之前从来没有想过。但是我绝对不能让老师和同学们知道我没有梦想，于是决定"照猫画虎"，照几个说得好的加工一下当作自己的梦想。

　　有人说："老师，我长大以后想当一名警察，帮忙抓小偷。"

　　老师笑了笑说："很好，下一个。"

　　"老师，长大以后我想当歌手，每天给妈妈唱好听的歌。"

　　"老师，长大以后我想当一名航天员，带着爸爸妈妈去看星星。"

　　……

　　我以为准备之后就不会紧张，没想到站起来还是会害怕。周围格外安静，身边有无数小眼睛看着我，我只好抬起头望向黑板正上方的五星红旗，然后张开小嘴说："老师，我的梦想是……"

　　是什么呢？由于当时太紧张，说了什么早就忘记，只记得老师说了句"很好"。

　　时至今日，人们还在时不时谈论自己的梦想。可是多少人已经忘记了儿时的梦想，或者根本没人能记得住？即便记住了，又有几个人实现了呢？

　　高峰当时也在这个班，他是我的"大哥"。我们班有十几个男生，他是个子最高的一个。一次玩游戏，按照个子高低扮演葫芦娃，他就成了我的"大哥"，我就化作他的"葫芦妹"。他并没有铜头铁臂，也不像葫芦兄弟那样正义，小时候还经常欺负我，可是我却牢牢记得他的梦想。

他当时坐在最后一排，站起来就像住我家对面那个四年级的学长。他红着脸说："老师，长大以后我想当一个武林高手，那时，谁也不敢欺负我。"

老师笑着说："你这个梦想很有趣，现在有人欺负你吗？"

他噘着嘴喊道："没有，老师。"高峰的样子就像一名军人，站得直直的，说起话来干脆有力。

我家离他家不远，大概几十米左右，所以我们常常跑到对方家里玩。他有一个缺点，就是特别爱吹牛。一有空就和我说自己会武功，每次我说不信，他就揪我的小辫子。在武力威胁下，我承认他的确会武功。现在回想起来，这和他的梦想有一定的关系。

转眼间到了小学四年级，他跑到我家对我说，明天他就要转学了。我感觉很伤心，虽然他常常欺负我，但是我们的感情还是很深厚的。

临行前他递给我一张小纸条，上面用铅笔写着他妈妈的手机号码。

我担心以后再也见不到他，将舅舅送我的一本汉语词典转赠给他。他红着眼跟我说了一声"对不起"，承认他过去没少欺负我，叫我不要记恨他。我只想到不知道什么时候才能再见到他，完全忘了他是一个"武林高手"。

小学五年级，父母到外地工作，我也登上了转学的列车，混乱中弄丢了高峰给我的那张小纸条。我当时伤心极了，比当时看着高峰转身离开还要难受。因为那一张纸，是我们友情继续的唯一念想。我以为，我和高峰之间的那根友情线已经断了。母亲安慰说，天下没有不散的宴席。我最后释怀了。可是命运真的很奇妙，有些人注定不是你生命中的过客，无论你悲伤或者喜乐。

初二暑假，我静静地坐在家中做暑假作业。母亲从集市归来，带回一堆美味的食物，同时还带来一个惊人的消息。母亲说，高峰给她打了一个电话。我当时几乎忘了他的模样，可是却清晰地记得他经常揪我的头发，以及他的梦想是成为一个武林高手。

我惊叹于他居然找到了我家的电话，因为分别时我明明没有告诉他。后来我才知道，他从小学老师那里打听来的。

母亲把手机递给我，让我给高峰回个电话。我坐在床边，却不敢按下拨号键，因为我不知道接下来该说什么。母亲告诉我她一会儿还有事，我一咬牙，按下了那个曾经丢失的号码。

电话那头传来一个陌生的声音，他说他是高峰。我记得他原来的声音不是这样，难道是发育所致？我担心他是一个骗子，试探性地问他记不记得我送了他一本什么书。他笑着说，那本汉语词典就在他的桌子上，可惜封皮坏掉了。听到他的回答，我开心得差点儿流出眼泪。

高峰说他现在不上学了。我像个大人似的问他："这么年轻就不上学，还能干什么？"他不满地说，他现在在河南一个武术学校学武，而且可厉害了，一个手指就能打倒我。我心里是不信的，脑海中却浮现出他力大无比，一个手指打倒人的样子，感到无比滑稽，不由自主地笑了。他却冷静地说："我就知道你不信，走着瞧吧，总有一天我会成为一名武林高手。"这时候我听到他的母亲喊他吃饭，他急切地问我有没有 QQ 号。我把我的 QQ 号告诉了他，补充说这是去年用舅舅家电脑申请的，已经闲置了很久。高峰让我有机会同意他的好友申请，然后就挂断了电话。

　　半个月后，我到舅舅家加上了高峰的 QQ。他告诉我，他小学毕业后就辍学了，想到武术学校习武，可是父母不同意。他一冲动骑着自行车离家出走，父母报了警，在隔壁县的公路上找到了他。回家之后，他们一家三口彻夜长谈。父母语重心长地告诉他，现在这个社会文凭很重要，好歹混一个高中毕业证，到时候想学武也不晚。他却说，如果不让他去武术班，就回老家放羊。父母无法说服他回去上学，最终遂了他的意，送他去河南有名的武术学校习武。

　　我将高峰的事告诉了母亲，母亲对我说："学武有什么用，长大了连饭都吃不上。你可不能学他，一定要好好学习，考个好大学。"我不知道母亲当时为何如此说，但还是点了点头，照着她说的做了，也许当时我害怕长大了吃不上饭。多年以后我意识到，母亲只是为了让我安心学习。高峰并没有吃不上饭，只是走了一条更加坎坷的路。

　　两年前，我应他邀请来到一个影视基地。高峰说，他现在是一名武术老师，被剧组选中担任武术指导。我欣慰地看着他，祝贺他完成儿时的梦想，成为一名武术高手。他却告诉我，没想到会这么辛苦。我了解到，从武术学校出来后，他混迹于大小影视剧组给演员做替身。他常常被打得鼻青脸肿、满身是伤，最严重的一次，他从威亚上掉下来摔断了五根肋骨。他整整做了十年替身，不知道受了多少罪，才终于混到武术指导这个位置。

我问他："是不是后悔小时候没听家人的话，辍学到河南学武？"他坚定地说，这就是他的梦想。虽然和小时候想的不太一样，但是他觉得很满足、很踏实。我开玩笑说，直到现在我才相信他会武功。高峰哈哈大笑，摸着后脑勺说，以前总骗别人他会武功，没想到有一天会成真。我知道，他口中的"武功"并不是我心中的"武功"。但那又怎么样呢？他在我眼里就是一个武林高手。很平凡，也很高大。

高峰问我有没有实现小时候的梦想。我的笑声戛然而止，不知道应该如何回答，因为我早就记不清小时候的梦想了。他觉得气氛有些沉重，伸出手掐了一下我的左脸，嬉皮笑脸地说："我还记得呢！你的梦想是成为一名作家，现在不是实现了嘛！"他这一下突然袭击让我身心一颤，我不知道他是真的记得我在课堂上说过的梦想，还是只是为了让我开心编造了谎话。我只是觉得，他现在不止会一种武功。

梦想可能只是孩童时期的一个想法，很多人都产生过这样的想法。像我一样忘记儿时梦想的人有很多，能够把梦想牢记心中，并且变成现实的人却少之又少。想到这里，我觉得高峰真的是我面前的一座"高峰"，他的梦想并没有多么高大，但是他努力实现了它。

第五章

生活，有时是需要硬着头皮走下去的

别人生活的难，你应该看一看

生活到底有多艰难？一千个人心中有一千个答案。也许你还年轻，还在父母的遮阴下乘凉。但我要告诉你，总有一天你要"独上高楼，望尽天涯路"。如果明天就是这一天，你该如何面对？要是你还没准备好，不如看看别人生活的难。

林旋是我的大学同学，她虽然相貌平平，但是脸上一直挂着微笑。第一次看到她，我就觉得她浑身充满了正能量。大一新生报到会上，每个人都要到讲台上进行自我介绍，唯独她的自我介绍让人记忆犹新。

"我叫林旋，豹子头林冲的林，黑旋风李逵的旋，最喜欢读的书是《水浒传》……"她的话还没说完，台下的同学就都笑了。她的皮肤真的像李逵一样黑，有人大声地喊她"黑旋风"。可是她毫不在意，反而让我们多多指教。我不记得下一个登台自我介绍的人是谁，因为我还在取笑她的外号。如果不是辅导员出声维持秩序，我都没意识到这样做很不礼貌。教室内笑声戛然而止，我心中却萌生出一股敬意。敢于拿自己缺点取悦众人，需要多大的勇气？后来我才明白，她是何等的坚强。

林旋之所以让我难以忘却，还有一个重要原因是迟到。她几乎每节课都迟到，无数次因为迟到早退被老师扣掉平时的学分，大学四年挂了不少科。为了拿到毕业证，她花了大量精力补考。很长一段时间，我们都好奇她为什么总是迟到早退。直到大二的一天，众人的疑惑才解开了。

一个风雪交加的傍晚，我组织同学到校外聚餐。约定的时间已到，只有她一个人没来。我本想给她打电话，却发现她的手机已经关机。她的室友告诉我，她经常放别人鸽子。其他同学也开始议论起来，有人说她性格有问题、不合群；有人说她每天早出晚归不知道在干什么；还有人说她一件衣服穿了好几年，之所以那么黑是因为从来不洗澡……我让大家再耐心等一会儿，可是足足等了半个小时，她都没有出现。我心中埋怨着她，不满地叫服务员给我们上菜。

北方的冬夜格外寒冷，食物的热气如浪潮般扑向玻璃窗，化作一层薄雾。窗外大雪纷飞，街上霓虹闪烁，时不时传来行人踱步在雪上的嘎吱声，那些声音在我耳中就像一个个音符。这场聚餐一直持续到晚上十点，好在还能赶上回学校的末班车。我们在街头等了一会儿，公交车停靠在身旁，车灯照亮了前行的路。我看到车尾有个空座，便径直走了过去，在一位同学身边坐下。

转身望向窗外的一刹那，我惊讶地叫了出来，林旋竟然坐在我旁边。我确信她没有在聚餐时露面，但是此刻她的确在车上。随着我一声惊呼，其他同学纷纷转过身来，几十双眼睛齐刷刷望向我们。

我问她为什么会在这里，她缓缓低下头，双手将怀中的破布包揉成一团，就像犯了错的孩子。沉默了几秒后，她告诉我她是从歌舞厅那边过来的。我抱怨说大家等了她很久，指责她有时间去歌舞厅潇洒，没时间参加同学聚餐。她竟然理直气壮地瞪了我一眼，大声说没去潇洒。我气愤地问她："没去潇洒为什么脸上浓妆艳抹，难道在和男朋友约会？"她似乎委屈到了极点，哽咽着说她只是在那里做服务员。

看着她失声痛哭，同学们逐渐安静下来。我轻轻拍着她的背，问她究竟是怎么回事。林旋告诉我们，她的母亲一年前出了车祸，现在还卧病在床。最困难的时候，她的父亲离家出走，留下了她和七岁大的弟弟。为了给母亲治病，家里花光了所有积蓄。她想多赚点儿钱补贴家用，所以晚上到歌舞厅当服务员。

后来我才明白，林旋每天早出晚归，只是为了补贴家用。她不来聚餐，是因为正在拼命工作。她一件衣服穿好几年，只是为了省钱供弟弟上学。

我疑惑地问她为什么不去评选贫困生。她笑着告诉我，本来想上台竞选，但是没想到有的同学比她还困难。听了她的话，好几个同学羞愧地低下了高昂的头。我知道他们为什么羞愧，因为有一些人谎报家庭情况。明明家庭条件很好，却拿着伪造的贫困证明在台上哭爹喊娘，领取本不属于自己的昧心钱。我叮嘱她下次选贫困生一定要上台，她却一口回绝了，笑着说她可是"黑旋风"，自己有能力赚钱。而且她觉得这样挺好的，每天时间都很紧凑，日子过得特别充实。

我从未料到她的生活如此艰难，而她又是如此的坚强和偏强。当我们一行人把酒言欢时，她或许正在努力工作，又或许默默地行走在冬夜的冷风中。我不止一次回想起在餐馆内听到的窗外的脚步声。我知道那是一个个音符，但它不属于室内的我们，属于每一个在艰难中拼搏的人。每个人的人生都会有至暗时刻，你根本无法预测它何时到来，但是你可以选择如何面对。只要你有勇气去拼搏，就能够在苦中作乐。

可可是我邻居家的孩子，初中毕业后就辍学了。父母觉得他年纪轻轻，就算不上学也应该学一门手艺，送他去舅舅的理发店学理发。可是不到一个月，舅舅就给家里打来了电话。舅舅抱怨可可太难管教，成天抱着手机不干活儿，早上不起晚上不睡，给客人染头发，染着染着就睡着了。无奈之下，母亲把他接回了家。他还是成天抱着手机玩游戏，在父母的陪伴下过着无忧无虑的生活。

可可母亲说，她儿子很让人头疼，每天躺在床上好吃懒做，像个王爷似的衣来伸手饭来张口。我给她讲了我的同学林旋的故事，并且认真告诉她，现在的小孩儿从小娇生惯养，父母几乎把一切包办了，实际上是害了他。应该让他独自磨炼一番，好好体验生活的艰辛，否则永远都长不大。听了我的话，可可母亲点头同意，决定让儿子到朋友小李的饭店学厨师。

在饭店后厨，可可从削土豆学起，一整天要削几百个土豆。

小李用手机录下可可干活儿的视频，可可母亲看了之后很心酸，觉得让 15 岁的儿子干这种苦活儿有点儿残忍。小李告诉她，他学厨师时也是从这些苦活儿、累活儿开始的，刚开始手慢完不成任务，老板都不让他吃饭。他给可可定下每日目标，目的是让他肩上有点儿压力，不想让他有混日子的心理。

三个月后，可可放假回家，家人发现他变了——衣服脏了他懂得自己去洗，吃饭也不再挑食。可可母亲来到我家，兴奋地说她的儿子懂事了，多亏我当时和她说的那些话。

我说，他只是体验到一个人生活的不易。没有父母的细心呵护，他只能依靠自己，尝试洗衣挑水，逐渐克服重重困难。

人不可能一辈子待在温室，总有一天我们要脱离父母的怀抱，独自面对人生的风风雨雨。生活本身遍布艰辛，只有经历过磨难，才会懂得美好时光来之不易。

而且那些成功人士，往往都要饱经沧桑，体验无数次的失败。想要拥有更好的未来，直面生活中的困难是必经之路。

趁年轻，去体验一下生活的苦吧！流着泪去播种，最后一定会笑着收获。

婚姻失败了没关系，你还有事业

思想传统的女人对婚姻一直有个错误的认知，她们认为婚姻是自己生活的保障，只要结了婚，未来就有人疼，老了就有人养，会幸福快乐地度过一辈子。可是，结婚以后才发现，现实中的婚姻生活和自己理想的婚姻生活完全是两码事。

小米大学毕业没多久就和男朋友进入了婚姻殿堂，做了全职太太。蜜月回来后，她约我一起吃饭。见她神采奕奕，肤白貌美，满脸都是幸福的模样，我羡慕不已。

我对她说："真羡慕你，有个爱自己的丈夫，每天在温馨的家里享受着公主一样的生活，哪像我们这些上班族，每天过着朝九晚五的忙碌生活。"

小米羞涩地说："不用工作的我，现在生活的全部是我的老公和家。"

可是过了不到一年，再次见到她，我大吃一惊，她老了许多，脸上也没有了当初幸福的笑容，皮肤暗黄，穿着邋遢，看着像一个失魂落魄的中年妇女。

她不停地问我："小梅，我该怎么办呀，大明跟我提出了离婚，他外面有了别的女人……"说着说着号啕大哭起来。

我一边安慰她，一边问清事情的原委。原来结婚以后，小米生活得并不如意，每天在担心和焦虑中度过。由于没有工作，每天围着老公转，一心一意地侍候公婆，生活的重心全在家庭。就这样每天过着相同的生活，不注重自身的提高，渐渐地被丈夫嫌弃、忽视。她老公每天下班回家后，小米对他说的最多的话是"回来了，赶紧洗手吃饭，我今天给你做了你最爱吃的……"除了这些嘘寒问暖的话，她和丈夫无其他话题可聊，他们俩之间的关系渐渐地疏远了。

对于这样的婚姻生活，小米开始不安起来。当丈夫回家晚一点儿，总是去质问他是不是外面有别的女人，夫妻俩天天吵架。

后来，她发现丈夫在外面有了别的女人，她让丈夫和她断决关系，但丈夫反而和她提出了离婚。

就这样，小米当初认为坚不可摧的婚姻还是走到了尽头，失去了婚姻的她，仿佛失去了整个世界，每天过着像死尸一样的生活，把自己关在房间，每天抱头大睡，不见任何人，以这样的状态生活了大半年。某个晚上，当小米站在阳台上准备跳下去的时候，她发现她不敢死，怕疼，就突然想通了，比起死，她更想要好好地活下去。

小米花了一个月的时间调整状态，去旅游、散心，将所有痛苦的回忆都当垃圾丢掉，回来以最好的状态生活。

度假回来的她，决定将所有的精力都投入到了工作中。因为长时间和职场脱节，没有过多的工作经验，最终找了一份会计助理的工作。她不断学习，努力提升自己的工作能力，从会计助理晋升到了现在的财务主管。

现在的小米状态很好，完全是一个精干的职场女人。她的工作干得风生水起，工作之余，也经常去护肤、游泳、健身、练舞、逛街、旅游，等等。她之前那些为情所困、为爱所伤的日子已经过去了。

遇到一段不幸福的婚姻，离婚是正确的。但是离婚以后，自己要比之前过得更好，不要破罐子破摔，婚姻没了，还有事业。爱的时候轰轰烈烈，断的时候要毅然决绝，要知道你只是失去了一个人，而不是整个世界。

能快速结束糟糕的婚姻的人都是有能力拥有幸福的人，她们不会因为结束了一段不幸福的婚姻而怀疑自己，不会把生活中所有的希望寄托在一个已经离自己而去的人身上。就算被伤过，抛弃过，她们也会很快找到自我，重塑自己的价值。

婚姻失败了，还有其他有意义的事情需要你去做，找回属于你自己的那份快乐，坚强地走下去。

所有打不倒你的，都将成全更好的你

尼采有一句名言——"但凡不能杀死你的，必将使你更加强大。"

我曾在历史书上读过这句话，但是很长一段时间都无法理解它的含义。工作几年后，我才隐约读懂它的深层含义。

小美是我的老乡，从大专毕业，想找一份好工作很不容易。五年前，一家影视公司到她的学校校招。小美学过一些简单的剪辑软件技术，决定试一试，投递了自己的简历。面试官告诉她，公司本来不接收研究生以下的学历，但是看她态度诚恳，破例给了一次机会。

小美很兴奋，因为面试官承诺底薪5000。在她所在的这个小县城，已经算是高薪。可是她不知道，面试官口中的"破例"是普遍现象。影视公司最近接了一个大项目，急需大量剪辑师对原素材进行粗剪。为了缩减人力成本，公司专门到专科院校招聘，因为这样可以获得很多廉价劳动力。

在公司眼中，小美就是为解燃眉之急请来的临时工。一旦公司业务不忙，她就变得可有可无。可是小美认为，只要自己3个月试用期通过，就能成为正式员工。

理想很丰满，现实却很骨感。小美入职后发现，在学校学到的技能太过肤浅，难以应对影视公司的后期工作。她带着求学心态请教上司，却遭到无情嘲笑。其实上司早就知道，公司留下她的可能性很小，所以从不正眼瞧她，还经常安排一些杂活儿让她做。

小美又向身边的同事请教。同事发了一个网站，告诉她上面有工作软件的视频教程，让她自己去看。她想尽快掌握工作技能，因此每天下班回家都学习到深夜。

学习是一件很辛苦的事，很多时候只靠自己是不够的。视频教程中有很多专业术语，她无法理解，大晚上又无人可问，只能等到第二天请教同事。同事觉得她很烦，一天到晚打扰别人工作，很快就没了耐心，让她自己上网查。小美有抱怨只能憋在心里，因为同事确实没有免费教她的义务。

月末审核很快就到了，小美是整个小组业绩最差的，上司当着众人的面指责她工作不认真，警告说再这样下去她会被公司辞退。

小美知道仅靠自学是很难有显著进步的，她必须比之前更努力，于是她报了一个培训班。每天下班后，她都风雨无阻地去上课。周六周日她也安排得满满当当，一刻都不敢懈怠。

一个月后，新一轮审核到来，小美的业绩比前一个月好了一些，但是并没有人关注。在同事眼里，她还是那个什么都不懂，整天提问的麻烦新人；在上司眼里，她还是那个只能打打下手的小喽啰，只不过这个月稍微努力了一点儿，暂时迈入安全区。可是小美认为这一段时间过得很充实，上司安排的工作她逐渐可以轻松应对，培训班的学习也很有收获，对公司的剪辑软件有了更全面的了解。

一天下午，上司又给小美派了一些杂活儿，主要负责音频文件的分类。当她处理完这些杂活儿后，上司惊讶得喊出声，夸她工作速度非常快。小美笑着说，她经常做这些，发现其中有一些规律，找到方法就能高效完成。上司对她刮目相看，又给她派了一些后期工作，没想到她也快速完成了。上司担心她在糊弄事儿，亲自检查视频中添加的特效，结果没有发现任何问题。上司称赞小美进步飞快，逐渐让她做一些复杂的工作，她都能完成得很好。

试用期结束了，人事主管告诉小美，她的勤奋努力大家都看在眼里，公司打算让她担任特效组组长。据说上司特意把她推荐给总经理，称她能力很强。

小美跟我说，她早就知道上司不是很看重她，也知道同事看不起她，但是还是坚持努力。因为在她眼里，这些磨难就像一次次历练，只要她不被打倒，就有成功的希望。

人生又何尝不是这样，逆境往往能让人成长得更快。就像孟子所说的："天将降大任于斯人也，必先苦其心志，劳其筋骨……所以动心忍性，曾益其所不能。"我始终坚信，所做的任何事情都不会白做。只要付出就会有回报，有些时候这种回报并不明显，它可能是换了一种方式。

工作一年后，上司让我撰写文章。我自信满满地上交稿件，结果被退了回来。原因是客户不满意，认为文章写得太生硬，说我没有彻底理解资料。我认真修改了一遍，再次发给客户，很快又被打回来。修改意见说，文章生搬硬套，需要再做修改。

我又耐心加以改进，没想到还是不行，说我逻辑不够清晰。

俗话说："事不过三。"我当时觉得文章已经写得很好了，改了一遍又一遍，可是客户就是不满意。我向上司抱怨客户难伺候，指责他们什么都不懂。上司却说，我应该感谢客户的"斤斤计较"，因为它能成全更好的我，让我的文章趋于完美。最终，那篇文章改了六遍。我后来成为公司的主笔，写作水平就是在一次次修改中提高的。

回首过去，我逐渐意识到上司是正确的。那些困扰我们的人和事，其实是无数次人生考验。我们不能被它们吓倒，而是应该选择勇敢面对，试着让自己变得更强。一个内心强大的人，不会惧怕任何风霜雨雪，在他们眼里，逆境亦是顺境。

人生又何尝不是这样？前路漫漫，总会有无数未知难题困扰每一个人。如果你被它们吓倒，就只能沦为弱者。如果你能迎难而上，认真做好你能做的每一件事，就会变得更强。那些打不倒你的，都将成全更好的你。

即使生活糟透了，也能靠坚强走下去

有人说："生活是否美好，取决于你的心。心之所向，身之所往。"

生活本身如何，其实并不重要，重要的是，你如何看待它。心有阳光，则春暖花开；心有乌云，则阴雨连绵。心有蓝天，则晴空万里；心有寒风，则冰冻千尺。同样半杯水，乐者喜，愁者悲，向来如此。

身边总有人向我抱怨生活如何不如意。我告诉他们，人生不如意之事十之八九，与其毫无意义地诉苦，不如咬紧牙关坚强面对。更何况，比你不如意的人还比你坚强。

三年前我收到一位读者的来信，拿到信封之后，我的第一反应是："这是谁家小孩子的恶作剧？"

自我走上写作之路起，收到过无数封来信，从未见过如此脏、乱、差的：正反面布满了黑色的污渍，邮票歪歪斜斜地贴在右上角，信封上的字迹异常潦草，看起来就像刚刚学写字的小学生。仔细辨识之后，我终于确定，寄信人是吉林省的一位赵姓读者。

秉着对读者的尊重，我缓缓拆开信封，取出里面厚厚的一摞纸，感觉至少有十几页。心想：这大概是有史以来我收到的最厚的读者信。我满怀期待地抚平褶皱，小心翼翼地放在写字台上，聚精会神地读了起来。

"您好，我亨（很）喜欢看您的文章。最近刚刚学会写字，就破（迫）不及待的（地）想要和您交流。"

读完开头两句话，我情不自禁地笑了。看着错字频频的句子，心里想，看来真是个刚学写字的小孩子。我摇着头自嘲道：小茶啊小茶，你是有多受欢迎，就连小学生都是你的粉丝。我快速向下扫了几眼，整整一页信纸，爬满了杂乱的文字，全篇也没几个标点。从第三页开始笔迹不见了，取而代之的是一张张油画，不知道画的是什么。

将画放到一旁，我继续阅读这位"小学生"的来信。

后面写道："你知道吗？我不止一次想要自尽，但是被好心人救了下来……"

望着触目惊心的语句，我的内心掀起一阵波澜。现在的小学生都这样了吗？一言不合就寻短见？读着读着，我发现自己判断错了，来信之人根本不是小学生，而是一个年轻姑娘。信上的落款显示，她叫小茹。

小茹芳龄二十二，母亲托人给她说了好几次媒，每一次都以男方看不上她而告终。小茹在信中埋怨，这一切都要怪自己的妈妈。

小茹三岁时，妈妈带她搭乘长途客车走亲戚。看到窗外有蝴蝶飞舞，她将双臂伸了出去。这时一辆大卡车从旁边飞驰而过，妈妈忙着和人聊天疏于照看，小茹不幸失去了双臂。小茹爸爸一气之下离开了家，妈妈艰难地将女儿拉扯大，只求能给她找个好人家。可惜事与愿违，附近几个村子没有人愿意迎娶小茹。很多村民在背后说，她是个累赘。

极度悲伤的小茹有了轻生的念头，一个人来到公园湖畔打算自尽，被路过的一位年轻作家救下。他想要送小茹回家，可是小茹不肯说出地址。作家担心小茹还会想不开，就把她先安置在了自己的家中。听了小茹的遭遇后，作家耐心地开导她，告诉她不要轻易放弃自己的生命，否则就是对自己和家人的不尊重……

小茹没上过学，但是她觉得作家说出来的话很有说服力，放弃了轻生的念头。第二天，作家送小茹回家，临行前拿出一本励志故事书送给她。

小茹哭笑不得地说："你觉得我这样子还能看书吗？"

作家告诉她，失去双臂并不可怕，可怕的是失去生活的勇气。只要心还活着，即使生活糟糕透了，也能坚强地走下去。

小茹本想说自己不识字，最终没有说出口。听了作家的话，她感到灵魂深处有一股力量，令她空前强大。回到家之后，她看着床上那本励志故事书，一时间不知怎么办。但是她并没有放弃，最终做了一个惊人的决定：学习用脚写字。

读到这里，我恍然大悟，原来这封信竟是她用脚写的！

纸上的文字明明异常潦草，此刻却似无数钢针刺入我的心房。我的双手也跟着颤抖起来，再也握不住手中的信。望着散落在地面的信和画，我忽然觉得无比羞愧，因为刚才我还在取笑她是小学生。我在原地静立了许久，像是为几分钟前的自己赎罪。那些锋利有力的笔迹，分明是一幅书法，它大声地告诉我什么是坚强。

我深呼一口气，弯下腰，缓缓将地上的沉重捡起。然后告诉自己，必须把它读完。

小茹说，她刚开始连笔杆都握不紧，不止一次被笔尖刺到双脚。好不容易将笔放到脚趾间，稍微一用力又滑了出去。不知反复尝试了多少次，她终于在宣纸上写出"坚强"二字，然后兴冲冲地让母亲送到作家手中。作家知道小茹重拾希望非常开心，用心将那副字装裱起来，悬挂在他的书房。

信的最后一段，小茹告诉我她已经认识了两千多个汉字，不过能用脚写出来的只有几百个。她还说非常喜欢我写下的励志故事，为我画了一幅肖像画，由于信封比较小，她把油画裁成了十二张。

我激动地将十二张画摆放在床上，玩起了拼图游戏。虽然成品和我不太相像，但我觉得它的价值不亚于凡·高的名画。

去年元宵节，我坐火车去看望小茹。她比我想象中的还要瘦弱，乍一看像个初中生。她告诉我，小时候家里穷吃不起好的，导致现在发育不良。我感到非常心酸，不忍心再揭她的伤疤，转而问她字写得怎么样了。小茹激动地跳了起来，她说她已经熟练掌握三千多个汉字，在好心人的帮助下举办了几次作品展，大家很喜欢她写的字。我默默地替她高兴，夸她是个坚强励志的姑娘。小茹对我说，她很喜欢普希金的《假如生活欺骗了你》，相信快乐的日子终将会来临。

很多人因为一点点小挫折就心灰意冷，认为整个世界都在和自己作对。其实挫折又何尝不是一种考验？如果你能像小茹一样坚强，就算生活糟糕透了又何妨？

很多四肢健全的人过得并不快乐，不是因为生活太过艰辛，而是因为自己内心不够强大。只要你心中充满希望，到处都是鸟语花香。

致奋斗的青春

没伞的孩子
必须
努力奔跑

鑫同 编著

北方妇女儿童出版社

·长春·

图书在版编目（CIP）数据

致奋斗的青春 / 鑫同编著. -- 长春：北方妇女儿童出版社，2019. 11　（2025.8重印）
ISBN 978-7-5585-2150-8

Ⅰ. ①致 … Ⅱ. ①鑫 … Ⅲ. ①成功心理-青年读物 Ⅳ. ①B848. 4-49

中国版本图书馆 CIP 数据核字（2019）第 239469 号

致奋斗的青春
ZHI FENDOU DE QINGCHUN

出　版　人：师晓晖
责任编辑：关　巍
开　　　本：880mm×1230mm　1/32
印　　　张：20
字　　　数：320 千字
版　　　次：2019 年 11 月第 1 版
印　　　次：2025年8月第8次印刷
印　　　刷：阳信龙跃印务有限公司
出　　　版：北方妇女儿童出版社
发　　　行：北方妇女儿童出版社
地　　　址：长春市福祉大路5788号
电　　　话：总编办：0431-81629600

定　　　价：108.00元（全 5 册）

前言

一

　　不是每个人都生的好，运气好。你或许没有显赫的家世，也没有无与伦比的天赋，更没有让人惊叹的财富。与那些含着金汤匙出生的人相比，你可能"一无是处"，甚至一旦遭遇"下雨的天气"，你连一把能够遮风避雨的"伞"都没有，为此你必须努力奔跑，才能摆脱泥泞，摆脱苦难，摆脱对自己不利的环境。

　　没错，没伞的孩子必须努力奔跑！在奔跑的过程中也许一路顺风顺水，也许特别艰难，甚至狼狈不堪，但千万不要停止不前，只要你不停的奔跑就一定能到达目的地，创造属于自己的未来。

二

在这个功利的、现实的、残酷的、充满竞争的世界，从来就没有免费的午餐，也不存在一蹴而就、一步登天的现象，你想得到什么，必须靠自己去争取。生活才是最公正的"裁判"，你付出了多少努力，就会得到多少回报！如果你罔顾了这个真理，那么必将无法成功，也会给生命留下许多空白和遗憾。

记得刚毕业那会儿，我浑浑噩噩、懵懵懂懂，相信凭学历终会谋得一份好工作，所以天天"宅"在家里，"两耳不闻窗外事"，坐等机遇的降临。然而等了一两个月，也没有"伯乐"来相我这匹"千里马"。终于我坐不住了，硬着头皮来到人才市场。

直到这个时候，我才真实地体会到现实的残酷和就业的艰难。

因为竞争对手太多，适合自己的岗位太少，关键还没技术、没经验，所以历经多番厮杀，也没能进入自己可意的企业。后来参加了几家教育机构的笔试和面试，若干轮筛选后，终于被一个学校录取。虽然待遇方面无可挑剔，但是身体和精神却万分疲惫。每天都要上八九个小时的课，还要加班加点地备课、批改作业，处理学生的纠纷，接受上级的批评。总之，累得像条狗。

不过，我却从这苦和这累中尝到了一丝甜味，因为我懂得了没伞的孩子必须努力奔跑的含义，知道了努力的意义，明白了生活的道理，不再是当初那个幼稚的自己。

三

闺蜜小暖在我眼中就是一个"没伞的孩子"，她家世普通，学历普通，大学毕业后几经波折才进了一家不错的单位。

在几乎都是海归学子、名校精英的公司里，她瞬间失去了存在感，闪光灯似乎一直都打在别人身上，而她注定做不了自带光环的"主角"。

是的，小暖一开始就被比下去了，但小暖却没有畏惧，她说："既然学历、能力、家世都比不过别人，已经是个'没伞的孩子'了，那就只能拼命向前跑了，总不能站在原地等待大雨倾盆，然后一败涂地。"

事实上，小暖也的确比别人更努力，她本就是个坚强的孩子，从不会甘心认输。她利用空闲时间，学习各种技能。工作了三年后，她顺利得到了出国深造的机会。临走时，她说她要给自己准备一把伞，一把可以让她更加不惧风雨的大伞。

在这个世界上，有很多人都和小暖一样，天生就是"没伞的孩子"，但坚强的人都知道要努力奔跑，要为自己的人生去赢得一把伞。在人生的风雨面前，自哀自怜、自暴自弃都是无用的，唯有鼓起勇气，努力奔跑，才能跨越风雨，遇见七色的彩虹，成就绚丽的人生！

四

亲爱的读者，现在的你处于什么样的状态呢？是坐等命运的垂怜，还是主动出击？是贪图安逸，还是奋勇前行？是抱怨连天，还是修炼自己？是倒在了深夜，还是迎来了黎明？如果是前者，就要引起注意了。要知道，无论是凭空幻想、贪图舒适，还是怨天尤人、意志不坚，都无法让你获得想要的生活。

虽然我们无法选择出身，但我们可以决定最终的归宿。所以，抛开那些所谓的出身、财富、资历等借口吧，不要让它们蒙蔽了你的心灵、遮掩了你的双眼。只要你心中有梦想，有追求，肯努力，就一定能走出阴霾，走向辉煌。

最后，谨以此书献与你。愿你心怀梦想，青春无悔，永远走在拼搏的路上！愿你终有一日活出自己的风采，获得理想的人生！

目录

不行动，你的梦想一文不值

第一章

▼
梦想就在前方，
你不朝前走就永远触碰不到

梦想，每个人都拥有过。但在上大学期间，那是我第一次意识到这人人可以拥有的东西很奢侈。

我在进入大学不久后，突然陷入到了一种非常奇怪的状态，变得什么都不想干，不想念书、不想上课、不想写作业、不想复习……慢慢地，我连看小说和漫画的耐心都没有了，只是看一些没营养的电视节目打发时间。

因为我不想动脑子，所以电视剧和电影有些地方会看不懂，看不懂就索性摁下暂停键不看了，然后打开豆瓣和微博开始刷网页，浏览很多垃圾信息后，找到一两个比较有趣的东西，很认真地笑两下，一天就过去了。

慢慢地，我就超过了拖延症的范畴，开始变得越来越懒，拖延症只是不想做最需要做的事情，而懒就是什么事情都不想做。

我确实什么都不想做，甚至连饭都不想吃，醒了也不愿意起来，我会一直躺着，躺到再次睡着。我经常在接近黄昏的时候起来，然后穿半个小时的衣服，洗半个小时的脸。

起来的时候会顺手打开电脑，其实我也不知道开电脑干吗，但是不开电脑就完全不知道自己该干嘛。

我懒得打游戏，也懒得看任何看起来很长的文章，点开一个又一个的链接，图片的话就看两眼，文章的话就看前两段，视频的话就直接关了。

喝很多很多的奶茶，就感觉不到饿，就不需要吃饭，奶茶箱子清空的速度让我自己都觉得惊讶。

起初，爸妈还管我，嘱咐我好好学习，可后来我的成绩每况愈下，他们又鞭长莫及，最后他们的要求就只剩下半夜两点之前睡。可我起得太晚，晚上睡不着，通常开着 QQ 和闺密聊天，聊天内容通常能在不涉及任何有用信息的情况下持续很久，聊天的间隙再点开那些未看完的电影，可还是觉得没趣，又暂停。

不知道自己要干什么，想干什么，能干什么。

拖到天微微亮，撑不住了就躺下睡觉。

大前天的杯子也懒得洗，各种奶茶的味道混杂在一起，泡红茶的杯子结了褐红色的垢，这些通通都无所谓。

我也懒得出去。非要别人来叫，才勉强出去吃顿晚饭，吃什么都无所谓，只要甜品够正就好，吃了甜食就犯困，吃完就期待有人宣布：那么聚会结束吧。其实回去了我也不知道干什么，可我懒得寒暄，懒得说话。

买了超多的指甲油都懒得涂，看着它们慢慢地过期，也懒得化妆、懒得梳头发，因为出去的时候不多，所以都懒得换衣服，我也不想和别人说，我一件黑色的大衣穿了整整一个寒假什么的……

还有洗面奶用光之后，虽然新的就在抽屉里，可我就是懒得拿出来，所以现在只用清水洗脸，大概是超出女生这个范围了。

这真是个无比可怕的状态，当我了解到几个同学心中那雄心勃勃的计划，当我看到每个人都超认真、超努力的样子时，我都感觉自己无比违和，果然我就是那种自己不努力也不喜欢看见别人努力的心胸狭窄分子。

考研资料、厚厚的单词书、公务员的申论、大开本的专业书、竞赛海报，这些都让我觉得无比的压抑。

习惯性地在课上玩手机，突然就想到一个严峻的问题，我也曾对上课玩手机的低头族表现得深恶痛绝，曾几何时自己也沦落至此。

紧接着我又意识到一件极其可怕的事情，人一旦脱离了学习的状态，就很难再回到那个认真做事的状态了。

那时的我无论做什么，脑子里都是一个想法：好麻烦，随便做一下好了。

不知道那个为了做好一样东西可以耗费 46 个小时的自己，和那个作为组长因为不满意团队成员的成果而独自熬一天一夜重做一份的自己消失到了哪里。更不知道曾经支撑着自己的动力又消失去了哪里。

后来还是因为和我妈的一番对话，才让我茅塞顿开。我问我妈，她当初的梦想是什么？我本以为她会说当中学老师或是医生，但是答案出乎了我的意料：当一个小提琴家。真是个华丽的梦想啊！

那一瞬间，我觉得眼前这个中年妇女真是新奇而陌生。

出于好奇，我继续问她在那个年代怎么会想当一个小提琴家。

她说，当年她的邻居是个拉小提琴的男人，优雅又礼貌。她第一次觉得，人生不仅仅是上学、工作、结婚，原来还可以拉小提琴，她实在是太羡慕这种生活了，于是央求那个男人教她拉小提琴。

那个优雅的男人同意了，可是才学了半年，那个男人就去了奥地利，我妈的小提琴梦因此彻底破灭了。

幻想和做梦什么的真是人类的特权呢！不管是怎样的人，都会有一个埋藏在内心深处的梦想，通常都不是什么特别伟大的理由，而是出于一份非常赤诚的向往。

那种羡慕和向往的感情支撑着那个梦想在心里牢牢扎根，并为之去奋斗。

然而有一种叫作现实的东西却会让梦想褪色。

我追问我妈，为什么不继续学小提琴呢，换个老师不就行了吗？我妈说那时候哪有什么小提琴老师，再说她根本买不起小提琴那种昂贵的东西。

我又问她，她当年考大学的时候为什么不考小提琴专业？

她的回答很奇怪："风险太大了，谁能保证我能学好呢？谁能保证我能成为一位著名的小提琴家呢？那岂不是一辈子都毁了？"

我说："谁说学小提琴一定要学成世界名家的？"

她说："你不懂，学习别的实用的专业，毕业了马上就能赚钱了。"

没了梦想的人生很安稳，却也很无趣。

虽然人生看起来有无数种可能性，其实大部分时候都像钟摆，从这端到那端，过程貌似充满无限可能，其实只有一种结局。

后来我妈就和小提琴再也没有关系了，上班做实验，下班看电视。

我很想问她，自从上班之后，你是过了一万天呢，还是过了一天，然后重复了一万遍呢？但是仔细想了想，这话有些不太礼貌，于是没问。

梦想很廉价，人人都可以有；梦想很珍贵，让你为之不停地奋斗；梦想很神奇，赋予了拥有者一种奇异的色彩，让他们因此而变得与众不同，让他们的生活发生改变。

我也出现过过一天重复一万天的先兆。

我反思自己，最初的梦想去了哪里，自己的生活为什么会停滞不前？

我想，其实没有人真正忘却过自己的梦想，梦想一直在那里，我们总是为了安慰自己，假装不记得，假装不在意，可那种向往的感情始终没有变过，无论过去多少年，谈论起自己最初的梦想的时候那种闪闪发光的眼神依旧很动人，就连嘴角的笑容都变得和平时不同。

这就是梦想的魅力。

没有梦想的人生还有什么意思呢，只是活着罢了，甚至把别人的人生换给你也没什么不同。

在我看来，只有一种人生道路是正确的，那就是沿着自己的梦想一路前行。

在我看来，只有一种方式可以让自己成为人生赢家，那就是有一天达成了自己的梦想。

于是我就把自己堕落的这段时间当成给自己放了一个长假，《悠长假期》里不是说，上帝会给每个人一个假期，让你停下来思考人生的意义，知道自己想要什么。

之后我重整旗鼓，以一种全新的状态，充实地度过了接下来的每一天。在那段弥足珍贵的岁月中所取得的收获让我一步步向梦想靠近。

那段经历使我明白，梦想就在前方，但你不朝前走就永远触碰不到。

　　记住，当你迷失方向的时候，想想自己最初的梦想，多问问自己，你是不是已经为了梦想而竭尽全力了？

▼

找到梦想殿堂的侧门

张立勇是全国闻名的"清华神厨"，当年他是清华大学第十五食堂的一名厨师，在英语托福考试中取得 630 分的优异成绩，让广大学子刮目相看。回首他的成长经历，你不得不佩服他的睿智和顽强。

他出生于江西省一个贫穷的小山村。高中时，他曾梦想考上理想的大学，改变贫穷的命运，让家人和自己过上幸福的生活。可是，他读高二时因家里无钱交学费被迫辍学。刚刚发芽的梦想被无情地掠走了。

张立勇的人生跌入了低谷，情绪低落到极点。就此放弃自己的梦想吗？他很不甘心，他希望将来能像自己的同学一样坐在窗明几净的大学校园里学习、生活。乡村的夜晚是那样寂静，清冷的月光照在房间里，一颗不甘被命运摆布的倔强的心终于做出了一个大胆的决定：远走北京去追梦。

张立勇的目标非常清晰，要到大学校园应聘工人，既能挣钱养活自己，又有机会学习，只有这样才能继续未完成的梦想。第二天，他就踏上北上的列车。天遂人愿，张立勇当上了清华大学食堂的厨师，梦想又找到了开花的地方。他暗暗发誓：要像清华那些学子一样学有所成，让父母过上幸福的生活。

他制订了严格的学习计划，因为工作，他得凌晨四点半起床，可是他三点半就起床提前学习一个小时，晚上七点半下班后再学习五个小时。为了不影响同事们休息，他常常跑到路灯下读英语。

后来，他在一场讲座中一举成名。他流利的英语让美国专家和清华学子赞叹不已，当得知他是一名厨师时，现场掌声雷动。此后，食堂经理为他的求学打开方便之门，减少他的工作让他多进教室听课。很快，他就接连通过英语四、六级考试，后又在托福考试中取得630分的超高成绩，被媒体称为"清华神厨"。

张立勇坚持学习，一连取得了清华大学的本科和南昌大学的研究生文凭，他写的书《英语神厨》被评为"全国青少年最喜爱的书"之一。因为有了丰厚的稿费，他在县城给父母买了一套商品房。为了激励广大学子，他组织了一批青年精英在全国各地做励志演讲。他也获得了"中国十大杰出学习青年"等多项荣誉。

不忘初心，砥砺前行。张立勇的梦想已经开花结果，当年他身处困境选择清华无疑是个明智的选择，虽然是当厨师，但是这里有着浓厚的学习氛围和免费旁听的机会。厨师是个跳板，为他赢来清华校园这个平台，在这里，他可以免费得到向高手们学习的机会，拓宽了视野，还得到清华广大师生的热情帮助。当年辍学回家似乎与大学永世无缘，梦想眼看夭折，幸好他及时调整了人生的航向，把清华厨师作为续梦的方向，一边做厨师，一边读大学。"通过自己的努力终于"让梦想成真。

在人生道路上，当梦想受阻时，我们不妨调整思路，找到梦想殿堂的侧门，虽然要付出更多的艰辛，但终将会修成正果，因为侧门和正门是相通的。有时，梦想也需转弯。

▼

明天过得好不好，取决于你今天怎么做

　　有不少人喜欢幻想"天上掉馅饼"，但老天似乎就喜欢和这样的人开玩笑，往往会给那些喜欢"天上掉馅饼"的人重重一击。

　　因为人都有惰性，行动才变得更加重要。时间由一连串的"今天"组成，而明天的蓝图怎样，取决于你"今天"的行动。就如尼采说的："每一个不曾起舞的日子，都是对生命的辜负。"过好今天，明天才会更精彩。

　　大学的一个室友，李颖，是当时我们专业的学霸，每次期末成绩排名都在前面，大家似乎已经习惯了这个排名结果，并没有从深处思考过为什么李颖每次都可以这么优秀，而自己却总是排到最后？可能大多数人都会把别人的优秀归结于

"可能，她更擅长这一块"，或者"我就是没她幸运"。但是，这个世界上所有的努力都不是白费的，每一个成功的人背后，一定有着日复一日的坚持。

从大一我们分到一个宿舍开始，李颖就从没间断过充实自己。她每天早上坚持六点起床，先围着操场跑上 20 分钟，然后七点按时吃早餐。只要当天学校有课，她都是第一个到达教室，提前预习书本上的内容。没有课的时候，她就会在图书馆待着，一待就是一整天。而我们只有在晚上的时候才去图书馆。

后来，在李颖的带动下，我们宿舍的人也有了转变。在别的宿舍的人都还在睡大觉的时候，我们宿舍的人已经集体去图书馆充实自己了；在别的同学逃课的时候，我们宿舍的人已经在认真听课了；在别的同学花钱如流水的时候，我们宿舍的人已经开始兼职赚钱养活自己了。我们宿舍的这种正能量一直保持到毕业。

李颖因为成绩优异，毕业后，被保送进一所她心仪的师范院校读研，其他人也都顺利考上了研究生，而我也找到了自己最想走的路。

后来一次同学会上，有不少同学问我："当时你那么拼，一边是本专业课程，另一边又是双修，同时还兼顾了自律会的工作和兼职家教。把自己搞得那么累，为什么呢?"对于这个问题，我也没做什么说明，只是觉得当下应该那样，大学期间我过得很充实。当挑战了自己的极限时，便会很有成就感，会让自己变得更加自信。实际上，每个人都要经过这么一段时光，挺过去就没什么了。明天过得好不好，取决于你今天怎么过，你付出过怎样的努力，才配实现怎样的梦想。我知道，我的青春掌握在自己手中，走得好不好，对不对，摔倒了是站起来还是趴着哭，都只有我自己说了算。现在回头看看，很庆幸自己当初那样选择，并坚持了下来。

毛泽东说过一句话:"一万年太久，只争朝夕。"无数美好的明天，都是用今天争取来的。很感谢那段时光，让我们养成了好的生活习惯，并且受益一生。

后来上班了，我也一直保持着大学时养成的好习惯，每天上班提前 10 分钟来，先列一个一天计划，标记今天要完成的工作。然后下班前，再根据今天的工作情况进行总结。这样，每一天下来，我都会过得很充实，并且有更好的状态去迎接明天的工作。几个月下来，我的工作效率和业绩就有了很大的提升。

在哈佛的学生餐厅里，每个人都是边吃饭边看书;在哈佛的医院里，候诊的学子也没有一个人闲谈，而是埋头看自己的书。

哈佛教授对学生说得最多的一句话是："如果你想在毕业以后，在任何时间、任何地点都如鱼得水，并且得到大众的欣赏，那么你在哈佛求学期间，就不会拥有闲暇的时间去晒太阳！"

这就是哈佛精神的完美体现。所以，美国的高科技人才一直是世界上最多的。因为，在其他大学放松的四年，恰好是哈佛大学生最勤奋的四年，也是他们积蓄人生能量的黄金四年。他们的勤奋和努力，必然会换来一个美好的明天。

千里之行，始于足下。明天过得好不好，取决于你今天怎么做。几分耕耘，就有几分收获。加油吧，朋友！从现在做起，从今天做起！

▼

你到底要想多久才能开始行动呢

　　思考，从来不是一件坏事。但过度的思考常常会成为行动的绊脚石。我曾目睹一位朋友在网上购书，久久徘徊在五六本之间无法拿定主意（我保证她不是经济困窘）。她头头是道地分析了每本书的优劣，细化到"如果我买了这本，好处是什么，遗憾是什么"，等到全部讲完之后，双手一摊，撇着嘴问我："我到底买不买呢？"

　　所以有时候，我更欣赏做事果断的人——这样的人不会因为聪明而损失惨重。其实就我的观察来讲，压根儿不动脑筋就扑上去"三下五除二"的人非常少，反倒是在脑子里滚来滚去思考个一百遍，分析各种利弊可能，恨不得纠结到吐血前一秒，盼望着一个神明出来说一句"就这么做吧，我向你保证没问题"，然后才肯下手的人，比比皆是。

可是，活了这么多年，还没明白"人生压根儿没有任何保证"这回事吗？"三思而后行"，到底要思多久？据传杨绛先生回复过一位学生的留言，这位学生有一大堆的思考和问题，伴随着无助和迷茫。杨绛回了一句在我看来适用于大多数年轻人的话："你就是想得太多，做得太少。"

自从我看到这句话之后，就把它抄在一张小纸条上，贴在了我家冰箱门上。每天路过，我就要想一想，你今天想了多少？可你又做了多少？坦诚地讲，我们从小被教导要制订计划、要有走一步看三步的思维模式，被灌输的"凡事要三思而后行""谨言慎行"，其中的"度"其实非常难以把握。

于是，在每个人成长的过程中就碰上了这一段"成长剧痛期"，我们难以把握所学信条之中的分寸，于是所学所想与现实的激烈碰撞带来了方方面面的疼痛。当迷茫的现状撞上野心勃勃的欲望，疼痛自然更加难耐。

有一次我和一位好友在聊"痛苦的思考"这一话题的时

候，她说，现在她越来越不愿意将自己长久地放置于一种计划、斟酌、焦虑、不安的状态里了，想到什么，判断一下就开始着手，其他时候不让自己胡思乱想。"因为我知道，很多事情其实并不需要多么缜密的思考和斟酌，真的没那么严重，这只是我的惯性而已。而且我坚信，凭自己的判断力和智商，也压根儿不会做出多么离谱的选择。"

真的，除了升学、择业、婚姻、育儿几件非常重要的事情需要你格外操心、谨慎选择之外，日常生活中究竟有多少事情值得你思前想后、郁郁寡欢呢？世上没什么事是有保证的。都说用深入的思考来指导行动，是非常明智的事。可当过度自我裹挟的思考限制了你的行动时，就太得不偿失了，毕竟，行动只是开始。

决定你成功的主要因素是行动中的每一个细节。随时借助思考来调整航向、灵活变通，才是更重要的努力。有时，你并不知道自己的哪一份积累会在哪一个机会中为你争取优势；你也根本不知道在你广撒网的时候会捞起哪种鱼。

一个创业做得很棒的朋友告诉我一句话：这世上真的有些事是你以现在的视野所看不清楚的，你必须先走两步。我现在特别庆幸我的开始，虽然未来仍是一片未知，但至少我每天都有收获。况且，想要真正地解决问题，你得让问题先真实地暴露出来，而不是永远停留在思考中。

不断修炼，才能成就更好的自己

第二章

▼
与其抱怨别人，不如改变自己

　　解除痛苦的三个方案：不要抱怨他人——就算自己曾经很悲惨，但是你抱怨也于事无补；不要抱怨自己……

——安东尼·罗宾

　　很多人都喜欢抱怨，觉得世道不公。

　　但抱怨并不能改变什么，只会增加别人对你不好的印象。所以，与其抱怨世界，不如行动起来改变世界。

　　公司新入职的一位小姑娘，90后，嘴巴很甜，见到谁都喊哥哥姐姐。这么可爱的小姑娘，大家也都很照顾她。只要她有什么需要帮忙和倾诉的，找到我们，我们都不会拒绝。

　　但是很快，大家就发现她有个小毛病——喜欢抱怨。老板批评她的工作失误，她会拉同事到茶水间抱怨老板爱挑刺儿；和客户交涉遇到困难，她会抱怨客户不体恤她也是讨一口饭吃；一起聚餐，无论吃的是路边摊还是招牌菜，她都会抱怨菜品的不足，害她没了胃口……

我们觉得跟她相处很累，开始考虑吃饭是否叫上她，聚会是否让她参加。没有人再愿意听她抱怨，她在公司开始变得形单影只。没多久，她就因为工作频频失误被辞退了。

有一次乘飞机外出旅行，我和一位投资人相邻而坐。随着我们交谈的深入，我得知，他在投资一家规模很小的科技公司，并且投入了很多资金，却收益甚少。

他没完没了地向我抱怨，说他被那家科技公司的老板气得要吐血了。我问他，那位老板令他心烦意乱多久了，"好几个月了！"他愤愤地回答道。

事实上，坐在我身边的这个男人是一位拥有上亿身家的富翁，有一栋富丽堂皇的高档别墅，有一位贤淑而美丽的妻子，有个可爱的孩子。但这些足以羡煞旁人的福分，却被一个小公司的老板轻而易举地抹掉了，留在他脑中的全是挥之不去的无尽烦恼。

我有一个亲戚，初中未毕业就被父母"派"到北京摆地摊；刚到适婚年龄，又被父母"包办"婚姻。本以为婚后能过上安稳日子，没想到命运却再次捉弄了她，她的孩子身患重病。于是，为了给孩子凑钱治病，她不得不选择远行。

如今，时过境迁，她在西南地区扎了根，孩子也恢复了健康，正常去上学，她自己经营着几家店铺，日子过得有滋有味。

这些年，面对人生的波折和磨难，她从未抱怨过什么，只是在努力改善生活，她经常挂在嘴边的话就是："冬天来了，春天还会远吗？"

我的一个朋友，是个跑业务的。

每次与他见面，他总是乐呵呵的，大老远就冲我嬉皮笑脸地招手；闲谈时聊到工作，他总是开老板和客户的玩笑，仿佛那些都不是为难他的人，反倒是给他的生活带来笑料的人。

他最喜欢的事情是做饭，他总是说天大的事情吃一顿就好了。我吃过他做的饭，分外美味，顷刻间让人忘记其他，全心享受美食！

他说自己每天都很忙，抽不出时间让自己不开心。

许多人都喜欢责怪别人，怨恨环境，埋怨别人不喜欢自己、不欢迎自己，但他们却从不反省自己的为人和举止，是否值得他人尊重及欢迎。

假如一个人不经常反省自己，只会责怪别人和环境，他就到处惹人讨厌。

有些人每天都在抱怨着，久而久之生活里就充满了怨气。抱怨并不能改变现状，只能发泄一时的不满，如果不停地抱怨，幸福的事也会悄然而去。

生活中总会有坎坎坷坷、烦恼不快，但这些终将离你远去。就如同一首歌所唱的：阳光总在风雨后。相信未来的日子终究是美好的、幸福的。

这个世界，陪你笑的人很多，但陪你哭的人很少。无须抱怨，努力过好每一天，才是我们真正需要的。

当你不再抱怨，幸福的大门才会向你敞开。努力前行，生活会更加美好。

▼
关上的门不一定上锁，至少应该推一推

"姐，你知道吗？大春辞职了。"晚上，我正在无聊地刷朋友圈的时候，前同事小米发来一条微信。

什么？大春？不可能吧？他敢辞职吗？

大春来自北方的一个小山村，家境贫寒，学历也不是很高，他刚进公司时，听人事部小妹讲，也是费了九牛二虎之力，还搭上了各种人情才勉强进来的。

大春的身材高大、皮肤黝黑、长相憨厚，见谁都是憨憨一笑，让人觉得亲切，也很有喜感。

刚进公司实习的时候，小伙子很能吃苦，工作也特别踏实，领导让他做个什么事情，绝对能放一百二十个心，虽然完成的时间会比别人长一点点，但他肯定能各方面都给你办得妥妥的。

　　只是大春的家里不富裕，花钱也比较仔细，是很节省着过日子的一个很懂事的小伙子。

　　大春家里还有一个弟弟、一个妹妹，弟弟正在上大学，妹妹正在上高中，几乎都是指望着大春这一份工资养活。在家里很困难的情况下，大春怎么就随随便便说辞职就辞职了呢？我实在是有点儿好奇。

　　我马上发信息问小米："大春干得好好的，怎么会突然辞职呢？再说这年头找工作可不是容易事，随便就把这么好的一个工作给辞了，能保证马上就找到下家吗？他是不是疯了？"

　　小米发来一连串的"呵呵、哈哈……"

　　"姐，你还不知道吧？大春跳槽了！"这下轮到我惊讶了。

　　跟小米八卦好一阵才知道，原来，大春是被他原本负责的销售区域的经销商开高价给挖走了。

　　年薪直接翻倍，为了工作方便，还直接给配了辆车，并承诺干满五年车子直接过户给大春。

　　原来只单一负责一个品牌，跳槽到经销商那里，老总直接就划给他公司现在代理的十几个一线大品牌，并让他负责品牌的经营管理与运作。

原来，自从大春从总部下分到市场之后，工作比之前还要努力和细致，由于他算是跨行业的新手，所以面对一个全新的行业，很多工作并不好上手。

起初他也是跟着公司分配过来的几个有经验的导购细心学习，每天早早地到卖场，和导购们一起整理堆头，学习销售技巧，观察别的品牌的堆头亮点，改善自己产品的布置和陈列。

他特别勤奋，甚至每天比卖场的导购在堆头边上待的时间还要长。

渐渐地，他也有了一些自己的想法和意见，并且提出了自己的观点。

有一次，为了一个卖场里堆头的陈列和一个已经干了很多年的老导购争执起来，双方各持己见，互不相让。

最后闹到领导面前，两个人争得面红耳赤，领导最后决定以他们各自的意见分别陈列十天，按照这二十天的销售额来定论。

事情的结果是，大春的陈列更新颖，更符合顾客的消费心理，当然销售额也更高。

这个世界充满各种不可能，因为这样我们才有机会去找到里面的可能。而天底下的事情很少有根本做不成的，之所以做不成，与其说是条件不够，不如说是由于决心不够。

　　大春每天骑着他那辆破旧的二手小电车穿梭在大街小巷铺市铺货，争取订单。

　　积极提升和不断完善自己的大春，甚至为了提高自己的工作技能和沟通水平特意向领导申请自己掏腰包，邀请更有经验的同事来他的区域，或者去别人的市场交流学习。

　　大春身上还修炼了一股"咬定青山不放松"的韧劲儿。譬如当集团总部对销量有更高要求的时候，说服客户增加订单，客户却始终油盐不进，在这种情况下，大春总像甩不掉的牛皮糖一样，不说二十四小时守着客户要求增加订单，但基本上也是一清早守在客户的家门口。这使得老总早上出门见到的第一个人就是带着一脸像熊二一样的憨憨的笑容的大春，大春总是一脸笑容、好言好语地去和客户沟通销量。所谓伸手不打笑脸人，客户在被逼着下订单的时候却总是被憨直的大春给气得没了脾气。

　　但客户转身到公司开总结会，私下里和相熟的公司领导谈到大春时都是一百二十个好评和满意。

　　不到一年时间，大春所在的市场区域的销售额节节攀升，甚至把好几个卖场打造成了样板。大春一步步前进，用最积极、踏实肯干的态度，经历了客户的刁难与冷脸、成长路上的痛苦与心酸，终于修炼成更好的自己。这下自己不再主动掏腰包，同事们为了跟大春取经也一窝蜂似的往他的区域跑。

大春渐渐成了公司的销售红人。

自己的生意销量好，赚到了钱，自己的市场打造成了样板，公司还有额外的奖励，腰包赚得鼓鼓的经销商在开会的时候也骄傲得不得了。

有的市场眼红了，想挖大春过去，甚至找到了公司的老板，说无论如何也要把大春分到自己的市场去。

这下可把原来的经销商给急坏了，虽说这小伙子黏着人要求多下订单的时候确实挺讨人嫌的，但是中国人口多，真正能招上这么一个一心一意为公司，踏实肯干又努力上进，更能为公司带来看得见的效益的销售员何等困难！与其被别人挖走，还不如自己直接留用了！

于是有了故事开头高薪挖角的一幕。

有人说："态度决定高度。"

哈佛大学的一项研究表明，一个人的成功85%是由于自身的态度，而只有15%是由于自身的专业技术。换句话说就是：态度决定事业的成功与否。

另一个小伙子小牛和大春几乎是同时进入同一家公司的。

两个人的岗位也一样，同是销售，只是分在不同的销售区域里。

两人年纪相仿，小牛还是名校毕业，特别帅气的一个阳光大男孩。

在大春华丽跳槽之后的第二个月，小牛约我出来吃饭，他说："姐，能不能让你姐姐帮我留意一下有没有好的机会？因为我觉得公司里现在人事好复杂，关系乱糟糟的，总感觉自己前途一片黑暗。"因为我大姐也是从事销售行业的，干了很多年，算是出了点成绩，在行业里也有点人脉。我笑了一下，没有答应，也没有拒绝。

我问他最近在忙什么。他告诉我，每天就是机械地到公司打卡报到，然后出门。反正在外干销售的也没有人跟着你，监督着你，报到之后可以找个地方打发时间，混过一天。所以他觉得眼下这个工作没什么意思，每天都是重复着前一天的事情，人过得像个复印机一样，不停地重复。

我又问他："你这个月的销量完成了吗？"他苦笑一下，对我吐槽："这变态的领导，整天除了压销量还是压销量，你看我这市场分得不好，而且现在天气热，货卖不动，我能怎么办？总不能拉着顾客不买不让走吧？反正没有人家好的市场完成得好，我现在过一天混一天呗。"末了，他还得意地告诉我，其实他也很上进的，没事的时候也报了个驾校，现在正在考驾照呢，多门技能，多条路嘛。

我听后摇了摇头，告诉他一句话：这世上就没有任何一个工作不辛苦，也没有任何一处人事不复杂。

米卢来执教中国足球，中国足球人也一度看到了希望，他的一个重要的理念就是"态度决定一切"。

你抱怨工作不如意，前途没希望，可是你想过没有，你可曾认真地去推过那扇叫作努力的大门？可曾把觉得无聊的时间用来认真地开发客户，钻研业务技能？你是否愿意主动去承担更多的工作，敢于面对更大的挑战？你对你负责的工作是否敢于承担责任？你对领导安排的工作，或者自己负责的工作是否能够及时完成，或者马上推进？

工作是一个人安身立命，实现自我价值之所在。你如果在工作中一遇到困难就躲，一碰见事情就推，躲得无影无踪，推得干干净净，事情到最后都是不了了之。

当你看到和你同时出发的人都已经把你甩出了一个新高度的时候，你又开始责怪命运不公，时运不济。

有多少个夜晚，我们下定决心早起努力工作，可是又多少个早晨，我们魔力般地赖在床上不能动弹？

如果你曾觉得生命里的每扇门都关着，那请记住这句话：

关上的门不一定上锁，至少应该过去推一推。

　　这个世界上，有才华的人很多，但是既有才华又有良好态度的人不多。能决定你人生高度的，不是你的才能，而是你的态度。不妨试着转变自己的态度，去赢来人生的转机。

▼
认真做事的人，都自带光环

　　刚毕业那会儿，去一家单位面试。前台的姑娘说："请您在会议室等一下，老板在开会，一会儿就来。"我正襟危坐，因为感觉门随时会被推开，如果我四仰八叉躺坐着，老板进来后对我的第一印象就不会好了。

　　5分钟过去了，没有人来。20分钟过去了，还是没人来。我就开始怀疑原因：是不是这个会议室里有摄像头，在另外一个屋子里，老板正在看面试者在没人时的表现？我再次把腰杆挺得笔直，想象着这并不是一间空荡荡的会议室，而是有无数双眼睛在注视着我，考验着我。

　　终于等到老板进来："你好，抱歉让你久等了。"我心里暗暗想：刚才表现不错，远程监督这一关应该是通过了。

　　后来我自己当了部门主管，也开始招人。有时候手头正好有一件事在忙，就跟负责人事的姑娘说："你让他在会议室等一会儿。"本以为是 5 分钟就能解决的事，一看时间，50 分钟过去了。

　　匆匆赶到会议室，发现应聘者一丝不苟地端坐着。"你好。抱歉，让你久等了。"对方大多都保持着挺拔的身姿和外交官般的仪态："没关系的。"

　　后来，我跟一个同事聊天，说到面试心理。她说："我跟你一样，等人的时候总觉得有个摄像头在监视我，将要见面的人在考验我，所以我会特别认真。可是，实际上，面试官很忙，真的没有时间假装开会，先通过摄像头观察你 40 分钟。"

　　类似的例子还有很多，比如与人约见，我一般尽量准时到。准时的意思是，早到最好，如果不能早到，说 10 点见，就不要 10：02 才出现。像北京这种交通状况，要做到这一点其实很不容易。

　　为什么要早到？别人是否会在意？大部分人的回答是："不急，不急，慢慢来！"反正来晚了可以找到一百个借口，但准时到只要一个原则就够了。

　　我自己会通过对方是否准时来评判这个人的特质。总不准时的人不可信，经常不准时的人想太多，偶尔不准时的人生活稍有凌乱，从来不会不准时的人极有自制力。

曾经有一段时间，我被派驻到外地的一个办事处，办公室就三个人，我和阿明是从总部派来的，还有一个香港人标哥。老板每隔一个月才来视察一次，所以办事处基本上是放羊式管理。

规定是 9 点上班，标哥是 8 点到，我是 8 点 40 到，阿明一般是 10 点半到。

我几乎每天早上进办公室的时候都能看到标哥坐在电脑前，我老远就跟他打招呼："标哥，早！"标哥一直很照顾我，后来我从那个单位辞职，标哥还跟我联系过几次，给了我一些机会。标哥跟我说："我觉得你很认真，所以我愿意帮你。"

我问他："是因为早到这件事吗？"

"也不完全是，就是看你一直在好好干活。"

我趁着这个机会就问他："标哥，你为什么也一直早到？"

标哥说："我们香港人说，打一份工，挣一份钱，就要对得起这个老板，对得起这件事。虽然在单位也没事，但万一有事，我在，就够了。"

这不是认真不认真的问题，这是职业化的态度。你尊重你的职业，别人才会尊重你。

再见到标哥是十年后，我们在一个饭局上见面。十年没见，标哥自己出来创业了。他比我有耐心，在那个单位待了七年，了解了那个行业，带着想法和人脉出来创业，第一年赚 4000 多万，第二年赚 2 个亿。

这倒也是挺公平的结果，认真的标哥并没有因为每天早到而增加收入，但严于律己、尊重职业的他靠另外的途径证明了这种坚持的价值。

大概所有的认真也是如此。

大部分等待面试的过程都没有人监控，你挖鼻孔也好，拿着手机"葛优瘫"也好，其实都不太会影响面试结果；大部分迟到的后果都不太严重，你找借口也好，不找借口也好，其实很快都会过去；大部分的工作状态都没人监督，你偷偷逛淘宝也好，一直刷手机也好，一天上几十遍厕所也好，其实都不会被辞退。

认真和不认真其实都是做给自己看的。往往你的认真只有你自己知道。但是这一点，却至关重要。

能想明白这一点，就不用担心到底是否有人在摄像头里监视你，是否有人要求你按时到，是否有人盯着你的考勤。因为即便这些认真没有被别人看到，它们也会潜移默化地影响你，让你成为认真做事的人。

认真做事的人，都自带光环。即便是没那么成功、没那么伟大，认真本身就是一种值得被称赞的美德。

这种品德，你值得拥有。

▼
你的成长比成功更重要

这几天，不停地有人直接或间接向我吐槽工作中的不愉快，吐槽内容无非是自己怀才不遇，同事能力不达标、不好相处，等等。

有时我会告诉对方，现在你遇到的问题正好能让你展现自己的能力，在老板面前成就自己，前者会使你练就一颗强大的内心，而后者则是更大的收获。

F 是我 5 年前认识的一个同事，大学里学的专业是音乐艺术。那一年单位恰好举办了一场选秀比赛活动，他在那场活动中表现抢眼，继而被留下。虽然在比赛中表现不俗，但初进单位的他并没有受到任何特殊待遇，依然从最底层做起。他做过文字采编、市场拓展、活动策划等工作，经常加班到后半夜，但是早上八点半依然会在办公室看到他活跃的身影。

大约半年后，同事告诉我，F在单位当上节目主持人了。我和大家一样很惊讶，从网上找来他主持的节目，看完觉得还真不赖呢！逐渐地，他主持的节目在我们生活的城市小有名气，他的工作越来越多，也越做越好。即使工作多到天天要加班，两个月都没有休息时间，也从不见他抱怨。彼时，他还开了一家属于自己的面馆，并且经营得风生水起。

前年，他告诉我他要辞职了，我表示很错愕。他悄悄地说："我要出书了。"这下我倒很淡定，因为我觉得他的故事足够写一本励志型的畅销书了，但他写的却是一本教别人怎么做菜的书。

去年年初的时候，他带着他的新书，在我们城市最高大上的商场做签售活动。此后，我们也不停地在卫视节目中看到他的身影。

L是我另外一个同事。她刚进单位时，还是一名瘦弱的学生。还记得她进单位时，因为是新手，又在新部门，所以很多东西都没有形成系统，完全要靠自己一点一点摸索。那段时间又特别忙，加班到深夜是家常便饭。

更难的是，那时她每周都要做专题策划，线上要有专题页面，线下要带活动。线上专题制作，要能画得了框架、P 得了图，还得懂代码。代码能难为死她，大家天马行空的想法就连程序员也面露难色，更何况是一个编辑呢！但是她并没有退缩，而是想尽办法与程序员和设计师沟通，私下又刻苦研究、琢磨，结果她每期做出的专题既好看又叫座儿。

记得第一次组织线下活动时，因为人员组织问题，她与其他部门的同事发生了不愉快，自己偷偷流眼泪。被大家发现时，她却很快调整好心情，一个接一个地打电话，邀请朋友来参加活动，并详尽地跟对方说我们的活动是如何有趣、如何富有意义。活动的前天晚上，确认好各个细节后她才离开办公室，当时已是夜里十一点多。第二天，她依然精神抖擞地出现在活动现场，一边跑前忙后安排现场，一边招呼捧场的客人朋友。

那时候，她还在准备研究生毕业论文。虽然几乎每天加班，周末不休息，自己学业上还有很多重要又紧急的事情要处理，但是从不见她抱怨。3 年多的时间过去了，L 已经升为部门主编，带领着一帮小伙伴在奋斗。现在的她，开朗、自信、阳光、成熟且优雅，年底组织一场几百人的活动也胸有成竹。

前些日子还见她发朋友圈感慨："5年前的我，研二，住宿舍，在电视台实习，做两份家教，孤独、焦虑地度过一段迷茫空虚的时光。而那些经历已经成就了我的未来，成就了更好的自己。现在的自己和那时比，是全新的。"

正如L所说，她现在是全新的，F亦是。现在的他们，或许还没有取得世俗的成功，但他们的成长是大家有目共睹的，这比世俗的成功要重要多了。

说到这里，或许有很多朋友又要说，我付出了那么多，就是要成功，要升职加薪。要升职加薪没错，要成功也没错，可是，能否在你想升职加薪、成功之前先把你手边的事情做好呢？这世上成功的方法有很多种，唯独没有做梦。

工作中，大部分人都会犯一个致命的错误——眼高手低。很多人不愿意做一些琐碎的小事，但就是这些小事，你琢磨透了，漂亮地完成了，就能给领导留下好印象，让领导看到你的能力和态度。你的工作能力强了，升职的机会也就多了。

只是大部分人把工作当任务，认为按时完成就算了事。也有些人会觉得自己做了很多，但是却看不到结果，不愿再坚持，也没了耐心。其实，这就像栽树一样，你正在扎根呢。千万不要轻视行动的力量，认真做好你认为每一件对的事。

因为，你的成长比成功更重要。

用著名新闻工作者熊培云的话说："如果不想浪费光阴的话，要么静下心来读点儿书，要么去赚点儿钱。这两点对你的将来都有用。"

▼
醒醒吧，让我们难堪的永远是自己

我以前有个室友 Lily，微胖，单身，做着一份不咸不淡的外企工作。有的时候，需要和外资客户接触，不过她的领导出去谈工作从来不会带她。因为她口语不好，也不会打扮。

她偶尔会抱怨生活，也会抱怨自己。她总是跟我说她现在的最大问题就是胖，英语不好。这两点拿下了，就没问题了。她渴望扩大交际圈，见一些大场面，找一个优质的男朋友。她常常做计划，可惜她太忙，只能说到时候再看，反正现在的生活还过得去。

但也有过不去的时候。

有一天晚上，Lily 垂头丧气地回到家，哭着跟我说完了一天的遭遇。

原来昨天 Lily 暗恋了很久的男同事约她吃饭，她从一大早就开始翻箱倒柜，结果却沮丧地发现，由于长期对自己放纵，衣柜里没有一件合身的衣服可穿；而自己微胖的身材，穿裙子怎么都不顺眼，想要好好搭配一身有品位的行头，脑子却一片空白。

试裙子时，Lily 看到腰上凸出来的肉，对自己的气愤和悔恨瞬间达到极点，恨不得拿刀割了去。怎么不早减肥呢？哪怕三个月之前开始，晚上少吃一些，也不至于像现在这样！

正怒视镜子里尴尬的自己，这时候领导突然打来电话，说秘书出差了，要她去接一个重要的客户到餐厅吃饭，而领导飞机晚点。如此重责大任，让 Lily 推掉了约会，同时也感谢领导让她找到了一个因为工作忙没时间打扮的理由。她到了客户住的酒店，打电话过去才发现对方是个法国人，基本不会中文，但是会说英语。

Lily 这时候算是彻底尴尬了。长期以来，她和英语的关系只限于看美剧，而且永远盯着字幕，曾经也想过好好背单词，好好跟着美剧练听力，但这也只是永远地停留在脑子里的一个想法罢了。

Lily 像个猴子一样，站在五星级酒店的大堂上，手脚并用地和客户"打电话"，然而对方根本看不懂她的肢体语言，这使她完全无法控制住内心的焦急。

接到客户后，Lily 用仅会的英语单词和拼命挤出来的一些自控力，客气而有礼地把客户请到车上。酒店离餐厅不过 10 分钟的车程，这 10 分钟，Lily 觉得有一百年那么长。她想活跃气氛，但是话到嘴边，又不知道该怎么表达。于是两人就沉默地坐在车里看着窗外。司机尴尬得都打开了收音机。

终于，进入第二轮尴尬的尾声。到达了餐厅后，领导终于出现了，Lily 如同看到了救命稻草。领导在 Lily 心中从来没有像现在这般高大过，他和客户谈笑风生，然后轻松自然地引导着客户入座。

餐厅装修得美轮美奂，服务员的笑容到位而不肉麻，每一个动作都恰到好处地缓解着 Lily 的情绪，让她感到舒服而亲切。

Lily 想好好地去享受这顿高大上的晚餐："只要他们能聊，我只是个撑场面的，一切都好说。"

但是万万没想到，这才是最尴尬的时刻：服务员递来的菜单，一边是英文，一边是法文。

Lily 瞬间脸红到耳根，心里不停地想：你们点慢点，再慢点，别问我，千万别问我。那个亲切的服务员简直就成了高中时代课堂提问的班主任，而 Lily 就是那个平时不努力，什么都不会的学生。

最后她只好说："我和领导吃一样的。"服务员还是很亲切地笑着说："好的，小姐。"可是，Lily 希望他赶紧消失，因为她笃定那个服务员早就知道她根本看不明白那些字母的意思。

端上来的每一道菜都精致美好。清澈的餐前酒、充满香气的小面包、肥而不腻的鹅肝、鲜美的烙烤蜗牛、层次丰富的慕斯蛋糕……

可 Lily 完全没心思享用，她的关注点是到底该怎样用这些刀叉……

Lily 那天回来和我说完这些之后，居然没有抱怨，沉默了良久。我问她是不是心痛，她缓缓地回了我一句："不是，是脸疼。"

我们每个人都以为，自己的每一天都会像前一天那样度过，哪怕有一些出入，也都在可控的范围里。我们出生以来学习的各种技巧，让我们觉得自己已经可以了，已经足够应付现在的生活了。你看，我不是把自己照顾得很好吗？

可是，我们可以照顾好自己，不代表我们不会碰到让自己无所适从的尴尬时刻。

你想找到一个优质的男朋友，以为男神会因为你有趣的灵魂从此对你爱得无法自拔。醒醒吧，这个世界就是看脸的。就算男神突然出现在你的面前，你也会因为沉重的肉身和满脸的痘痘自卑到想要马上逃离。

你想获得一份高薪的工作，以为自己在原本的岗位上兢兢业业不出错，就可以顺理成章地往上爬。醒醒吧，越往上的工作，要求的能力和技能越综合。就算心仪的公司和岗位发来职位邀请，你能最大保持自己尊严的举动，也只是对自己摇摇头，然后礼貌回绝。

你想见大场面，结识更高水平的人，以为凭自己丰富的人生阅历就可以和他们谈笑风生。醒醒吧，越大的场面，越高层次的人，需要的知识储备和技巧越多。而就算有机会能和重要人物同桌吃饭，你能做的事，也只是拼尽全力保持头脑清醒，默默地保持微笑。

是的，无论什么时候，别人都不会让我们难堪的。给我们难堪的，永远是我们自己。

因为我们总是觉得还有明天，时间还够。可是，生活是变幻莫测的。那些我们需要的机会，我们梦想中的场景，我们心仪的人，都可能在我们毫无准备的情况下，出现在我们的眼前，让我们猝不及防。

每个人都知道努力的重要性、读书的重要性、技不压身的道理。可是，大多数的时候，我们更愿意任性地窝在自己的舒适区，每天过着知道下一秒会发生什么的生活。

蔡康永曾经说过一句话：人不要太任性，因为你是活给未来的你。不要让未来的你讨厌现在的你。而每一个被打脸的尴尬时刻，都是最讨厌现在的自己的时刻。

我们任何的努力，目的都是拥有体面的人生，而体面的人生，不仅仅是吃高级餐厅、开豪车、住大房子、穿戴名牌奢侈品。

强势的人未必是强者。一个真正聪明的人，会客观地看待自己和别人。刚者易折，柔则长存。任性是你最大的敌人，我们应该学会完善自己的个性，控制自己的情绪，不要任性而为。虽然这有点儿痛苦，但如果想要成功，就要记住：成熟的人做该做的事，而非只做喜欢的事。

这年代，竞争太多、陷阱太多、机会太多、诱惑太多、选择太多，能真正把握的只有极少数。人的精力是有限的，与其每个地方挖一下看有没有金子，不如定下心，选好一个方向坚持到底。要想成功，必须要执着、专注，有恒心和毅力，拒绝诱惑，忍耐孤寂，辛苦付出！

亲爱的你，该醒醒了。你已经做了太多无谓的挣扎，太多荒唐的事情，太多盲目的决定，而错过了太多本有的幸福，太多安静的生活，太多理性的选择。从现在开始，请认真地把你痛苦的过往都忘记，再用心把你错过的都弥补回来。你要更精彩地活，精彩到让别人注视和羡慕，而不只是关注别人的幸福。

忙碌是一种幸福，让我们没有时间体会痛苦；奔波是一种快乐，让我们真实地感受生活；疲惫是一种享受，让我们无暇空虚；坎坷是一种经历，让我们真切地理解人生。岁月不经意地更替，世事沉浮万千，一世的荣华如尘烟，用微笑去面对现实，用心去感悟人生。

▼

别让自我定义束缚了你的才能

M 大学念的是新闻专业，毕业之际去广电面试。面试快结束的时候，面试官问了他最后一个问题："你有新闻理想吗？"

M 嬉皮笑脸地说："其他的我有，但新闻理想呢……一定是没有的。"出乎意料地，M 被录取了。这件事在 M 的朋友圈中被传为一段"佳话"。

后来得知，同去面试的几位同学中，凡是回答"有新闻理想"的全被刷了下来。本来，当时的 M 已决意"破罐子破摔"，未曾料想，竟然"因祸得福"。

此后的两年中，M 时常用这个问题叩问自己："我到底有新闻理想吗？"

[1]

短短两年时间，M 的上司、同事，已经有好几位陆续离开了所在媒体，要么去了互联网公司，要么去创业。留下来的人，无一不为自己的前途感到忧心忡忡。

作为入行不久的新人，M 更是困惑。毕竟，同龄人中，月薪 8K、10K 者已经不是少数，而自己却拿着仅能勉强维持生计的工资，惶惶不可终日。理想能当饭吃吗？并不能。

去年十二月，女友提出要和 M 分手，原因是家里催婚，不能再等了。她把微博上看到的一段话发给他："男人最遗憾的事，是在最无能的年龄遇到了最想照顾一生的人；女人最遗憾的事，是在最美的年华遇见了最等不起的那个人。"

M 看完无言以对。回想起毕业之际二人信誓旦旦要在首都扎根的豪情与甜蜜，心里更是苦涩。女友离开北京的那天晚上，M 给她发了最后一条短信：

"你走，我不送你。你来，无论多大风多大雨，我都会去接你。"

本意是希望女友回去后悔了可以再回来。如今看来，只觉得自己傻得可爱。

[2]

刚过去的这个春节，对于 M 来讲就像是一场闹剧。年假七天，有四天被老妈"强制"安排了相亲。前前后后见了七八个女孩，有远方亲戚的表妹，有周遭近邻的闺女，长得都不难看，却没有一个聊得上话。

M 相完亲去参加同学聚会。恍然发现，当年的发小一个个有车有房，小孩儿都打酱油了。中学同学 A 说："大学生，现在应该在首都买房了吧?"同学 B 说："来来来，喝一个，结婚的时候记得请我喝酒啊。"……每一句寒暄都令 M 胆战。

整场聚会，M 一直以"嗯嗯啊啊"应付。并不是不喜欢说话，而是已经不知道怎么与儿时的玩伴沟通了——这种隔阂，让 M 自己都觉得惊讶，第一次感觉到"故乡"这个词如此陌生。

回到家，父母轮番轰炸，让他放弃北京的工作，回老家考公务员。M 眉头紧锁，既不愿违背自己的内心，又不想让父母心寒。"回本地找工作？绝无可能。"毕业那会儿回家乡实习的日子还历历在目。"小城太安逸，节奏太慢了，适合养老，不适合奋斗。"

经过一番复杂的心理斗争，M 还是毅然决然地踏上了返京的列车。

［3］

M 的上司是一个四五十岁的小老头，可以说是整个台里唯一一位有"新闻理想"的人。但整个台里，也就数他混得最"惨"。他已经在台里工作了十几年，和他工龄相仿的早就在北京买房买车了，他却一直住筒楼、挤公交。

这位上司非常"执着"。因为行业的特殊性，许多时候，有的选题明知无法通过，他依然坚持提交，结果毫无意外地被打了下来。但下一次，他照旧提交。为此，台里的同事都取笑他"迂腐"。这一点，让 M 既崇敬，又绝望。

当年学新闻，确实是自己的志向，但真正到了新闻行业，发现这是一个令人绝望的"江湖"，很多时候，都在做心理斗争——与正义、与道德、与内心……当然，最令 M 不堪忍受的，还是穷。

这是一个没落的且凭着夕阳的余晖苟延残喘的行业。眼看资深的同事接二连三地跳槽，M 心中的怅惘更是无以复加。

[4]

在电影《当幸福来敲门》中有这样的片段：

克里斯在篮球场上问自己的儿子小克里斯托弗长大后想做什么，小克里斯托弗兴奋地表示自己以后想成为一名篮球运动员。而克里斯却说："我认为你喜欢运动是挺棒的，但你并不是很适合成为一名篮球运动员。"小克里斯托弗沉默了一会儿后，把球扔到一旁，说："知道了。"

克里斯马上就意识到了自己的错误，蹲下身来认真地告诉小克里斯托弗：

"记住，永远不要让别人告诉你你不能做什么，即使是我也不可以。"

是的，就算克里斯刚开始说的是一句客观的评论，但却是在给小克里斯托弗下了一个"你不行"的定义。就像他的妻子认为他考不上那个唯一的股票经纪人名额，但他现在是

"全球十大最伟大白手起家的企业家"之一。

即使是井底的那只青蛙，它最后也跳出来了，不是吗？

勇敢地前行吧，还有什么是实现不了的呢？

永远不要给自己下定义，把自己的能力与天赋框在一个小小的围栏中。

第三章

努力奔跑的你未必出类拔萃，但一定与众不同

别人的成功，不是用来羡慕的

最近，琪琪老是找我诉苦，说工作越来越难做，生活越来越不顺心，感叹日子越过越不如从前了。她说这些话的时候，我甚至比她还要头疼。在这偌大的朋友圈里，似乎除了我和她还在为生活发愁，计较柴米油盐外，其他人都能算得上"两耳不闻窗外事"吧？

当初涉世未深，以为什么问题都可以靠努力去解决，对此还深信不疑。可是走到现在才发现，怎么坚持走向成功的路就这么难？哪怕中途打个盹儿，起身时，都会在纵横交错的岔路口迷失方向。

那些与梦想息息相关的书籍资料，慢慢被一堆生活用品挤得只剩一点儿空间的时候，连我自己都忽略了它们曾经压在我心头的重量。梦想、坚持、努力一类的词，集中在一起向我砸来，我越发的心慌，有时候，甚至觉得快被焦躁打败了。我像走进了铁笼里，太多东西禁锢了我，越是读着别人的成功经历，就越觉得自己无能。

为什么别人可以不费吹灰之力就享受成功，而我却不能？

我有一个在南京认识的朋友李诗，前不久在朋友圈晒出国旅游的照片和购买的战利品，配字：公司福利。手指划过屏幕的时候，我居然有种被人扇了耳光的失落感，可能又是自尊心在作祟。

出国旅游是我一直以来想做的事情，虽说办个护照，拿着不多的钱也可以穷游了，但单从经济条件来说，我现在是没有能力去做这样一件事情的。为了表示对她小小的羡慕，我打开了对话框，然后我们就聊起来了。聊人生，聊工作，聊梦想和时装。

她家庭富裕，从小就学设计，在我眼里，她就像温室里的花朵，成长得一帆风顺。我是非常羡慕这类人的，或许用忌妒这个词也可以，他们不像我们先天条件不好，撞得头破血流也闯不出名堂。

就在我说她的梦想轻易就可以实现的时候，她不像往日那样态度温和，而是有点儿严肃地反驳了我。她说，所有人都觉得她的成功理所当然，可这其中的艰辛却无人知晓。为了找灵感，通宵熬夜是常事。无数汗水与泪水交织的那段奋斗期，回忆起来自己都会被自己感动。她从原来的胖妞暴瘦25斤后，别人还笑话她是一只泄气的皮球。看着别人的作品一个比一个优秀，自己只有拼命忍着浮躁埋头付出，争取拿出比任何人都好的成绩。毕业以后，工作不好找，吃喝还得靠父母。上班后，经常被领导骂得狗血淋头，为了让她能舒心点儿，父母低三下四地去送礼，自己那点儿自尊心时常被伤得支离破碎。她告诉自己，一定要证明自己，不依赖任何人。于是她付出更多心血，一门心思扑在工作上，等待破茧成蝶的那天。

她说，每个人的成功都来之不易，根本就没有轻易成功这回事。她也是在成功的道路上慢慢煎熬过来的，她不希望有人质疑她"血战沙场"换来的成果。说罢，她还发了一个微笑的表情，我明白她是生气了。这些都是她成功背后不为人知的秘密，果然别人只关心你飞得高不高，却很少有人问你付出了多少。光环下的她，的确被人羡慕忌妒，可我们看到的结果和她真实的经历完全是两码事。

就在这时，我突然想起，上学时琪琪为了向左邻右舍证明她比我聪明，期中考试的时候，她足足半个月都没睡好觉。

结果还是屈居我之下，她气得鼓着腮帮子，发誓再也不努力了，说努力也是白费力气。其实她不知道，她在努力做的事情，我也一天不落地努力做着。

难道半个月的努力不能让成绩有所变化吗？她没发现，自己比以往前进了十几名。

妈妈曾对我说："你现在努力还不晚。"直至今天，这句话依然回响在我耳边。

我是一个没有时间观念的人，时常会疑惑什么时候是晚，什么时候又是不晚？七老八十算不算晚呢？初中毕业，我没有成功；大学毕业，我还是没有成功。直到今天，我还是无名小卒，因为我没努力，只能卑微地活着。

琪琪曾经问过我，你到底想要怎样的成功？你所追求的成功到底是什么？那一瞬间，我哑口无言，竟然说不出这个我每天都在愁思的问题。大概是想比现在过得好，不用为生活烦恼，开一家别具一格的小店，有一辆自己的车，然后满足地活着。

她又继续问我，你究竟为这个目标付出了什么？我又哑口无言了，好像除了盲目地活着，我真的什么都没干，只是一味地发愁。她一针见血地说："你难道是希望天上掉馅饼，坐等着成功的馅饼砸到你吗？别扯了，太可笑了。"

以前和大人们聊天，我说的未来总让他们觉得可笑，他们还会调侃说："小孩子的思想就是简单，社会哪有你想的那么单纯。"大人们说，他们努力了大半辈子也就这样。我一直不信，我觉得我和他们不一样，我有文化，有独立的思想，我一定可以做得比他们好，但直到后来我才明白，原来真的是自己幼稚，哪里会有成功白白等着你这样的好事。

想起以前上过的一堂课，老师拿来一颗鸡蛋，当时我们都很诧异，这节说梦想的课，老师为什么拿一颗鸡蛋上讲台呢？老师让自认为力气大，能握碎鸡蛋的人举手。当时我觉得这是很简单的事，看着一个个同学都握不碎鸡蛋，还觉得挺可笑，结果自己试了一下，果然很难握碎。

然后，老师说："不管是梦想，或者其他什么事情，永远都没有我们想得那么简单，也从来都不存在轻而易举的成功。"

是啊，轻而易举的成功从不存在。你想成功，就要付出比别人都要多的努力。你要加快脚步走在别人的前面，才有胜出的可能。被柴米油盐熏腻的人生，不能因为煎熬就放弃了曾经的梦想。你不倒下去，就有成功的可能。

人生的道路还那么长，如果不去付出，不去奋斗，你就只能永远活在别人的成功里。殊不知别人的成功也是经过努力奋斗得来的，成功的背后也流淌着他们的汗水和泪水。

古话说："临渊羡鱼，不如退而结网。"意思是说，你在河边看着别人钓鱼，不如回家自己织网再出来钓鱼。

青春是追逐梦想、走向成功的最佳时光，此时你身体健康，精力充沛，思维敏捷。可是青春每人只有一次，浪费了就不会再来了。别躺在安逸的床上羡慕别人的成功了，想成功你自己奋斗，想钓鱼你自己织网，任何事你都亲力亲为了，羡慕别人的角色就该易主了，你的人生就精彩了。

▼

不付出，生活才不会给你想要的

我认识阿和，是在一次讲座上。

当时我所在的公司请了一位营销学权威，准备在预订好的酒店会客厅里，举办一场讲座。

那天的讲座规定最晚入场的时间是上午9点钟，阿和是在九点半左右闯进来的。会客厅有两个门，本来他悄悄从后门进来也是没关系的，并不影响其他人，可是他没有，他选择了从正门光明正大地进来，一边对正前方讲 PPT 的教授打了个不好意思的手势，一边不慌不忙地找座位。

只有我们左手边的座位还空着，我让同事坐到那个空位上，我也跟着移动了一下，好方便他坐在外边的位置上，尽量把动静降到最低。

他道了声谢谢，然后挠挠头，似乎自言自语又像在和我们解释说："今天起床起晚了。"

我冲他微笑，示意他听教授的讲座。

讲座结束之后，我们结伴而出，我才知道他是分公司的同事。原谅我平时记人不清，以至于名字和脸总是对不上号。

我之所以对阿和印象深刻，是因为他太爱"说"。他告诉我们，他之所以来参加总部的培训和讲座，是想来看一看大城市的生活。他希望有领导看到他的优秀，从而有机会调入公司总部。

分公司所在的城市，属于三线城市。

阿和所住的房间与讲座的会客厅属同一家酒店，一个在十五层，一个在三层。

我问他，就住在楼上为什么还会迟到呢？

他说，他习惯了自然醒，没有定闹铃。

我很奇怪，自然醒的话，平日上班怎么办？生物钟再准，也可能会有因为疲惫睡过头的时候吧？

阿和告诉我，分公司的员工比较少，指纹打卡机就成了摆设。他们从来不会按照朝九晚五的时间去公司报到，经理也不介意，总体来说就是去不去公司全凭心情。

讲座之后是员工聚餐，阿和大概是与我们聊得熟悉了，便一直同我们坐在一起。整个吃饭期间，我和另外一个同事，一直在听阿和的辉煌历史。

内容无非是他能力高强，为公司拿下了几个大单子，结识了几个重量级的客户。用他的话来说，就是人脉在手，业绩无忧，其他都是浮云。

但是阿和也有他的忧虑，与他一同来公司的人，有好几个已经调到了公司总部，还有的跳槽到了更好的单位，只有他在这里空有一身抱负无法施展。他想要一个更加美好的前途，让他不再怀才不遇。

我想了想，问他："你平时不怎么去公司，都干吗呢？"

阿和说："就是打牌啊，玩游戏啊，与朋友喝酒啊。"

我不知道该怎么回复他，如果此时是微信聊天，我一定会回复一句：无言以对。

其实我很想告诉阿和，虽然销售是靠业绩说话的，但并不是说业绩就是全部。一个更为广阔的天地和优渥的条件，是要你拿很多东西去做等价交换的，综合实力里，包括业绩、人品、素质、涵养，你的一举一动无一不是你的名片。我偶然认识你，就看到你不遵守时间和全然不顾别人的感受，那么其他时候你又是怎么样的呢？

这个世界上并没有那么多的怀才不遇，一定是你某些方面做得不够好，所以你也得不到你想要的。

有一阵，网上很流行一个女教师的辞职报告，上面只有十个字：世界那么大，我想去看看。

其实在这句话还没流行之前，我就听 D 提起过。他说他努力，就是为了有一天有能力去外面的世界看看，外面的世界肯定很精彩。

D 是一个业内的前辈，从月薪 3K 做到月薪 3W，用了两年的时间，然后到今年，开了自己的营销公司。

前辈是对他的尊称，实际上他还不到三十岁。我认识他比较早，在我与他打交道的那些时间里，我见过他工资不高的时候，下了班他还会去夜市摆摊，卖一些女生喜欢的小饰品，来挣点儿额外的收入。

与 D 合作过的甲方，无一不称赞他办事周到细致。D 有个很好的习惯，无论与谁有约，从不迟到，不管是身价千万的老总，还是自己公司的员工，哪怕是他要帮人家的忙，他也从不会晚到。这大概就是所谓的：有任性的资本，却从不随便用。

D 月薪三千的时候，租的是十几平方米的房子，卫生间公用，洗澡要去大众浴池。他当时所在的公司与阿和的分公司一样，人很少，也不按照上下班时间按指纹打卡，久而久之，大家都变得很懒散，D 说有些坏习惯是不能放任自流的，所以，他成了公司里的例外。

他还是按照公司规定的时间上下班，寻找新客户，维系老客户，实在没别的事情做，他就看新闻，研究挣钱的门路和新事物。

很久之后，他有些小积蓄了，也去过很多地方旅游。有一天，他跟我说，他想去苏黎世逛逛奥古斯丁巷。

我说："你现在有钱有时间了，完全可以随时提上日程。"

D 说："不，还需要一两年的时间。"

他后来说的一段话，我至今都记得。他说："我喜欢量力而为的旅行，不要所谓的穷游，我必须在我的经济能力与我要去的旅行地消费情况所匹配的情况下才能去。当我去一个地方的时候，我要看它的文化、饮食、特色，我要住当地具有代表性的酒店，我要吃当地的特色菜，我要看到它最为美好的一面，而不是来去匆匆，更不是节衣缩食。"

要知道，住大通铺的青年旅社和住三十九层的五星级酒店，看到的风景是不一样的，遇见的人也是不一样的。

我有个姐妹搬了新家，她说，终于不必挤在与人合租的房子里，也终于不用面对斑驳的墙壁和脏乱的楼梯了。她的孩子将来可以在附近的重点小学上学，可以与同龄的孩子在小区里无忧无虑地玩耍，可以随时出入小区附近的大型商场，而不必和曾经的她一样，住在租来的房子里，与厨房里随时可能出现的蟑螂为伍。

她的新房子环境很好，小区里有宽阔的路和地下停车场，绿植随处可见，干净到每一个角落都可以拿来当照片背景。房间视野开阔，从阳台望去，可以看见不远处的海平面，就像当年我们所期待的那样：面朝大海，春暖花开。

她说这些话的时候，一副没心没肺的样子。只有我知道，她为了能过上这样的生活付出了多少努力。

她那会儿为了拿下一个客户，通宵做两种不同风格的方案，困得支撑不住了就喝咖啡，最后喝到对咖啡免疫了，她就站起来去办公室外边漆黑的楼道里走两圈，夜深人静，只有一个人的楼道让人害怕，很快她就清醒了。

她老公也很拼，出差是家常便饭。有一点我是很佩服他们的，那就是不论这条奋斗的路多难走，他们依然没有忘记初心。忙的时候很忘我，不忙的时候就好好经营他们的爱情小窝。她会化精致的淡妆，会用团购的票与爱人看一场电影，还养了几条金鱼和一些花，她老公的厨艺很好，我们去蹭饭夸他厨艺的时候，他会憨厚地说："媳妇儿太忙，导致胃口不好，我就琢磨着让她吃点儿有营养易消化的菜。"

现在，他们的生活条件好了很多，节奏也缓和了很多。我想，付出之后的所有的好都是他们应该得到的。

生活赋予了我们追求优质生活的权利，也要求我们去尽相应的义务。尽相应的义务就是让我们有相应的付出，如果你不努力付出，你想要的永远不会有人给你。

▼

全力以赴，才能离成功更近

你有没有羡慕嫉妒过那些比你成功的人？你有没有想过为什么别人会比你成功？

前段时间，听了情感主播小北的一节微课分享，她是一个不到 30 岁的女生，自己做了几个公众号，自己写文章，录电台。她的微信公众号粉丝超过了 70 万，她每个月的收入高达 20 多万元。

是不是很成功？

我也觉得她很成功，可是当我们看到那些成功人士获得成就时，却很少看到他们为之付出的努力。

我们不知道她是南方人，普通话不够标准。为了说好普通话，她从大学就开始练习。在播音这个行业她坚持了6年，也就是2100多天，可是人生短短几十年，又有几个6年呢？而又有多少人可以6年来每天坚持不懈地做一件事情呢？

她每天都很忙，写文章，录节目通常都要忙到凌晨三四点才休息一会儿。

看到她的经历以后，你是不是也觉得比起她现在的成就，她的努力更令人佩服。

哈佛有句励志箴言：只有比别人更早、更勤奋地努力，才能尝到成功的滋味。小北之所以比很多30岁左右的女性成功，就是因为她付出了比很多同龄人更多的努力。

还有一个很成功的人，是我现在签约平台的老板。他是一个地地道道的农村孩子，家里很穷，他是通过考学一步一步走出来的。

大学期间，他在人人网上创办阅读栏目，刚有微信公众号的时候，他立即抓住机遇，办起了公众号。

他真的很拼，一边考研，一边一个人管理几个公众号，因此经常睡眠不足。

一点一点地积累粉丝，一天一天地做大。

他每天坚持日更，对于自媒体人来说最艰难的事情就是日更，而他却一年 365 天从未间断。

现在他的几个公众号粉丝加在一起高达百万。

现在，他自己开了公司，招了助理，手下有上百位作者，每个月靠广告就可以收入颇丰。

对了，忘了说，他也是 90 后。

只有超常的努力，才能换来超常的成绩。

时间总是很公正的，你的时间花在哪里，收获就在哪里。

看着这些比自己厉害无数倍的人，比自己努力无数倍的人，再看看自己，终于知道为什么别人成功了，而自己却什么也不是。

因为和他们相比，自己胸无大志，整天浑浑噩噩地混日子，做点事就觉得辛苦，就放弃了。可是，人家是为了理想全力以赴、马力全开，他们不成功才怪了。

不是每个人都有有钱的爹可以拼，我们没有有钱的爹就只能拼自己，况且，那些有钱的爹是实打实地拼了半辈子的。他的子女不付出，最后也会坐吃山空。

天上不会掉馅饼，成功是用汗水和时间积累而成的，越付出离成功越近。

所以，当你觉得别人比你成功的时候，不要抱怨命运不公，先认真地想想，自己是否为了成功全力以赴过。

▼

姑娘，这世上从没有不劳而获的美丽

　　认识 W 姑娘几年了，因为工作关系一年会见上几次面，尽管她不是漂亮能干的类型，但踌躇满志的样子还算正能量。时间长了，发现她的远大目标基本就停在嘴上，朋友圈里全是励志格言，深更半夜也刷各种职场成功学。虽然 W 姑娘没有成功也没有钱，但见面说的全是新梦想和大格局，如此下去，当然也会有情绪受挫的时候，也号称患上了"成功焦虑症"。她的朋友圈就像天气一样阴晴不定，一会儿斗志昂扬，一会儿沮丧焦虑，让人看着都觉得累。

　　W 姑娘这几年没升过职也没跳过槽，嘴上努力手上却不勤快，脸上的正能量的笑容也逐渐被负能量的矫情所取代，身材越来越胖也不减肥，时间都用来构想未来，现在却一直没什么钱。很多女人都在说"拼"，结果看脸看身材就知道没什么可拼。五官不好看原本也没那么可怕，可怕的是有些姑娘明明知道自己不漂亮也没多少才华，还坚持着懒下去和胖下去。

　　另一位 J 姑娘倒是不缺钱，丈夫有家族企业，她结婚后就不再工作，结婚五年生了两个孩子。但她同样对自己的另一半有诸多不满，也因为婆媳关系差见面就嚷嚷离婚的事，连孕期都没闲着，天天生气，生下孩子后更是闹腾不断。其实女人真没那么多的"产后抑郁症"，完全是自己各种心理不平衡在作祟。如今两个孩子都上幼儿园了，偶尔见面还是听她诉说那一堆一点儿也不新鲜的抱怨。J 姑娘容颜已显老态，身体也已发福，她说："男人死不悔改不能指望，我今后的事业就是我的儿子了。"

　　如果孩子成了女人的事业，已经失去自我的妈妈根本带不出有出息的儿子。这是很多已婚女人的样子，不论有钱还是没钱，都是矫情、抱怨、发胖、偏执、颓废，一点儿都不美。

　　很多人在大都市奋斗，怀抱梦想而来却陷于平庸之中：他们在职场劳心劳力，有工作却没有生活，有期待却没有爱情；他们与疾病、坏情绪、高房价狭路相逢，时常找不到自己，想过的生活也一直遥遥无期。即便在逃离大城市的压力后，他们还是会迷失于小城市的平庸与固化里，因为他们对城市做出选择的另一面，是城市对他们的选择，而不论大城市还是小城市，都会拒绝那些心灵和情感总是处于无根状态的人。

有时候最烦恼的是你根本不知道自己在烦些什么，负能量就爆棚了，所谓正能量也多是些鸡汤，毫无营养更谈不上价值。有多少人都在这样生活着，在喊口号般的努力里变丑变老，实际上却做不好应该做好的本职工作，担不起必须肩负的责任，爱不起值得珍惜的人。在"平平淡淡才是真"的颓败里变胖，死活都管不住自己的嘴，在"为孩子拼起跑线"的虚荣里变俗，甚至连洗衣做饭这样的事都做不好，还抱怨男人不够爱自己。

当我们缺失了自律，很多的人都会过度保护自己，斤斤计较，胆怯地逃避责任，虚伪地做人，而这些行为会让你变得更加俗不可耐。

人的一生总是在不停地转换着社会角色，心态上不做适当调整，总是在自负里欺骗自己、伤害别人，或在抱怨里虚度光阴，那命运不对你残酷才怪。没钱的时候，放纵贪婪和懒惰，于是你胖了丑了；有钱的时候，放纵虚荣和矫情，你还是胖了丑了。

　　说你丑不是因为你五官不如别人，更不是因为你穷，而是你不求上进还不自知。原地踏步却说自己很努力，混吃等死、发福肥胖却说自己很有福，如此的你还要去掌控男人和孩子的未来，真是可笑，你不如问问自己："你真的懂得好好爱自己吗?"

　　对女人来说，所谓见过世面，不是出几趟远门就看到了世界，或是到大城市待几天就是远方，而是在你一次次去经历、去付出之后，终于知道了什么才是真正的好，并且会为此继续自律和坚持下去，让现在的你又健康又优雅，经济又独立，这才是新时代美丽女人该有的样子。

▼

给你个王子，你是否已经穿好了水晶鞋

几个月前，远房的表姐要我帮她修改一下简历。看了简历，我倒吸了一口凉气。一张粗制滥造的 word 表格，寥寥几行且信息不详，不像简历，倒像是一份个人信息登记表。这分明是在向面试官暗示：本人无法胜任。很难想象，这出自一个有着十几年工作经验的人之手。

表姐的家乡是北方的二三线城市，她的收入远低于当地的工资平均线，在一家小公司任劳任怨工作了十余年，若不是因为领导的一次安排让她觉得遭遇了不公平对待，恐怕这辈子她也想不到要换工作。

可是这件事之后，她受了大委屈，原本以为自己是公司不可或缺的资深元老，没有功劳也有苦劳，却不想在老板眼中只是个连新来的临时工都不如的小角色，于是她感到愤愤不平，铁了心要换工作。家人都说，这是好事，毕竟当下这份工作实在是没有任何前途。

只是单看眼前这份简历，我是丝毫看不出她有多大的换工作的决心。我耐心地跟她讲简历应该怎么写才能吸引眼球，又找出几个范本，过了几天，她总算照着葫芦画瓢，做了一份勉强能看的简历，开始了换工作之路。

几个月后，工作还是那份工作，表姐还是那个表姐。我一问，一次面试也没成功。细聊之下，得知表姐只投了几家她认为所谓合适的公司，也是当地为数不多的几家大公司，但都石沉大海。

我说："也罢，不着急换工作就慢慢等吧。"

表姐说："谁说不急？我当然着急了，可总要有合适的才行吧。"

我对表姐说："你一没学历，二没能力，你甚至都写不好一份简历，真给你一个大公司的工作机会，你又拿什么去胜任呢？为什么不现实一点儿，投个更符合要求的岗位，只要比你现在的收入高，也算是有突破啊。谁也不是一上来就有高起点。"

表姐想了想说："嗯，我这个人在有些问题上不愿将就。

反正能做的都做了，剩下的就是碰运气了。"

我说："你显然没有把该做的都做了。首先，你随随便便弄了一份连你自己看了都不会聘你自己的简历，然后希望聘你的人是个傻瓜。其次，你没有穷尽所有的选择，找出一切适合你的岗位，而是随随便便地在一家招聘网站上选了几个大公司。第三，你也没有为接下来可能的面试做任何准备，而是悠闲地在办公室喝茶、浏览网页，把一切都交给所谓的'运气'，指望某天从天而降一份 offer（入职通知）。你这是典型的'买彩票'心态。"

这些年，我见过太多人，怀着一种买彩票的心理去对待一切人生大事，不去付出，或者付出的远远不够，却指望以小搏大中头奖，把梦想寄托在永远都够不到的事情上：虽然我没复习功课，但是万一蒙的每道题都对了呢？虽然我不美，但万一就有高富帅喜欢我这一类型呢？虽然我工作经验不足，但万一就有企业看上我呢？

面对失败，他们永远有最好的理由为自己开脱：运气还不够，缘分还没到，欣赏我的人还没来……

这类人最不喜欢做的一件事就是"将就"，在现实面前无比"理智"的就是他们：枯燥乏味的工作不喜欢，不擅长的领域不适合，条件一般的不考虑。在期望面前失去理智的也是他们：找工作要事儿少钱多，找对象要貌美多金。他们的眼睛永远长在天上，双脚一直站在井里。不想"将就"却不肯付出，无比"理智"却从不励志。只想着拥有最好的，却做不到最好，眼高手低，好高骛远，最终只会落得两手空空的下场。

美国作家 Matthew Sweeney（马修斯威尼）写过一本《彩票的战争》：在购买彩票上花销最多的人往往受教育程度更低、收入更少。事实也的确如此，2008 年的一项国内调查显示，当年最喜欢购买彩票的人多集中在经济不发达地区。其中一个重要原因可能就是成本投入小，却能为自己吹一个无比巨大的肥皂泡。

无端地给自己设定了无数的可能性，陶醉于命运之神降临时的无限荣光，甚至连获奖感言都已经想好，万事俱备，只差天上掉馅饼。可惜的是，从天而降的并不是馅饼，更多的时候是"鸟屎"，越是心怀侥幸的人，接的"鸟屎"就越多。于是你更加信命，也更加恨命，觉得自己时运不济，命运总欠你一个说法。

一个人有梦想，不安于平凡，原本没错，否则和咸鱼还有什么区别？可是你有一万种方法去完成你的梦想，这其中偏偏就不包括空想和幻想。仙度瑞拉的故事鼓舞了一代又一代的灰姑娘们，使她们坚信丑小鸭也可以变成白天鹅，但是她们忘记了，在见到王子前，仙度瑞拉已经为自己换好了华服和水晶鞋，在那一刻，她并不是灰姑娘。

给你一个王子，你是否已经穿好了水晶鞋？这世上从来就没有无缘无故的缘分。命运是把锁，钥匙在自己手里，别把自己唯一的人生当作买彩票。

别在这辈子，活成了一个连自己都看不起的人。

▼
在每个平凡的日子里，不平凡地努力

前几天表妹在跟我谈及自己的考研史时，提及了自己在考研期间结交的一位"传奇"人物，至于为什么称她为"传奇"人物，还要从表妹和她的初相识说起。

桑雨是她的网名，她和表妹相识于一个叫作"五道口落榜群"的 QQ 群。

五道口是原中国人民银行金融研究生部的别称，现为清华大学五道口金融学院，一度是众多学子考研的首选学府。考研成绩出来之后，表妹加入了这个群，表妹还说大家在群里热火朝天地聊天时，都暂时忘记了落榜的痛苦。

后来，她们一起去参加另一个学校的调剂复试，表妹才见到了现实中的她。她是典型的南方女孩，外表娇弱，声音

很轻，但表妹一直记得她倔强的眼神和一针见血的谈吐，也
记得自己问她为什么要考"五道口"时，她只回答了八个字：
"犯其至难，图其至远。"

那时候，考上"五道口"的人里有很多是"二战"甚至
"三战"。表妹是第一次考，但她已经是第二年考了，她们俩
一样差四分到复试线。她也和表妹一样，听到的言论多是：
"啊，只差一点，明年肯定就考上了！"

可就算"只差一点"，表妹也没有勇气再考一年。她也有
些纠结，因为她如果再考一年就是"三战"了。在这场没有
硝烟又孤军奋战的战役中，没人能为你担保"明年就能考
上"，更没人帮你分担那些黑漆漆的夜里睁大着眼睛寻找希望
的孤寂，以及因为孤注一掷、背水一战而承担的莫大的压力。
何况女孩的青春原本就转瞬即逝，为一个学校赌上三年的时
光，家人的担忧、朋友的劝阻，连同自己的怀疑都像是一条
难以蹚过的冰河，步步艰难，难以逾越。

表妹听她轻描淡写地说完她"二战"时独自在校外租房
复习的种种后，便对她心生赞佩，不说别的，就每天十四五
个小时的复习强度，这已经超越了很多考研人。南方没有暖
气的冬天，她独自一人在出租房里抱着热水袋看书做题，那

么寂寞、冷僻的环境里，她心里全是温热的希望。

调剂复试之后，表妹被录取了。经过数番波折，百般纠结后，表妹终于放弃了为五道口"二战"的想法，而她，还是毅然回去准备"三战"。

后来表妹和她没再联系过。表妹开始了研究生生活，而她又翻开了那些数学复习全书、英语单词红宝书和不知看过多少遍的专业课笔记。整整一年里，她在 QQ 上的个性签名一直是阿兰·德波顿的那句话："我们在黑暗中掘地洞之余，一定要努力化眼泪为知识。"

第二年的春天，表妹收到一位朋友发来的一个链接，是五道口的最终录取名单。打开之后，表妹一眼就看到她的名字赫然在列，顿时抑制不住内心的激动而热泪盈眶。表妹感慨于自己所放弃的路途而她步履维艰地走到了终点，再明艳的鲜花和再响亮的掌声都不够作为对她的嘉赏。表妹说至今自己都能想象到她一个人蹚过寒冷的冰河，尝遍孤独的滋味，在无人给予鼓励时用强大的内心力量源源不断地滋养着自己，终于走到了一个莺飞草长的春天。

3 年的青春换一个梦想的入口，多少人问到底值不值，甚至有很多人称呼坚持数年考研的人为"考研病人"。可青春里的呼啸奔跑、颠沛流离，从没有对错和道理，"值得"二字可至轻也可至重，度量全在人心。

前段时间我整理新书的底稿，那些模糊的往事扑面而来，我差点儿都忘了，我也曾为它们写过那么多的字。我觉得，就算走到很远很远的以后，我也再难写出比它们更坦荡赤诚、饱含热泪的字迹。因为它们所代表的坦荡赤诚、饱含热泪的岁月正一步一步离我远去，在我依依不舍地远离校园之后。

毕业前夕，我沉默地写着它们时，我在豆瓣还只有一百多个关注，并没有多少人看到。而实习单位却有几百个客户等着我一一拜访，他们都要忍受我在任务压力下不厌其烦、口干舌燥的营销。我早已不记得他们的脸，不记得自己开口前的尴尬忐忑，以及那些少数热情多数冷漠的回应，只记得炙热暑气下发烫的公交车座椅，盛夏正午餐厅里的小憩，还有因为手里的汗水而变得皱皱巴巴的产品单页。

实习结束的那一天，我终于得以从西装裤换成西瓜红的小热裤，和小伙伴们笑着闹着走在路上，只看到天空由于秋意的初临而变得清朗高远，一大片又一大片软绵绵的云彩让人高兴地跳起来和它们打招呼。我们都晒黑了也累瘦了，可奔向未来的脚步却铿锵有声。

后来开始找工作，我经常把它们拿出来看看。在北京深秋晚高峰的熙熙攘攘的地铁站里一条条地刷新招聘通知时，在初冬穿着单薄的西装式大衣难以抵御突如其来的降温和大风时，在火车站候车大厅边等火车边看第二天要面试的企业简介时，那些字迹，在后来温暖无数个陌生人之前，首先无数次地温暖了我自己。在我不知何去何从时，它们提醒着我，过去的自己曾有过的勇敢和无畏，一路奔跑的身影和终于迎来的赤色艳阳。那些字迹，一个又一个，都是跳跃、滚烫的初心，让我在奋斗的路上砥砺前行。

记得一次暑假，第一次看到《异类》里的一万小时天才理论。我在愿望清单里写了好多愿望，其中一个是出版一本书。后来是马不停蹄地实习，和因为要考证在自习室里熬至深夜的场景。疲累又迷茫的日日夜夜里，反复叩问思索，期待着命运给我一次从容选择的机会。有一次独自在房间里写作，一推窗，白茫茫的雪地仿佛大梦初醒一般让人心中一动。旧事纷纷如飘零落雪，只有想到自己一路奔跑一路成长的旅途，才觉得凛凛寒风并不可畏，也只有自己才能将一个雨水轻柔、山川秀美的春天唤醒。

还记得有一次和上千人在一个闷热的大教室里听考研数学课。我从第一排转身向后看，他们的神情竟出乎意料地相似。那样的神情后来我在拥挤的企业宣讲会上看到过，在水泄不通的招聘现场看到过，在新公司入职培训的动员会上看到过，在校园里手挽着手热烈地谈天说地的学生中看到过。

那种神情显现出贫瘠年华里对未来最恳切的热望，属于年轻时的我们，属于被现实打败之前耀目荣光的无畏青春。

有段时间，网上盛传一篇叫作《为什么要努力》的帖子。也有人问我，为什么要努力？我想，是因为人生有太多就算你努力了也无法掌控的东西。比如你痛痛思服的那个人的心，比如父母渐渐老去的容颜，比如稍纵即逝的时间。所以，对于那些努力了便能扎扎实实握在掌心的东西，为什么不珍惜？为什么不争取呢？

说到底，年轻时所有的你追我赶、冲锋陷阵，不过是为了兑换一段酣畅淋漓、了无遗憾的时光而已。让无数个看似庸碌平凡实则丰饶激荡的灵魂，在陷入回忆时能露出一抹温柔的笑意。

你一定和我一样，明白除了在寒风中裹紧衣领往前走，没有什么能带我们走向一个温柔明媚的春天。

　　而我也知道，在被庸碌的现实俘虏之前，在被琐碎的生活招安之前，你终将闪耀，如日光投射辽阔原野，如流星划过无垠天际。

比你强大的人都在努力，
你凭什么不努力

第四章

▼

别再给不努力的自己找"理由"了

前几日，朋友青青费心筹备了一年的咖啡厅正式开业了，邀请我们几个闺密过去坐坐。席间，闺密小凡满脸羡慕的表情说："能开个自己的咖啡厅真好啊，那可是我儿时的梦想啊！"

一个朋友便说："你也可以开啊，有梦想就要努力去实现。"然后小凡说："我家可没有这么多资金，能拿来给我开咖啡厅。"青青一听，不太高兴："我可没有用家里的钱，用的都是我这几年工作攒的钱。"

小凡又说："那开咖啡厅得懂得市场营销与管理，还得懂得西餐和咖啡吧，我也不是相关专业出身的，现在也没有那么多时间学，我平时工作也挺忙的啊，总不能耽误工作吧。"

另一个朋友便说："我记得青青也不是学这些专业的吧，青青好像是利用自己的业余时间到处去上课吧。"

然后小凡又说："我身体不好，要是业余时间都占满了，不能好好休息，生病了又花钱看病，岂不是得不偿失。"

"也不一定非得占满业余时间啊，有时间就学学，为以后开咖啡厅做准备啊！"

"开咖啡厅得有人脉资源吧，青青长得那么漂亮，应该很容易有很多朋友吧，我就不行了，人丑就是倒霉啊。"小凡说完这句话后，席间终于安静了。因为我们知道，不管说什么，她总是能找理由反驳。

她不是真的不能开这个咖啡厅，而是她根本就不想为梦想付出任何努力。因此她要为自己的不努力去找很多看似合理的理由，好让自己能欣然接受自己的不努力。其实，大多数人一事无成，大抵都是因为太会给自己找理由了。

你羡慕同事步步高升、薪资翻倍，但你却说："人还是要有自己的生活，把生活都献给工作，活着也没什么意思。"所以当同事拼命加班时，你毫无压力地选择下班看视频。

你羡慕闺密会五种乐器、六种语言，但你却说："这些事情也不是什么正经的事，还是先好好工作，何况人家都是小时候学的，我现在都老了，学也学不会，又何必浪费时间？"

其实想学东西，什么时候都不晚，你只是想给自己一个不学习而去逛街的好借口。

你羡慕朋友走出小城市，在北上广开启了一片新天地，但你却说："大城市机会本来就多，我去我也行，但父母在不远游，我还是要在家照顾父母。"你没有看到别人在大城市也是需要努力的，因此你安心地在小城市过着平淡的生活。

甚至于你羡慕别人减肥成功，但你却说："先吃完这一顿再继续减，吃饱了才能有力气减肥嘛。"所以你吃了一顿又一顿，只是为了给予自己所谓的"力气"。

然后你说："我说的难道不对吗？本来大城市机会就是多，本来身体健康就是比工作更重要。"

没错，你说的都对。为你不想做的事情找理由，只要你想找，总能找出千百个来。就像是吸烟的人，如果不想戒烟，他可以为吸烟找出 100 个好处来，但他就偏偏对"吸烟有害健康"这个不可以吸烟的理由熟视无睹。根据心理学认知失调理论来说，如果一个人的行为与态度是相反的，那么他自身就会感到非常不舒服。而你为了让自己感到舒服，就只能去寻找理由平衡你的态度与行为。

你不想去努力，不想去付出，做什么都嫌麻烦，所以你给了自己很多不做这件事情的理由，这样你就可以心安理得地待在自己的"舒适圈"中。你害怕看到自己的无能，所以你把自己的失败与别人的成功都归结于社会环境、运气、外貌甚至是天气等外在不可控因素，这样你就可以摆出一副无辜的姿态，摊摊手说："我有什么办法呢？这又不是我的问题。"

你真的太会给自己找理由了，你总是能在众多理由中找到对自己"最有利"的那个。你巧舌如簧、能言善辩，你句句在理、无懈可击。但你赢了口舌，最终却输了自己。

你为自己找的每一个"不能做"的理由，都好似一块巨石，在你还没开始迈出第一步时，就否定了所有的机会与可能，堵住了所有前进的道路，最终让自己无路可走、作茧自缚，把自己困在了所谓的"舒适圈"中，一事无成；你为自己找的每一个"失败"的理由，都好似一块黑布，蒙蔽了你的双眼，让你看不清事情的真相，当你认为一切都不是你的问题时，你又怎么会做出任何改变？又怎么可能改变失败的命运？

不是别人打败了你，是你的慵懒和对失败的恐惧打败了你；不是困难阻碍了你的步伐，是你给自己找的理由阻碍了你的步伐。

所以，不要再去给自己找理由了。成功的第一步就是要直面自己的问题，而不是一味地逃避现实、欺骗自己。当你知道你的不作为不是因为别的，而是因为懒惰时，你才会去变得勤勉；当你知道你的失败不是因为运气不好，而是因为自己能力不足或不够努力时，你才会去改善自己。只有你全力以赴了，能力提高了，你距离成功也就不远了。

▼

不努力，你永远不知道自己能走多远

读大二的时候，我曾和朋友去郑州游玩。

在郑州闲逛了一天后，朋友 D 提议去爬嵩山。

一开始我是拒绝的，所有旅游项目中最不讨我喜欢的便是爬山，因为我不是常运动的主儿。但是后来一想，都到河南地界了，如若不去中岳嵩山看看，岂不是枉来一趟，便改口答应。

D 嘱咐我，翌日 6 点起来，7 点就出发。

我有些纳闷儿，为什么要那么早？毕竟从郑州到嵩山脚下差不多 90 公里，乘巴士、走高速的话，无论如何也能在两个小时之内到达，没有必要非得摧毁清晨与被子缠绵的美好时光。

D 狡黠一笑，说道："谁跟你说乘巴士过去啊？我已经为你借了一辆单车，明天我们俩还有我的几个同学一起骑过去。"

我顿时傻眼。记得近 20 年来，我骑自行车最远也是从家里骑到县城，十多公里，骑了一个小时，如此一想，近 90 公里的路程那不得整天都在路上啊。

我立马说："我肯定骑不到。"

"我们又不是比赛，不需要骑得很快，一天的时间应该也差不多了。"

"你给我两天时间也没用，我会死在路上。"

"你又没试过，怎么知道自己一定不行？好了，不争了，你要是死在了路上，我替你收尸。明天 7 点见啊，一群朋友等着你呢。"

我发誓，那是我一辈子骑过的距离最长的一次单车。早上 7 点从郑州市区出发，直到傍晚 5 点才到嵩山脚下，在此期间，只是在午饭之时稍稍歇了一下脚。

薄暮逼近，我将单车停在金色的夕阳里，面对着那绵延的群山，说实在话，当时的我并没有征服了这近 90 公里的荣耀感，我只是累，非常累，但我也很欣慰，我并没有用去两天时间，也没有死在路上。我花了一天的时间，来证明了自己并没开始时自我想象中的那么弱小、那么不行。

现在回想起来，疲累已经不是记忆的主旋律，路上所经历的一切才是。我们大部分的时间都穿梭在郊区和农村之中，没有我以为的处处长坡陡岭，相反，地势还较为平坦。我们穿过葱郁的小树林，越过水位不超过 20 厘米的小溪，在村道边看恣意盛开的野花——说不上很美，但是丛丛簇簇，也别有一番味道。经过一个村子时，被两条中华田园犬执拗地追赶也是记忆中不可磨灭的一部分。

让我记忆最深的是一段长长的省道（路名就不说了），不是因为它的景色太美，实在是那条路上运煤的货车太多，车子飞驰而过，迎面而来的就是一阵"黑雾"，遮天盖地。可以想见，我们一行七人骑出那段公路后，个个都是包大人上身的样子。

有些事，没有试过，我们就不要给自己平白无故地画一条停止线，故步自封。行还是不行，不在于事前我们说得多么绝对，而需要你的双足踏在前进的路上去感受去体会。

一路上不见得都是美好的风景，或许也有遮天盖日的"煤粉"飞扬在路上，但是，经历过，你就多了一种体验，不管是好的景致还是坏的景致，都会不偏不倚地谱成你多姿多彩的人生。

不怕上路之后由于艰难险阻而到不了终点，只怕还没努力鼓起风帆，搏击海浪，就早早撤下桅杆，极目远眺遥远的彼岸，然后兀自摇头嗟叹。

朋友 N 是个身材比较丰满的女生，经常在朋友圈里发图抱怨自己太胖。她常喊减肥，却不是个行动派，一年下来，未见她瘦下来过，反而越长越胖。

有一次，跟她一起吃自助餐，她的食量"令人发指"。

我问她："你不是要减肥吗？"

她摇了摇头，说："试过了，那些减肥方法都不靠谱，看来我这辈子是没有瘦下来的命了。"

"你真的有很努力地减过肥？"

她想了想，放下手中的鸡腿问："什么叫努力？"

是啊，什么叫努力呢？我想应该是，明明知道前面有千难万险，你也毫不回头地冲向前，即便荆棘会划伤你的皮肤，瘴气会侵蚀你的意志，你也不会铩羽而归，而是一步一步，爬也要爬到终点。

显然，N 还远远达不到这个境界。

后来通过她的闺密才得知，她确实有尝试过减肥，只是每次都是浅尝辄止，稍有一点儿苦累，便偃旗息鼓。如果她每天拿出刷朋友圈十分之一的时间用来努力减肥，我想，现在的 N 也断然不会认命了吧。

我并不想说只要努力就一定能成功，人的意志也不能完全决定人一生的际遇。但是人的潜力真的是超出你的想象，如果不去尝试，不狠狠地逼自己一把，你真的很难知道自己有多大能耐。

我记得以前帮朋友写过一篇演讲稿，可他只给了我不到三个小时的时间来完成。我本不是一个写文章很快的人，加之主题以前也没怎么涉猎过，需要查找各种资料，耗费很多时间，所以压力很大。

但是一想到先前已经答应了朋友，他还在等着我的稿子来熬夜练习，我就只能硬着头皮上。写的过程很痛苦，但是完稿之后，我发现文稿的质量并不差，时间也不到三个小时。

要不是把自己逼到了那个份儿上，我永远无法知道自己也是能在重压之下完美地完成任务的。要不是最后还是决定努力一把，那么我就不可能知道我的人生中根本就没有那么多的不行。

工作中，时常碰到有人说："这个事情我搞不定。"可是一旦任务被委派下来，然后有上级加压，我们就会发现，那些我们以为不可能做到的事情到最后都在自己的努力之下变成了现实。

　　那时我们就会知道，并非我们没有这个能力，只是惰性让我们没有想过要拼了命地努力。

　　汪国真有一句诗："既然选择了远方，便只顾风雨兼程。"

　　但现实生活中的很多情况是，虽然选择了远方，但我断定自己不行，所以从未出发，或者稍遇挫折，便折戟沉沙。

　　努力过后，发现自己能力不足，无法顺利到达彼岸，那还情有可原。但是如果你从未尝试，就说自己不行，或者没有认真地为之拼搏，就断定这是自己的宿命，那绝对是天大的笑话。只要你的目标不是登陆太阳这种天方夜谭的事，那么所有美好的远方都值得你为之奋勇向前。

　　沿途不一定有漂亮的鲜花，也不一定平顺通达，但只有自己走过，才知道那些未知的世界有多精彩。也只有努力向前，才能知道自己要多久才能走到属于自己的海角天涯。

▼
其实你只是看起来很努力

　　在上大学时，我的同学曾跟我吐槽说："明明我已经很努力了，可是结果出来的时候，还是没能考上我梦想中的学校。"

　　确实，她看起来真的很努力，每天早上我们还在睡梦中的时候，她就已经起床去自习室了；每天晚上我们准备熄灯睡觉了，她才拖着疲惫的身体回来；每个周末我们和朋友通宵达旦玩耍的时候，她却在自习室里和那些晦涩难懂的公式打交道。我想，就是高考，也不过如此努力吧。

　　这么尽心竭力地去做一件事，可还是以失败告终，听起来真叫人遗憾。

　　可是慢慢我发现，只要班级群里一有什么消息，她肯定会马上回应，接着有一搭没一搭地往下聊。好几次我去图书馆看书，都会看到她站在窗边一脸憨笑地看着手机，偶尔我翻看她的学习资料时，却发现都是大片大片的空白。

我在想，如果仅仅因为长时间地泡图书馆，把一整天的时间耗在那张固定的桌子面前，佯装自己多努力、多拼命的样子，就能让书本中的知识存储在自己的大脑之中，那我也愿意天天早出晚归。

更糟糕的是，当别人说考公务员比较有前途的时候，她便放下自己准备好久的考研资料去看《申论》；当知道考公务员的竞争比考研还要激烈的时候，又转战回了考研大军中；一开始决定要考 A 校的专业，突然听人说 B 校的专业很不错，转而又信誓旦旦地要考 B 校……在如此循环往复的纠结和变换当中，时间已经过去了一大半。

毕业的时候，其他同学都拿到了不同单位的录用通知，而她考研失败，工作也未曾有着落。

她愁眉苦脸地说："我这么努力，连自己都被自己感动了，可是到头来却什么都没得到。"

很多时候，人们都会花大量的时间去做一件事情，时间多得连自己都相信自己一直在为了这件事而努力奋斗。其实很多人是为了抵御自己内心的不安和极大的空虚感，或者是因为随大溜，才迫不得已倾注了大量的时间。其实在这个时间段里，是否所有的精力都倾注于此，自己也模棱两可。但是只要自己是坐在那里的，看起来是在为这个目标而踽踽独行的，心中就能得到极大的安慰，自己麻醉自己，也向他人宣告："其实我是为了这件事而倾尽全力的，你看我花费在这上面的时间就知道了。"

上大学的时候，因为很长一段时间的碌碌无为和虚度光阴，我也曾一度感到恐慌。觉得原本应该在大学里做些什么事的，可是现在大学时光已经过完大半了，除了玩和享受生活之外，仿佛根本就没学到什么，这让我感到沮丧和惴惴不安。

于是在接下来的日子里，我给自己列了一个清单，多达几十项目标。我想，如果在接下来的日子里，我能够把这些事情做完做好，也不枉费了这美好的四年大学生活。然后我就身体力行地去实行了。找兼职，做家教，买了一大堆书，给自己限定了多久要写完多少字的目标，努力找出时间去和老朋友联系，开始看实用的演讲，努力学习专业知识和英语，买了一大堆与自己专业有关的或无关的考证资料，甚至跟同学合伙开店做生意……

　　我看会儿书，写会儿东西，在网上发布一下兼职信息，然后再看一下考证资料，再做一下英语试卷……每天没有规划地做着这些事情，感觉自己精疲力竭。但还是如火如荼、热血沸腾地去做每件强加给自己的事。我想，如果我还不算努力的话，那么全世界的大学生就没几个是努力的了。

　　可是那些书到现在还被扔在某个角落里落满灰尘，而我可能不会去翻看了；限定要写完的字，才写了一半就搁置了；那些联系了一阵子的老朋友，还是在日渐淡漠中逐渐疏远了；那些励志的、实用的演讲，看完几集就再也没看过了；专业知识还是中等水平，不上不下；英语也是勉勉强强，说出来不算羞赧，但也不足引以为傲；那些所谓的证书除了几个专业必备的或者简单的，其他的就再也没拿下了；开的店面也是合伙失败，关门倒闭了……

　　其实这些不是我的空谈，我也很努力地在做啊，我也倾注了很多时间和心血在做啊，我也坚持了至少一年半载啊，但是这些目标最终还是被搁浅了。

　　真正的努力并不是毫无目的、好大喜功的，它必须有一个主要目标，在主要目标之下还需要有次要目标。所有努力的着力点其实是在那个主要目标上。如果那时候的我专注于看书写字，或许到现在已经至少积累上百万字了，看完上百本书了；如果那时候专注于考证，虽然不一定能拿下注册会计师证，但至少也能通过几门简单一点儿的课程；如果那时候把全部心血放在开店上，就不会因内部不团结而导致合伙失败了……

在那段时间里，虽然我看起来忙碌，但是每天晚上躺在床上的时候，我竟不知道自己都忙了些什么，到底于己何益。我甚至越忙越觉得心里空虚，越觉得坚持的这一切好像偏离了自己原本的方向。可是第二天起床的时候，又重复着前一天的事情。我觉得，只要自己在忙碌着，就意味着自己是在为了未来而努力着。

往往，我们在潜意识里给自己一个很努力的假象，告诉自己：其实我很努力了，即使将来失败，也怨不得自己，只怪天意如此、造化弄人。可是我们真如想象中的那么努力吗？真的不是为了给自己、给外界的审视找个安慰而刻意营造一个忙碌的假象吗？为什么你这么努力还是一无所获？因为你只是看起来很努力。

直到经历了那些失败，经历了生活中所受的挫折之后，我才后知后觉明白了什么是真正的努力。真正的努力是脚踏实地一步一步去实现目标，并且需要不完成这个目标绝不妥协的坚持和笃定。可能并不需要多么忙碌，但是要安稳踏实，并且坚持不懈。

▼

努力是证明自己最好的方式

南风是我大学时同届不同系的校友。今年 7 月的一天，我们约在一家餐厅吃饭。点好菜以后，南风把手机递了过来："帮我看看这篇文章，有空帮我改改。"

"怎么，你也开始走文艺青年路线了，你不唱歌了？"南风是我们那届"校十佳歌手大赛"的冠军，一曲藏歌惊艳全场。

"歌当然还是要唱的。这篇文章我是打算投到公司期刊上的。"现在的他，在上海陆家嘴附近一家著名的外资银行上班。自从领导提拔他当了助理后，他明显感到自己周边的气场变了。公司里流言四起，很多人都在背后议论，他并非金融科班出身，毕业也才两三年时间，凭什么就坐上了副总裁助理的位置？南风说："我毕业后，为了适应职场环境，掩去了许多锋芒。这一次，我想将自己的锋芒一点点地展露出来，用实力证明给他们看，我不光能将助理的工作做得很好，还有许多他们看不见的闪光点和特质，比如唱歌、弹钢琴、运动、写作等。"

如果没有人看见你，那你就站到有人能看见你的地方，让别人看到你的光芒。努力的原因之一，就是为了证明自己。不仅是南风，其实，闺密小唐也做过这种事。

那是 2013 年的夏天，非广告科班出身的她，凭借良好的中文功底和英文水平进入上海一家小有名气的广告公司担任文案策划。刚进公司的前两个月，工作很清闲，小唐心想，大概是因为同事们也不知道她这个新人能做什么事情，不敢委以重任吧。

直到 9 月份的时候，事情出现转机，公司拿下了一个全球 500 强品牌的亚洲峰会的案子，与小唐同期进公司的英语较好的几个实习生都被抽调到这个案子的项目组做支援。峰会前一天晚上，他们才陆续拿到该品牌全球各部门领导的演讲 PPT，需要用一晚上的时间把所有的演讲 PPT 进行英汉互译、整理汇总和调整排版。

在临时布置的会务办公室里，项目总监问了一句："你们今天谁把 PPT 整理出来？"他说完这句话的时候，原本有些嘈杂的酒店客房里忽然安静了下来。谁都想在关键时刻表现一下自己的能力，得到领导的赏识，但这毕竟不是练习，是实实在在的项目执行，如果搞砸了，岂不是自毁名声？

小唐默默地消化掉总监这句话，在大脑里快速地权衡了利弊，走了一步险棋，揽下了这个既苦又至关重要的活儿。当天晚上，小唐从六点多开始弄，先从头到尾过了一遍所有的演讲 PPT，按照会议流程做好了目录的页面，然后一边翻译，一边调整排版。到深夜两点多的时候，实在困得不行了，就站起来泡了杯咖啡，就这样强忍着睡意，一直到第二天早上，她终于整理好了主会场的所有演讲 PPT，中英文加起来一共 400 多页。

峰会华丽落幕，小唐在公司同事眼中不再是初出茅庐、乳臭未干的职场小白，而是未来可期、不容小觑的职场新秀。她通过自己的勇敢和努力，让自己站在了一个醒目的位置，证明了自己。

在我们还很小的时候，我们都以为自己是盖世英雄，与众不同，好像随时会发光一样。可是长大以后，遇见的人多了，经历的事情多了，我们的世界反而变得狭窄了。我们很少再凝视宇宙、星辰和大海，很少再天马行空地思考稀奇古怪的问题，眼光慢慢聚焦在眼前的悲欢离合和生活的跌宕起伏上，也不再相信自己有什么特别之处。

但你有没有停下来思考过，现在的处境真的是不能改变的吗？也许你难过失意，不知道从何做起。也许你不止一次地问过自己：世界那么大，茫茫人海，芸芸众生，我要怎么样做才能被人看见？

我不知道你现在在这个世界上的哪个地方，在做些什么，又想要成为什么样的人：你可能还是一个学生，坐在教室的最后排，因学习差或不善言辞而总是被忽略；你可能是一个初入职场的新人，被各种各样的情境考验和人际关系弄得应接不暇；你也可能是一个艺术工作者，因为自己的作品遇不到伯乐而伤神叹息；又或是一个为爱所困的人，不知道如何表达自己的情感，让对方看到你的真心……但有一点是肯定的，即你并不那么喜欢自己现在的位置，你想要被人看见。既然如此，不如勇敢地走出来，审视自身的尴尬处境之后找到一个突破口，站到一个可以被人看见的地方，用自己的能力和才华证明自己。

　　我相信，终有一天，你会被人看见；终有一天，我们会在各自的平行时空里发光。很多时候，只要愿意努力，只要愿意做出一些改变和突破，那么结局就大不相同。

▼
别在这辈子，
活成了一个自己都瞧不起的人

前不久，一个孩子在微信上发了一大堆截图给我，仔细一看，都是介绍北大清华的牛人们的。这个得了奥赛冠军，那个门门功课年级第一。那孩子很颓丧地说："我觉得我再怎么努力也比不上他们啊，突然觉得自己的未来好没有希望。"忽然想到了知乎上的一个经典回答："以大多数人努力的程度，根本还没到拼智商的地步。"

我的一个远房舅妈，一直是亲戚中的著名人物。由于时代的原因，虽然她勤奋好学，但读到初中毕业就没有继续念书了。毕业后进入了工厂上班，经人介绍认识了舅舅，生下了表姐。一家人蜗居在一居室的小房子里，每天与邻居共享厕所、厨房，每月挣着死工资，日子过得平静无波。也不知道从哪天起，或许是突然意识到了如果这样过下去，可能永远无法为女儿创造一个理想的生活环境，舅妈便重新拾起了课本。

舅妈已经多年没有接触过书本，流水线上繁忙的工作已经磨灭了在校时的激情。当她再次拿起课本的时候，发现简直晦涩难懂。后来听表姐说，在当时年幼的她的记忆里，舅妈的形象是一个日夜苦读的身影，手边永远放着一本本的参考书和英语字典。一遇到不懂的单词和要点就查，然后记在小本子上反复琢磨。就这样学习了好几年，舅妈考取了夜大，并在读夜大期间发现了精算行业精英人员的稀缺，还自学了精算知识，考取了精算证书。在那个精算师稀缺的年代，她的证书显得格外宝贵，也帮舅妈找到了一份待遇相当优厚的工作。

舅妈从工厂辞职后，也鼓励舅舅去考了夜大的文凭。如今他们早已经告别了一居室的生活，跨入了中产阶级，终于过上了想要的生活，而一些当年的工友还生活在破旧的老宅里。老同事见面的时候，总有人说舅妈运气好，找到了好工作，但他们却不知道所有的好运背后都是无数的努力。

记得大学开学时，大家在新生群里晒照片，一个男生发来一张他高三拍毕业照时候的照片，又发来一张近照，简直判若两人。高中时候180斤，眼睛被挤得只剩一条缝儿，肥大的运动校服被撑得满满当当，顶着一头乱草似的头发。而近照上的他，虽然脸上还是有点儿肉，但是身材已经十分匀称。群里的妹子纷纷问他如何做到的，他说暑假吃得很少，然后每天拼命去健身房锻炼，才达到了这个效果。

大一时候认识的D哥还是一个浑圆的胖子，在大学的四年里看着D哥越变越圆，一动赘肉就在颤抖。D哥比我大一届，毕业找工作的时候并不顺利，也许是形象的原因，一直没有找到理想的工作，考公务员的时候又以几分之差名落孙山。D哥非常黯然地回到了家乡，准备去英国读研。之后很久没有联系。再一次聊天的时候，D哥已经从那个浑圆的胖子，暴减几十斤，成了一个结实的肌肉男。

后来看到D哥写的日志，才知道大四毕业后的日子是他非常难熬的一段时光。因工作不顺利，体重又达到了人生的峰值，万般无奈下才想要去留学。按照D哥的话说，"认识的自己已经超出了底线"，出于想要改变的心态，D哥决定开始减肥。这个过程是非常辛苦的，一开始他在跑步机上跑十几分钟就累得气喘吁吁，后来可以坚持一个多小时；过了中午以后不管多饿都不会再吃一口，真正做到了"过午不食"。

某个朋友喊着要减肥已经许久，可每天还是吃饱了饭躺在沙发上一边玩手机一边吃零食。当你好心提醒他去运动的时候，他又会找出种种的借口。过不了几天，站在秤上惨叫的还是他。当然，如果新年愿望上写"我要瘦"也算是一种减肥方式的话，那么他也不是没减过肥。

经常听无数人嚷嚷着要减肥，但是成功者总是寥寥无几，失败者总会说减肥太难了。至于那些瘦下来的人的减肥秘诀，无外乎少吃、多运动。懒惰的人才会编出"不吃饱哪有力气减肥""不是不减肥，而是敌人太强大"的段子，而真的去做的人，好身材就说明了一切。你喊了那么多句你要瘦，却从舍不得少吃一口。减肥药、一周 20 斤减肥法，都不过是做美梦的人的安慰剂。接下来再来聊聊爱情故事。

之前在微博上看到过一个有关异地恋的真实故事。一个男孩和一个女孩异国恋 7 年。两人是高中同学，毕业以后男生出国读书，女孩考上了国内某名校。7 年里不是没有争吵和分离，也不是没有诱惑和孤独。女孩从大学开始，就一直四处实习攒钱，为了假期的时间可以去澳洲看望男友。而男生则在课余的时间去餐馆端盘子，去车行洗车，就是为了攒一张机票钱回来看女友。

这样的生活一直持续到男生研究生毕业，回到国内。两人在去年9月份结婚了，举行了一场盛大的婚礼。异国恋终成眷属，皆因他们在彼此最美好的年华里没有选择轻易放手，而是选择了坚持。

我们总说现在的人太浮躁，现在的社会没有真爱。这世上有太多人一边抱怨着要开始以相亲度日，一边又罗列种种条件。强调家世，苛求学历，要求身高、长相、年龄，拒绝异国恋、异地恋，林林总总，说到底不过是为了少一些麻烦。要求越精准，对方也越符合"过下去"这个要求。其实说到底，不是真爱少了，而是人懒了，再也没有了为爱去坚持的勇气和付出一切去努力的决心罢了。那些把你感动得痛哭流涕的所谓正能量，不过是主人公比平常人多坚持了一点儿，多努力了一些。

见过很多人，总喜欢给自己定一个巨大无比的目标。有一个远大的梦想是一件很不错的事，但是要实现远大的梦想，靠的是一个个短期目标的实现。可是他们在定目标的时候就暗藏了懦弱的退路，脑海里怀着"既然目标那么难，那么做不到也没人怪我吧?"的想法，然后拖拖沓沓，喊着苦喊着累，又随随便便地放弃了。你问起他们的时候，他们会找出无数冠冕堂皇的借口，却始终无力承认自己的懒惰。

也有人会整天说"我努力挣钱有什么用呢? 再怎么努力也比不上含着金汤匙出生的富二代""我为什么要努力读书呢? 那些高智商的人随随便便就能把题目都解开啊"，有着这些说辞的人往往对自己的生活不满意，而又不愿意直面人生的惨淡，这其中最关键的因素在自身。

见别人情商高、朋友多，就觉得别人是这个婊那个婊，却不肯承认自己表达能力不强，不善交际；别人辛苦工作获得晋升，就觉得对方肯定是送礼拍了马屁，浑然忘了自个儿每天迟到早退，工作起来推三阻四。要知道面子是别人给的，里子却是自己挣的。

什么都没干，就什么都想放弃。张嘴一来就是安享平淡，其实都是懒惰者的说辞。这想要的平淡里有花不完的钱，有舒服的大房子，有漂亮的衣服和可口的食物，还有爱人。你说得轻而易举，可是你看，哪一样不得费尽心思、拼了命去争取?

特别喜欢《老情书》里面老太太的那段话：老和尚说终

归要见山是山，但你们经历见山不是山了吗？不趁着年轻拔腿就走，去刀山火海，不入世就自以为出世，以为自己是活佛涅槃来的？我的平平淡淡是苦出来的，你们的平平淡淡是懒惰，是害怕，是贪图安逸，是一条不敢见世面的土狗。

所以，为了你想要的生活，努力向前奔跑吧！

致奋斗的青春

你若不勇敢，

谁替你坚强

将来的你，一定感谢现在拼命的自己
一本关于年轻人奋斗的人生规划书

— 鑫　同/编著 —

北方妇女儿童出版社
·长春·

图书在版编目（CIP）数据

致奋斗的青春／鑫同编著. -- 长春：北方妇女儿
童出版社，2019. 11 （2025.8重印）

ISBN 978-7-5585-2150-8

Ⅰ.①致 … Ⅱ.①鑫 … Ⅲ.①成功心理-青年读物
Ⅳ.①B848. 4-49

中国版本图书馆 CIP 数据核字（2019）第 239469 号

致奋斗的青春

ZHI FENDOU DE QINGCHUN

出 版 人：	师晓晖
责任编辑：	关　巍
开　　本：	880mm×1230mm　1/32
印　　张：	20
字　　数：	320 千字
版　　次：	2019 年 11 月第 1 版
印　　次：	2025年8月第8次印刷
印　　刷：	阳信龙跃印务有限公司
出　　版：	北方妇女儿童出版社
发　　行：	北方妇女儿童出版社
地　　址：	长春市福祉大路5788号
电　　话：	总编办：0431-81629600
定　　价：	108.00 元（全 5 册）

我们的生活并不是每天都是晴天，都充满阳光，有时它也会刮起狂风，下起暴雨，让你失魂落魄。人生难免遇到危险与陷阱，但你若不勇敢，谁又能替你坚强呢？也许，坚强是一场戏剧，能让人们破涕为笑；也许，坚强是一曲催人奋进的乐章，指引着我们在人生的道路上，勇敢地越过种种磕磕碰碰，努力向未来冲刺。

勇敢是一种品质，更是一种理智和智慧，它告诉我们如何去享受生活，如何去调节自己的心情，找到让自己快乐的秘籍。面对挫折和磨难，我们不应该过分地沉迷于痛苦和悲伤之中，不应该迷茫或迷失方向，更不要指望别人对你伸出援助之手，谁也不是谁的救世主，你若不勇敢，谁替你坚强？

灰心丧气，自卑绝望，自弃沉沦，那将会使你错失良机、终身遗憾。人都是脆弱的，但决不能懦弱，面对命运的打击和挑战，面对别人的诬蔑和中伤，你应该做的不是哭泣，而是坚强和勇敢，保持清醒冷静的头脑，坦然面对生活，从容面对现实，改变我们能改变的，接受我们所不能改变的。只有这样，我们才能展示自我，才能成为一个无坚不摧的人！

山有巅峰，也有低谷；水有深渊，也有浅滩。人生之路也一样，我们每个人都想一帆风顺，然而，一些意想不到的痛苦、挫折、失败总会猝不及防地袭来，让我们时而身处波峰，时而沉入谷底。你若不勇敢，谁又能替你坚强呢？

不是每段路，都有人在身边默默地陪伴；不是每个难题，都有人及时地伸出援手……纵然真的有那么一个人愿意为你遮风挡雨，可谁也不敢保证，当突如其来的风暴降临时，他或她，是否还在你身边？要真正强大起来，总得捱过一段没有人帮忙、没有人支持的日子。不要抱怨那些痛苦，只要咬着牙撑过去，从每一份痛苦中汲取生命的养分，内心就会开出坚强的花。不要怨恨命运，指责它忘记了厚爱你，你要知道，世间没有与生俱来的幸运，唯有努力地扇动隐形的翅膀，穿过所有的阴霾和阻挠，才能在阳光下翩翩起舞。

谁的生活不曾有崎岖坎坷，谁的人生不曾有困难挫折？既然不能逃脱人生前进途中必经的磨难，那我们就要拥有一颗百折不挠的心。更请你相信，人生中的种种考验终会过去，如同落花一般化为春泥，最终会获得丰富、美好的生活！

目录

Mu Lu

第一章

克服磨难，挫折让人更成熟

曲折，在人生的旅途中难以避免。面对曲折，有人失去了奋进的勇气，熄灭了探求的热情；有人却确立了进取的志向，鼓起了前进的风帆，从而磨炼出坚韧不拔的性格。

经历过逆境，才能更坚实地立于大地上

人生就好像河流一样，都会经历这样或者那样的曲折，没有经历过逆境的人生是不丰满的。

在美国西部地区一个十分偏僻的小镇上，住着一个老爷爷。这个老爷爷曾经是一个木匠，现在开着一家家居店，因此，家居店中的家具几乎都是老爷爷本人制作的。那个时候，虽然小镇上也有其他家具店，但他们的家具都比不过老爷爷家居店中的家具好，因此人们都愿意来老爷爷的家具店购买家具。

其实，每一个家具店的家具在款式方面并没有很大的差别，所以老爷爷的孙子对自家家具比较受欢迎这件事感到疑惑。于是，孙子向爷爷询问："为什么小镇上的人都认为我们的家具好，喜欢购买我们的家具呢？"

爷爷并没有立即回答，而是很神秘地笑了笑，然后说道："明天，我带你去看一看答案。"

第二天大清早，天才刚刚亮，爷爷就将孙子叫了起来。他已经将牛车套好，把钢锯放到牛车上了。孙子自然知道，爷爷这是要进山去砍做家具用的木材了。他们一直走了十多公里的路，来到了一座并不是很高的山脚下，这就是他们要去的目的地。

只见爷爷走下牛车，将牛车拴在了山脚下后，拉着孙子的手走向山顶。孙子满心好奇地向爷爷问道："爷爷，山脚下有那么多树，我们为何一定要爬到山顶上去呢？这不是白白受累吗？"

爷爷面带笑容，用手指着旁边几棵树说道："你过去抱一下，看看这些树到底有多么粗。"当时，孙子仅仅只有七八岁，根本不知道爷爷究竟想要做些什么。但他还是很听话地将自己的双手伸了出去，一连试着抱了好几棵树。慢慢地，孙子发现，在这些树中，即便是最为粗壮的那棵树，他也能轻轻松松地抱住，这就说明这些树都还很细，很小。等他们登上山顶之后，爷爷又指着旁边几棵树让孙子再去抱抱看。孙子经过尝试后发现，山顶的每一棵树都非常粗壮，即便他使劲地伸开双手，也无法抱住。

"山顶的树不但又粗又壮，而且十分密实，用这种木材打出来的家具，既结实又耐用。"爷爷一边解释，一边用钢锯锯树。

"同样都是树，为何山脚下的树与山顶上的树会有如此之大的区别呢？"孙子觉得更加迷糊了。

这个时候，爷爷将手中的活计停下，轻轻地擦了一下额头上的汗，然后用手指着山北方向，问孙子："你看，山的北边是什么？"

孙子顺着爷爷所指的方向看去，除了辽阔的天空之外，什么也没看到。于是，他摇了摇头说道："我什么都没看见啊！"

这个时候，爷爷挥着手臂指着北方说道："怎么能看不到呢？那是北方刮过来的很强烈的大风与来自西伯利亚的寒潮啊。"爷爷一只手放在腰上，一只手指着远方，犹如一个令人尊重的指挥家。

"树的成长与大风、寒潮有关系吗？"

"当然了。相较于一般的树，常年经受着风吹雨打的树拥有着更强大的生命力，根系会更加发达，所以，它们能从土壤当中吸收更多的养分，因而才会长得那么粗那么壮。"说到这里，爷爷转了个身用手指着山南的山脚，继续说道："你再看那些生在山脚下的树，因为寒潮与强风来袭时，全都被大山阻挡了，所以那些树不会受到什么恶劣的影响，不管是树枝，还是根系，都不能得到有效地锻炼，因而长得又瘦小又脆弱。倘若使用那样的树木制作家具，那么不仅比较容易折断，而且还很容易遭到虫蛀。"听完爷爷的解释之后，孙子这才突然明白过来。

于是，他站在山顶上高声地喊出了一句话："我长大以后也一定要做山顶上的大树。"爷爷听后摸了摸他的头，开心地笑了。

如果想要获得令人艳羡的成功，那么就一定要经历痛苦的蜕变，因为成功的到来并非轻而易举。这就好比那些生在山脚下的树，因为缺少磨砺，所以它们的生命中少了很多张力，同时也多了不少安逸。

人生因为遭遇过逆境，经历过挫折，才能得到更好的历练，才会变得绚丽多彩。在这个世界上，没有人会喜欢磨难，可是如果磨难真的降临，我们应当坦然地接受，勇敢地面对。磨难犹如一个可恶的魔鬼，只要相中你，就会跟在你的左右，如影随形，直至把你打败。面对磨难，如果你选择逃避抑或是退缩，那么你必然会被折磨得更加凄惨。

天将降大任于斯人也，必先苦其心志，劳其筋骨，饿其体肤，空乏其身，行拂乱其所为，所以动心忍性，曾益其所不能。

万不可掉入绝望之渊

绝望在左，希望在右，千万不可掉入绝望之渊。

在现代社会中，有不少人的生活是不和谐的，就好似是缺乏润滑油的机器一样，发出又粗又难听的碾轧声。这个时候，他们十分需要温暖、喜乐以及柔和作为润滑油来进行调剂。而一个充满生活智慧的人，善于将"喜乐的油"分给垂头丧气的人，有时一句十分简单的鼓励话语，就能给绝望者带来一条生路。

李·艾柯卡是克莱斯勒汽车公司的总经理，而在此之前，他是美国福特汽车公司的总经理。作为一个聪明人，他的座右铭是："奋力向前。即使时运不济，也永不绝望，哪怕天崩地裂。"他的自传，印数达到了150万册之多，十分畅销。

艾柯卡在成功的道路上不只有阳光清风，也曾有过狂风暴雨。他的一生，用他自己的话来说，叫作"苦乐参半。"1946年，艾柯卡21岁，成了福特汽车公司的一位见习工程师。可是，他对于长时间待在机器身边，进行技术工作没什么兴趣。他喜爱与他人打交道，喜爱市场营销。

艾柯卡凭借自己的努力，最终实现了从一个普普通通的推销员到令人美慕的总经理的蜕变。然而，1978年，因为大老板的嫉妒，他被开除了。艾柯卡在福特汽车公司工作了32年，做了8年的总经理，工作上一直非常顺利。但是，突然间，他却被辞退了，成了失业人员。昨天他还是人人美慕的对象，今天却成了众人躲避的人。在公司结交的所有朋友都将他抛弃了，这给他带来了相当大的打击。"一旦艰难的日子降临了，除了做一下深呼吸，咬着牙竭尽所能之外，实在也没有什么其他选择。"艾柯卡是这样说的，也是这样做的。他没有颓废，没有倒下。最后，在所有人惊讶的目光中，他去了一个即将倒闭的企业，即克莱斯勒汽车公司，担任总经理之职。

现在的艾柯卡是大家都知道的汽车事业上的强者。在刚刚进入克莱斯勒汽车公司的时候，他依靠着自己的聪明才智与过人的胆略，对企业进行了大刀阔斧的整顿与改革，并且求助于政府，在与国会议员进行激烈的辩论之后，获得了数额巨大的贷款，重振了克莱斯勒汽车公司的雄风。1983 年，艾柯卡还给了银行 8 亿 1348 万美元。到这个时候，克莱斯勒终于将所有的债务都还清了。

倘若艾柯卡是一个消极悲观的人，经受不住新的挑战，在巨大的挫折面前灰心丧气、一蹶不振，最终坠入绝境的深渊，那么他就与一般的失业者没有任何的不同了。正是由于不肯向挫折与命运低头的精神，使得艾柯卡成了人人尊敬的英雄。

关于不要自己掉进绝望的深渊，还有这样一个故事。

在寒冷的冬天，一个空旷、广袤的牧场，狂风夹杂着暴雪毫无阻拦地冲向牛群。在剧烈的暴风雪下，大部分的牛遭受着寒冷彻骨的大风，在风暴的推动下牛群缓缓地移动着，直至被地界上的篱笆拦住，它们就彼此靠在对方的身上，挤成了一团，无助而僵硬地忍受着大自然的暴怒。牛群逐渐地被巨大的风雪淹没，最后全都没有逃过死亡的命运。然而，有一种与众不同的牛——赫勒福德牛，其反应就完全不是这样。这些牛本能地逆着大风，直直地站立着，牛与牛肩并肩，低着头，努力地抵抗着暴风雪的侵袭。最后，它们都活了下来。

　　另外，还有这样一个故事：

　　在寒冷的冬季，草原上突然着了大火，大火借着强大的风势，越烧越猛，绝大多数的人都拼尽全力地奔跑，慌慌张张地逃命。然而，不管人们跑得多快，也不会快过风与火，他们逃得精疲力竭，最后还是死在了无情的大火中。然而，其中有几个人却没有像大部分人那样顺着火苗朝前奔跑，相反，他们毅然地选择了迎着火舌，向大火跑去，从凶猛的火舌中冲了过去，最终抵达了安全地带。尽管也有人受了些许轻伤，但是与那些丧命的人相比，已经非常幸运了。

　　实际上，命运对于每个人来说都是公平的。所不同的，只是人们对于自己所处的环境的理解不一样而已。要知道，环境不能对你的命运进行控制，唯有你本人应付生活的态度与行动，才可以决定你的成败。这就好像暴风雪与大火降临的时候，我们不应远远地逃离，而应当英勇地迎上去，直接面对险恶，可能还会有一条生路。·

　　奥斯特洛夫斯基曾经说过："人的生命似洪水在奔腾，不遇着岛屿和暗礁，难以激起美丽的浪花"。大多成功的人都有着一种承受生活变故的能力，即使情况再艰难，他们也不会让自己沉溺于绝望的情绪之中，相反，困境只会让他们的性格更加坚强不屈，意志更加坚定，更有韧性。

　　人生没有回程票，过去了就不可能再回来。如果你坠入痛苦的深渊不能自拔的话，只会与成功擦肩而过。告别苦痛的手，必须由你本人来挥动，跳出绝境的脚步，必须由你自己来迈开。如果你想要在成功之路上走得更远，那么你就必须要具有坚韧不拔的超强意志，毫不畏惧沿途遇到的困难，一路向前。

只要脊梁不弯，就没有扛不起的山

只有经历过地狱般的折磨，才有征服天堂的力量。正视自己生命里遇到的困难，在与困难的较量中获得力量和成长，困难越大，对你人生的帮助越大。或许只要坚持一下，再坚持一下，你就有机会向世界发出呐喊：我不是一个糟糕的人，我要征服世界。只要你永不屈服，只要你没有绝望，你就会变得心胸宽广，世界也就会渐渐露出希望的曙光。

1994 年，洪战辉的父亲突发间歇性精神病，导致妻子骨折，女儿意外死亡，家里欠下巨债。后来，父亲又捡来了一个和女儿年龄相仿的女婴。面对沉重的家庭负担，母亲离家出走了。年仅 13 岁的洪战辉，默默地挑起了伺候患病父亲、照顾年幼弟弟、抚养捡来妹妹的家庭重担。这副重担，对于成年人来说尚且不易，更何况是一个十几岁的孩子！但洪战辉没有退缩，一挑就是 12 年。为了养家糊口，他像大人一样，做小生意，打零工，收垃圾和种田。他把业余时间用来卖钢笔、书、磁带、鞋子和袜子，他在学校附近的一家餐馆做杂工，周末赶回家浇灌 8 亩麦地。在兼顾学业和谋生之时，他牺牲了几乎所有的休息时间。为了带好捡来的妹妹，洪战辉煞费苦心。每天晚上，他都让妹妹睡在内侧，以防父亲突然发病伤及妹妹。妹妹经常尿湿床单、被子，他就睡在尿湿的地方，用体温把湿处暖干。从高中到大学，他将妹妹一直带在身边，每天都保证妹妹有一瓶牛奶和一个鸡蛋，而他经常吃方便面。在怀化读大学期间，他安排妹妹上小学。为了治好父亲的病，受了很多苦。

2002年10月，他的父亲突然发病，因为没有钱，他不得不跪在精神病院门前恳求治疗，在他孝心的感染下，2005年底河南第二荣康医院主动将他父亲接去诊治。2006年，父亲的病情已明显好转，离家出走的母亲、打工的弟弟也陆续回家，一家人终于重新团聚。

从2006年开始，已成为公众人物的洪战辉，把他的爱传播到社会。为了帮助贫困学生，他在学校和政府的帮助下建立了教育助学责任基金。为推动青少年思想教育事业的发展，他应邀在全国各地作了150多场励志报告，并欣然出任"中国宋庆龄基金会青少年生命教育爱心大使"。他还多次到湖南、河南等贫困山区，与有困难的学生进行交流，捐赠学习用品。他说："我要力所能及地帮助需要帮助的人。"在不到两年时间里，已经出版了六本关于他的书，其中《中国男孩洪战辉》发行250多万册。

2008年11月18日，中南大学研究生洪战辉在四川省成都市闭幕的第六届"挑战杯"大学生创业计划大赛上获得银奖，带来了"德益教育服务有限责任公司"的项目。创办德益教育公司的想法来自于2007年底一位粉丝的感言。当时洪战辉被邀请到黑龙江省哈尔滨市做一次励志演讲，他的演讲给观众留下了深刻的印象。演讲结束后，一个女孩来找他说："我的家庭条件很好，没有经历过这些困苦，所以我一直没办法变得坚强，还和班里的同学搞不好关系。如果我经历了你这么多的曲折和苦难，可能我也一样变得很坚强。"

从那时起，他萌生了创办一家教育公司的想法，希望在周末、寒暑假期间给学生们提供励志教育。团队成立后，教育内容从最初的励志冬令营、夏令营、周末培训逐步拓展。大家调研发现，很多青少年教育问题的根本原因来自于家长，就增添了家长教育技能培训等内容。网络励志教育平台也建立起来，命名为大鹏网。洪战辉找了一些教育和演讲方面的专家来做指导，又邀请文花枝、杨怀保等一批"道德模范"举办励志讲座，撰写励志博客。洪战辉红心基金会作为德益教育公司的最大股东，确保将最大股东的红利投入到基金会的助学活动，还计划从公司的利润中拨出专项资金，支持社会公益事业。

只有经历过地狱般的折磨，才有征服天堂的力量。只有流过血的手指才能弹出世间的绝唱。洪战辉虽然在他小的时候，经历过各种艰难困苦，但他从没有向别人道过苦，也没有向别人乞求过，更没有怨言，始终表现出了豁达乐观的人生态度。对比之下，我们学习和生活中的一点挫折，又算得了什么呢？又有什么理由困在自怜和怨恨的深渊里，而忘记了美好的未来和广阔的人生境界呢？

锤炼生命的韧劲

你的生命力是脆弱的，还是坚韧的？这是一个至关重要的问题。因为有坚韧的生命力，你才可以坚持不懈地追求你的目标，忍受挫折，并且凭借着持续的投入，增加了你实现目标的可能性。生命动力必须是你自己的，然后必须磨炼得坚韧。如果你被迫或受诱惑去推动，那么这种推动就是压力，很难建立起生命韧劲。人生的意义在于选择，优秀的人知道，要相信你的内心，根据你的感觉去选择。就生命的长度而言，这些发自内心的选择有着深远的意义。如果你从来没有开始做自己的选择，你很难形成生命韧劲。

哈丽雅特·塔布曼出生在马里兰州的一个种植园里，是一个奴隶，历史学家认为，她出生在 1820 年，也可能是 1821 年，但大部分奴隶主没有记录她的出生，她的本名是阿拉明塔·罗斯，当她 13 岁的时候，她取了她母亲哈丽雅特的名字。奴隶的生活很艰难，哈丽雅特最初和她的家人住在一间只有一个房间的棚屋里，家里有 11 个孩子，当她只有六岁的时候，她被借给另一个家庭，在那里她帮助照顾一个婴儿，有时她会挨打，她只能吃些剩菜剩饭。1844 年，为母所迫，与约翰·塔布曼结婚，因丈夫另有新欢而被迫离婚。

1849 年，塔布曼的奴隶主死亡，为了还债，他的妻子决定卖掉奴隶，塔布曼在那年秋天逃往北方。在逃亡中，她得到了废奴主义者和贵格会教徒的帮助。逃跑后不久，她加入了帮助奴隶逃跑的"地下铁路"中，成为最活跃的向导。在地下铁路中，她化名"摩西"，她冒着南方悬赏逮捕的危险，多次潜回马里兰州带领逃亡奴隶，先后返回138次，亲自营救了3000多名奴隶，也成功将她的4个兄弟带到北方。

哈丽雅特的勇气和服务不仅在地下铁路，她主动提出帮助照顾在内战期间受伤的士兵，为北方充当间谍，甚至参与了一场军事行动，解救了750多名奴隶，内战结束后，哈丽雅特和家人住在纽约，她帮助穷人和病人，她还说到了黑人和妇女的平等权利。

你若光明，这世界就不会黑暗。你若心怀希望，这世界就不会彻底绝望。你如不屈服，这世界又能把你怎样。哈丽雅特·塔布曼一生都在为解放黑奴而奋斗，她被称为美国内战前最伟大的三位平民之一。她不识字，但她会思考；她铁骨铮铮，也不乏幽默；她勇敢无畏，信念坚定；她是世界上最勇敢、最善良的人，也是美国人心中的女英雄。在哈丽雅特·塔布曼去世100年后，美国财政部长雅各布·卢宣布，计划在新版20美元纸币上使用哈丽雅特·塔布曼的肖像，这是100多年来美国货币上首次出现女性头像。

第二章

世界如此险恶，你必须勇敢

要想在竞争激烈的环境中快速发展，就务必要掌握自身的调节适应能力，摆脱经验之谈的束缚，勇敢接受和适应陌生文化的冲击，提升自身对未来变化的适应能力。别忘了，世界是险恶的，要想活出样子，你就必须勇敢。

所有问题都会解决的

　　人生不可能一帆风顺，也不可能每天都艳阳高照，总是会遇到些许挫折与烦恼。一旦遇到麻烦与困难，你一定要以坚定的信心，坚强的意志勇敢面对，并通过坚持不懈的努力，解决困难战胜挫折。只有这样你才会走出困境，走向成功。

　　提起梅西，那可是一个家喻户晓的人物。20 岁的梅西拥有着 169 厘米的身高，68 千克的体重，被誉为"马拉多纳的化身"。对于梅西，马拉多纳是这样评价的："梅西是一个天才球员，有着不可限量的前途。"

　　12 岁的时候，梅西来到了巴塞罗那，在青年队里磨炼了 5 年，然后进入了一线球队。2004 年，在南美青年锦标赛中，他因为打进 7 球，获得了"最佳射手"的荣誉。如今，他早已成为巴塞罗那队最为活跃的棋子。有些时候，与世界小罗相比，梅西的光芒甚至更胜一筹。没有任何疑问，梅西是巴塞罗那和阿根廷的荣耀。

　　不过，你肯定不清楚，梅西也有一段极其痛苦的经历。作为天才球员，他差点儿由于身体因素而被埋没了。这是怎么回事呢？

　　1987 年 6 月 24 日，梅西降生在阿根廷圣塔菲尔省罗萨里奥中央市一个贫穷的家庭中。他从小身体就十分孱弱，因为梅西上面还有两个哥哥，所以妈妈没有足够的精力对梅西进行照顾。于是，妈妈就将小梅西寄养在辛迪亚家。就这样，梅西与辛迪亚从幼儿园到小学始终生活在一起，辛迪亚见证了梅西童年所有的快乐与忧伤，被梅西认为是世界上唯一能倾诉的对象。

辛迪亚是梅西最为忠实的球迷，珍藏着梅西穿过的各种各样的球衣。那些球衣是梅西为各个俱乐部效力时所穿的，是梅西送给她的珍贵的礼物。

辛迪亚经常坐在很高的看台上，看着梅西的比赛，她是最早、最坚定地相信梅西具有相当高的足球天赋的人。那段时光是那么的幸福，那么的美好。然而，天有不测风云，梅西在11岁的时候被查出患有荷尔蒙生长素分泌不足的病，这将对其骨骼的健康生长与发育产生很大的影响，换句话说，他将长到1.4米的高度后停止生长。纽维尔斯老男孩俱乐部拒绝再为还没有成名的梅西掏钱治疗。在这种情况下，梅西不得不与父亲离开家乡，前往西班牙寻求帮助。那是极其绝望的辞行，小梅西与辛迪亚抱在一起大声痛哭，辛迪亚安慰他说："不哭不哭，小不点儿，你必须坚强点儿，所有问题都会解决的。"

小梅西的情况果真有了好转。通过治疗，梅西的个头长到了1.7米左右，并且在巴塞罗那过得很好，天赋极好地展现了出来。里杰卡尔德对他表示肯定，其他教练也给予了他不少赞誉，甚至马拉多纳也亲自打电话鼓励他，这些无一不在昭示着：与以前相比，梅西已经完全不同了。小罗说："我的背上，只有梅西才能够骑，因为我们是好兄弟。"

如今，梅西因足球已经成了媒体、教练、球迷等人的宠儿。然而，在梅西的内心深处，他永远都不会忘记辛迪亚曾经说的话"小不点儿，你必须坚强点儿，所有问题都会解决的"。

戴尔·泰勒是西雅图一所很有名的教堂里德高望重的牧师。有一天，他十分郑重地向唱诗班的孩子们宣布：他将邀请能背出

《圣经》中第五章到第七章全部内容的人，到西雅图的"太空针"高塔餐厅享受免费的自助餐。

尽管许多学生做梦都想到那儿去吃自助餐，但是由于《圣经》中第五章到第七章的内容有好几万字，而且不押韵，要背诵下来真是太难了，所以几乎所有的人都选择了放弃。

一周以后，当一个 11 岁的男孩将牧师要求的内容一字不差地背诵出来，而且从头到尾没有一点差错时，泰勒牧师惊呆了。更令人叫绝的是，到了最后，背诵简直成了充满深情的朗诵。泰勒牧师深知：即使在成年的信徒中，能将这些内容背诵出来的人也是凤毛麟角，对孩子而言，那种难度就更是可想而知了。

"孩子，你为什么能背下这么难的内容啊？"泰勒牧师对男孩拥有如此惊人的记忆力赞叹不已。

"因为我想去'太空针'餐厅。"男孩稚嫩的声音中透着坚定。

这个男孩便是比尔·盖茨。16 年之后，他创办了令全球人耳熟能详的微软公司。

别人不能做到的事，你就一定不能做到吗？很显然，答案是否定的，只要你对自己充满信心，并且竭尽全力去努力，那么，一切皆有可能。因此，在遇到困难或者挫折时，不要恐惧，也不要过于担心，只要你不轻易放弃，勇敢地努力奋斗，总会有办法解决的。

尽全力追逐你的目标

凡是成功之人都有一个非常明显的特征：他们心中从始至终都有一个十分清晰的方向，非常明确的目标，而且有着十足的自信心，通过坚持不懈地努力，勇敢地向前冲。无论别人对他们的评价是怎样的，只要自己的方向没有错误，那么即便只有 0.1% 的可能性，他们也会极其执着地冲向自己的目标。

这也是为什么很多人起点明明相差不大，但是最后所达到的终点却有着天壤之别的原因所在。与成功失之交臂的人并非是他们本身的能力不够，而是他们缺乏明确而清晰的目标，他们的内心不知道自己到底想要做一个什么样的人，而且也不能拼尽全力地去追求理想，因此，他们最终只能抱着无限的遗憾羡慕别人的成功。当然了，可能刚开始的时候，这些人也是拥有明确的目标的，但是，没有过多长时间，他们就将自己的目标忘记了，或者在实现目标的过程当中，被所遇到的困难与挫折给吓倒了，所以他们的人生最终仍归于平淡。

当弗兰克还是一个年龄仅仅只有 13 岁的少年的时候，他就对自己提出了"一定要有所作为"的要求。那个时候，他所设定的人生目标是成为纽约大都会街区铁路公司的总裁，这在外人眼中似乎有点儿不可思议。

为了实现自己的人生目标，弗兰克从 13 岁的时候就开始和一些朋友一同给城市运送冰块。尽管他没有接受过多少正规的教育，但是他就是凭借自己的拼命努力，不断地利用一些闲暇时间进行学习，并且想尽一切办法使劲地往铁路行业靠拢。

在他 18 岁的那一年，通过他人介绍，他终于踏入了铁路业，以一名夜行火车上的装卸工的身份为长岛铁路公司服务。在他看来，这是一个相当难得的机会。虽然他每天的工作非常苦也非常累，但是他依旧可以保持一份乐观的心态，积极地处理自己的所有工作。也因为这个原因，他得到了领导的认可与赏识，两年后被安排到了铁路上工作，具体负责对铁轨与路基的检查。虽然这份工作每天只能够赚取 1 美元，但是他却认为自己距离目标——铁路公司总裁的职位又近了一步。

之后，弗拉克又通过调任成了一名铁路扳道工。在工作期间，他仍然非常勤奋努力，经常加班加点，而且还利用空闲时间帮助自己的主管们做一些类似于书记的工作。

后来，弗兰克在回忆那段往事的时候，说道："有无数次，我必须工作到半夜 11 ~ 12 点钟，才能够将那些关于火车的赢利与支出、发动机耗量与运转情况以及货物与旅客的数量等数据统计出来。在将那些工作做完了之后，我获得的最大收获就是快速地将铁路每个部门具体运作细节的第一手资料掌握在自己的手中。而在现实工作中，那些铁路经理很少可以真正地做到这一点。通过这样的方法，我已经全面地掌握了这个行业每个部门的情况了。"

然而，他的扳道工工作只不过是一项与铁路大建设有着一定联系的暂时性工作，当工作结束的时候，他也马上被辞退了。

于是，他主动找上了自己公司的一位主管，非常诚恳地对他说："我非常希望自己能够继续留在长岛铁路公司工作，只要您能够让我留下，不管什么样的工作，我都愿意做。"那位主管被他深深地感动了，所以，就将他调到了另外一个部门去做清洁工作，负责将那些布满灰尘的车厢清扫干净。

没多久，他通过踏实肯干的精神又得到了升迁，这次他成了一名刹车头，负责通向海姆基迪德的早期邮政列车上的刹车工作。不管做什么样的工作，他一直没有将自己的目标与使命忘记，不断地为自己补充各种铁路知识。这样，弗兰克几乎干遍了所有与铁路相关的工作。

后来，当弗兰克真正地成了公司总裁之后，他仍然非常努力地工作着，经常达到一种废寝忘食的程度。在来来往往、川流不息的纽约街道上，弗兰克每天的工作就是负责对100万乘客的运送工作进行指导，到目前为止也不曾发生过重大的交通事故。

有一次，弗兰克在与自己的好朋友聊天的时候，说道："在我的眼中，一个有着非常强烈的上进心的人，没有什么事情是不可以改变的，也没有什么梦想是不能够实现的。一个有着极其强烈的上进心的人不管从事哪一种类型的工作，接受什么样的任务，他都能够以一种积极乐观、热情饱满的态度去对待它，这种类型的人不管在什么地方都会受到人们的肯定与欢迎。他在凭借自己的不懈努力向前行进的时候，还会得到来自各个方面的十分真诚的帮助。"

一个只要下定决心就不会再有任何动摇的人，能在不知不觉的情况下给人一种相当可靠的保障，他在做事情的时候肯定会是敢于负责的，敢于努力的，敢于拼搏的，肯定会有希望获得成功的。

所以，如果你想要成为一个令人瞩目的成功者，那么你就应当先确立一个终极目标。当你将这个目标确立下来之后，就不要再有任何的犹豫了，严格地按照已经制定好的计划，一步一步地努力去做，不达目的誓不罢休。这样一来，你才有可能会笑容满面地与成功相伴。

面对困难，拿出你的勇敢与乐观

任何人都不能否认，从本质上来说，人都喜欢闲逸懒散，对舒适平稳无比眷恋。然而，如果想要自己的人生取得突破，获得成功，那么你一定要将更大的压力加之于身，逼着自己竭尽全力地去奋斗，即便在这过程中困难重重，也不要灰心丧气，仍然以乐观的心态与足够的勇气去奋斗，这才是最棒的。

美国有一个名字叫作里根的总统，他不仅是美国历史上一位"影星"总统，而且也是美国历史上宣誓就职的时候年龄最大的总统，同时也是美国历史上寿命最长的总统。另外，里根还是美国历史上首位离过婚的总统，但也是一位相当幸福的总统。民主党曾经讥笑他是"亲切的傻瓜"。里根不仅十分幽默，而且也非常擅长沟通，而这些性格特点正是美国人最为欣赏的。里根并非十全十美之人，他的身上也存在缺点，但因为他有着极好的人缘，所以他的不少瑕疵都被人们忽视或原谅了。

里根首次被选为总统的时候，美国正处在十分艰难的时期，整个国家还处在越南战争的阴影之下，不仅经济发展十分缓慢，而且社会也很动荡，人们对于政府的信心大幅度降低。

里根就任总统之后，在国内使政府对于经济的干预予以减少，使政府的规模大大缩小，使税收也降低了不少，从而有效地推动了社会经济的发展。

里根是积极乐观的。1981年3月30日，在华盛顿的大街上，刚刚上任两个多月的里根遭遇了枪击，一颗子弹贴着他的心脏穿了过去。整个国家都震惊了，但是没多久这种震惊就变成了一种感叹！人们发现，他们的总统在进入手术室的时候，还面带笑容地对医生说："请让我放心——你们均为共和党人！"并且对自己的妻子南希说道："亲爱的，我忘记躲了！"当他手术过后从麻醉中醒过来的时候，最先做的居然是给医生们讲笑话，并且对他们进行安慰，与此同时还传纸条给在外面守候的白宫官员。

丘吉尔曾经说过："人生最快乐的时候就是身中枪弹而大难不死。"外界称他是"挨了枪子还能够面带笑容"的总统，"在重压下仍然保持沉着稳重"。更让人们无限感慨的是，后来，里根对于刺杀他的人表示了原谅。

里根被选为总统的时候已经70岁了，在美国人眼中，这个年龄真的有些老了，美国人都对年轻的总统情有独钟。在对整个美国直播的电视竞选演说中，对手对他攻击道："太老了"，然而，里根却十分幽默地回应道："我真的不乐意在这个地方大谈年龄，免得我的对手感到尴尬。"他的言外之意就是对手"太嫩了"，全场听众因为他的这句话而哈哈大笑。

里根拥有"伟大的沟通者"的美誉。作为美国历史上年龄最大的总统，里根对于日常政务的细节不太关注，是人们公认的"甩手掌柜"。里根的管理方式最大的特色就是沟通，在他被称为"总统先生"以前，被人们称作"伟大的沟通者"已经很久了。他的话总是能打动美国人的心灵。他通过讲故事的方式，来重拾美国人的自信心和核心价值观，塑造辉煌。

1989年1月11日，里根在他的告别演说中给自己这样的评价："我不是一个伟大的沟通者，但我所讲的内容都是宏伟大业。"他的演讲往往首先展现给大家的是一幅美国的理想前景，是国家的复兴，他所坚持的政策就是实现这个目标的战略。

其实，里根对自己的要求也并不是特别高，这在他的管理风格上有显著的体现：极其擅长授权，很不喜爱控制，只做自己喜爱之事。

　　只要你敢于正视困难与挫折，敢于逼自己努力，敢于"背水一战"，那么生活总会给你回报的，或者荣誉，或者财富。一个人唯有敢于"逼"自己成功，才会具备改变一切的力量。唯有乐观地看待事物，才能保持一路向前的勇气。

勇敢地面对一切不幸

"人生真正的圆满，并不是平静乏味的幸福，而是勇敢地面对所有的不幸。"的确，人们会由于"勇敢地面对一切不幸"而变得十分顽强与深邃，并且从中获得巨大的益处。与此同时，"不幸"也可以将潜藏在我们身体中的巨大能量激发出来。

1945 年 8 月，在第二次世界大战对日本作战胜利纪念日后的第三天，玛丽·艾丽丝·布朗夫人回到自己的家中，一个人站在空寂的房间中出神发呆。

几年前，她的丈夫因为车祸去世了。没过多长时间，她最爱的母亲也去世了。布朗夫人对当时的情况是这样描述的：

"钟声和哨笛宣告了和平的到来，但是我唯一的儿子唐纳却再也回不来了。在此之前，我的丈夫与母亲也先后身亡，整个家中就只剩下我一个人了。从孩子的葬礼上回来，进入空寂的家中后，一种难以言喻的孤独感席卷而来。我这一辈子都忘不了那种感觉——任何一个地方都没有我家空寂。我差一点儿在悲伤与恐惧中窒息而死。如今，我不仅要学会独自一个人生活，而且我还要对生活的方式加以改变。我内心深处最大的恐惧，就是担心自己会由于伤心过度而发疯。"

连续很长一段时间，布朗夫人都陷入了极度的悲伤、恐惧以及孤独中不能自拔，痛苦与惶惑让她感觉无比茫然而又不知所措，她怎么都不愿意接受现实。

布朗夫人接着说道：

"我认为，时间会将我的创伤抚平。可是，时间过得实在是太慢了，我暗暗地想：我一定要找点事情来做，以便打发时间，于是我选择了出去工作。

"就这样，随着时间的推移，我发现我又重新对生活、同事以及朋友们产生了浓厚的兴趣。我慢慢地明白，不幸的事情已经悄然地离我而去了，未来的所有事情都在慢慢地变好。而我曾经是如此的愚笨，抱怨上天没有公平地对待我，不愿意接受现实。然而，时间将我改变了。

"尽管这一天来得比较缓慢，并不是几天，也并非几个星期，它是慢慢地来到的；可是最为重要的是，我最终学会了怎样去面对无比残酷的现实。

"如今，每次当我回忆起那些往事的时候，我都会感觉自己就好像一艘航船，在经历了大风大雨之后，终于在平静的大海上开始慢慢航行。"

就像布朗夫人的悲惨经历，有些哀痛确实会让人们难以承受，但是最终却必须接受。有的时候，我们的生活被分割得七零八散，也只有时间才可以将其缝合起来，但前提就是我们一定要给自己充足的时间。当悲剧刚发生的时候，世界似乎也跟着停滞不前了，我们陷入了无比悲痛的境地。可是，我们必须要克服这种悲痛，继续向前走。这个时候，唯有回忆一些以前开心的事情，我们才会感觉好一点儿，才能将我们内心的悲痛取代。所以，当我们遭遇不幸的时候，不要一直悲伤与怨恨，我们应当勇敢地接受那没有办法逃避的现实，相信时间会帮助我们从不幸中走出来的。

有的时候，不幸也并不完全就是坏事，它也可能会成为一种推动人前进的动力，促使我们立即采取行动，锻炼并提高我们的素质与本领。这样一来，我们就会变得更加聪敏，最终从困境中摆脱出来。

《哈姆雷特》中有一句名言是这样说的："行动起来！对抗一切困难，将它们排除出去！"的确，勇敢地面对所有困难，将悲伤转化为力量，是摆脱不幸的最佳方案。

也许有人会有这样的疑问："为何这种不幸的事会发生在我的身上呢？"那么，他得到的只能是："为什么就不可以呢？"

上天是很公平的，它不会对任何人有所偏爱，只要是人，就会经历各种苦痛与快乐。生活告诉我们，在痛苦的国度中，任何人都是平等的。当悲伤、烦恼以及不幸降临的时候，国王也好，农民也罢，抑或是乞丐，都会经历相同的折磨。一些年轻而不成熟的人以及那些虽然已经不再年轻但却依旧不成熟的人，通常只会不停地抱怨，他们永远不会懂得，悲剧的产生犹如人的出生与死亡一样，都是生活中非常重要的组成部分。

因此，倘若你想要让自己迈向更加成熟的人生，那么请认真地记住一项法则：勇敢地面对一切不幸！

第三章

天道酬勤，你的努力总会体现在日后的时光里

　　人要懂得珍惜时光,不能丢了白天的太阳,又丢了夜晚的星星。天道酬勤的意思是,越努力,越幸运。你若不相信努力和时光,时光会第一个辜负你。

少了勤奋，天才也会一无所获

如果没有勤奋努力的学习，就算天才也终将一无所获。

经常会有人会抱怨："我没有什么天赋，没有别人聪明，无论再怎样勤奋努力，最终都无法取得别人那样的成绩，这让我感到灰心丧气，好像老天爷不公平一样！"

但你是否想过，到底是老天爷不公平，还是我们不够勤奋努力呢？

正如伟大的艺术家雷诺所说的那样："假如你没有别人聪明，也没有什么特殊的能力，那么勤奋将会弥补你的不足；假如你拥有明确的目标，做事的方法也很恰当，那么勤奋将助你获得成功！"

一个天才，如果不勤奋努力地学习，他终将沦为一个庸才，碌碌无为地度过一生；同样的，一个平凡的人，如果不勤奋努力地学习，那么他也终将一无所获。

作为美国历史上第一位华裔内阁成员，哈佛大学的毕业生赵小兰在回忆自己的求学经历时，感触十分深刻。

从学习上来说，赵小兰算得上是一个天才，不过她并没有因为自己的天分，而停止过勤奋与努力。

赵小兰刚到美国的时候，只认识不到50个简单的英文单词，却被父母安排插班，成为三年级的一名学生。那时候，她只能把老师教授的内容用笔记本抄下来，晚上再由父亲译成中文，方便她理解与学习。

与此同时，父母还从最简单的英文字母开始，利用每天的娱乐时间用来教她学习英文。就这样过了几年，赵小兰的英文终于追了上来。

举世闻名的哈佛商学院有一个十分难念的课程，那就是研究所的 MBA 硕士管理。只有那些名校的优秀毕业生，才有可能进入 MBA 的大门。而且在进入 MBA 之后，竞争依然很激烈，如果你没有付出百分之百的努力，很容易就被淘汰出局了。

大学毕业之后，赵小兰被芝加哥大学、沃顿商学院和斯坦福大学等名校录取，不过她还是希望能够进入梦寐以求的哈佛大学，尽管每年哈佛录取女生的比例仅有 5%。

1977 年 4 月 15 日，赵小兰成为千万竞争者中的幸运儿，被哈佛商学院企管硕士班录取了。

在哈佛读研究生的两年里，赵小兰深深体会到了教室如战场的学习氛围。每天，老师不讲课，甚至不会带上教科书，只给学生留下三项课题。

学生每天的功课就是去理解和解决这些课题。在这样的教学方式之下，假如学生没有充分的准备，是不敢随便进入教室的，因为教授随时可能点你的名字，而你必须应答如流。

赵小兰的记忆十分深刻，在哈佛求学期间，每天早上 8 点开始，一直要上课到下午 2 点半，课后还没有休息的时间，因为要完成三项课题，就必须去图书馆翻找资料，每项课题至少要花费 3 个小时以上，所以每天都要忙碌到凌晨一两点才能休息。

虽然在哈佛求学的那几年很累，却是赵小兰受益最多的几年。哈佛的教授们都十分优秀，许多人拥有教授的头衔，实际上也是一些大型公司的顾问，理论与实际经验都很丰富。赵小兰在他们的熏陶下，通过自身的努力，渐渐成长为一位干练的女性，也逐渐培养了自己的领导才能。

在哈佛的毕业典礼上，赵小兰被评选为学生代表，带领着毕业生队伍与哈佛告别。她也因此成为第一位获此殊荣的东方女学生。

赵小兰是不是天才我们难以下定论，不过在哈佛求学期间，她付出更多的还是勤奋与努力。也正是因为有了这样的品质，才使她从一个连字母都认不全的小女孩，成为哈佛硕士毕业生，并且最终成为美国历史上的首位华裔内阁成员和劳工部长。

勤奋的道理人人都懂得，可是真正能够用实际的行动去证明和诠释的人，却少之又少。勤奋努力的学习之所以能够创造出天才，因为其中包含着坚持与顽强，也包含着勇气与智慧。如果能够将这些品质结合起来，并且付诸实际的行动，那么你的手中已经握着开启成功之门的金钥匙了。

"你想比别人更成功吗？如果想，就勤奋努力地学习吧！"这一则哈佛格言曾经激励赵小兰努力前行，最终品尝到了成功的果实。现在，我们也了解到了勤奋的重要性，希望它能够激励你不断进步，不断地超越自我。

无论你聪颖与否，只要真正地勤奋努力过，就拥有平等的机会和权利。因为勤奋可以让你的大脑变得富足，辛劳可以孕育成功与喜悦。至少你应该明白，成功永远不会敲响懒汉之门！

当然，所谓勤奋努力的学习，并不是"死读书"，而是在勤奋努力的基础上，掌握一定的学习方法。

当你努力学习的时候，不要单纯地去抓紧时间，埋头苦学，而应该多一些总结，同时注重吸收他人的有效经验。只有找到最适合自己的学习方法，才能够让勤奋努力发挥出最大的功效，否则很难从根本上提高自己的学习效率。

懒惰犹如灰尘，能让一切铁生锈

比尔·盖茨曾经在一次演讲中说过这样的一段话："懒惰可以吞噬一个人的心灵，它就像灰尘一样，再硬的铁碰上也会生锈；懒惰是万恶的源头，它可以很轻易地毁掉一个人，甚至一个民族。"

在许多成功看来，懒惰和怪物并没有区别，而人的一生总会与这个怪物不期而遇，并且一决雌雄。懒惰是人类最大的敌人，许多原来可以完成的事情，因为懒惰和拖延而变成了无法跨越的沟壑。

懒惰不仅是生活的大敌，也是学习的大敌。一个人一旦养成了懒惰的品性，那么他想要获得成功，就会变得比登天还难。因为懒惰的人总会在风险面前退缩，总是贪图享乐。

如果我们从心理学的角度去分析，懒惰其实是一种心理上的厌倦情绪，它有无数种表现形式，轻微的表现为拖延、犹豫不决，而极端的表现为懒散、逃避。

引起懒惰的心理因素有很多，比如羞怯、嫉妒、气愤、嫌恶等，都可能让人无法按自己的意愿进行活动。对于年轻人来说，懒惰的突出表现有以下几个方面：

1. 不喜欢参加集体活动，心情总是抑郁不乐。

2. 对周围的人事漠不关心，整天处于幻想之中。

3. 不喜欢和亲人朋友交流，尽管大家都希望那样。

4. 睡眠质量差，因为焦虑而无法入眠。

我们在面对懒惰行为的时候，可能会表现出不同的态度。

有的人根本没有意识到那是懒惰，整天都过得浑浑噩噩；有的人总是将希望寄托于明日，能拖延就尽量拖延；也有的人想要克服这种行为，可是却又无从下手，因而得过且过，仍然在懒惰中度日……

　　传说有一种小鸟，叫寒号鸟。这种鸟与众鸟不同，它长着四只脚，两只光秃秃的肉翅膀，不会像一般的鸟那样飞行。

　　夏天的时候，寒号鸟全身长满了绚丽的羽毛，样子十分美丽。寒号鸟骄傲得不得了，觉得自己是天底下最漂亮的鸟了，连凤凰也不能同自己相比。于是它整天摇晃着羽毛，到处走来走去，还洋洋得意地唱着："凤凰不如我！凤凰不如我！"

　　夏天过去了，秋天到来，鸟们都各自忙开了，它们有的开始结伴飞到南边，准备在那里度过温暖的冬天；有的留下来，整天辛勤忙碌，积聚食物，修理窝巢，做好过冬的准备工作。只有寒号鸟，既没有飞到南方去的本领，又不愿辛勤劳动，仍然是整日东游西荡的，还在一个劲儿地到处炫耀自己身上漂亮的羽毛。

　　冬天终于来了，天气寒冷极了，鸟儿们都回到自己温暖的巢里。这时的寒号鸟，身上漂亮的羽毛都脱落光了。夜间，它躲在石缝里，冻得浑身直哆嗦，它不停地叫着："好冷啊，好冷啊，等到天亮了就造个窝啊！"等到天亮后，太阳出来了，温暖的阳光一照，寒号鸟又忘记了夜晚的寒冷，于是它又不停地唱着："得过且过！得过且过！太阳下面暖和！太阳下面暖和！"

　　寒号鸟就这样一天天地混着，过一天是一天，一直没能给自己造个窝。最后，它没能混过寒冷的冬天，终于冻死在岩石缝里了。

　　青少年朋友应该时刻提醒自己，不要做一个懒惰的人，因为"成事在勤，谋事忌惰"。懒惰的人总是缺少行动，他们是思想上的巨人，是行动上的矮子！

富兰克林曾经说过："懒惰像生锈一样，比操劳更能消耗身体。经常用的钥匙，总是亮闪闪的。"

一个人想要取得令人瞩目的辉煌成就，就必须拥有勤劳和奋发向上的精神，因为任何一种辉煌的成就都与懒惰拖延、好逸恶劳的品行无缘。

勤奋与智慧如影随形，懒惰与愚蠢相生相伴

教授迈克尔·桑德尔来中国演讲的时候说过一段话："一块土地再肥沃，如果不去耕种，也长不出甜美的果实；一个人再聪明，如果不懂得勤奋，也目不识丁。"它很像我们日常生活中的一句俗语——勤奋和智慧是双胞胎，懒惰和愚蠢是亲兄弟！

一个人的渊博智慧并不是一时间的热情，或者通过耍小聪明得到的，而是需要不断地勤奋学习，一点一滴地积累而来。

我们都渴望拥有过人的智慧，希望自己能够取得非凡的成功。不过，智慧并不是随意就可以获得的，没有经过勤奋的努力，智慧注定与你无缘。同样的，如果你染上了懒惰的恶习，那么就将和愚蠢成为亲兄弟了。

正在讲课的教授发现几个学生并不十分认真。

于是，有些生气的教授将几个学生叫了起来，问他们将来想要做什么。

几位学生都感到十分无措，也不知道说什么好。于是教授给他们说了一个哲学家的故事：

有一天，哲学家和自己的学生来到一块杂草丛生的土地旁边，哲学家问自己的学生："用什么方法可以将土地里的杂草除掉呢？"

学生们纷纷给出了自己的意见，有的说用火来烧，有的说用镰刀去割，还有的说喷点农药就解决了……

哲学家并没有对学生的回答做出评价，而是将土地分成三块，让他们按照自己的方法去做。

那个用火烧的同学，一把火就将土地里的杂草烧干净了，不过才过了几天，杂草又生根发芽，长得繁茂起来。

那个用镰刀割的同学，花了一周的时间，累得腿脚发软，可是原本清除干净的杂草很快又冒了出来。

那个用农药喷的同学，只是将杂草裸露在地上的部分除掉了，仍然无法将杂草清除干净。

几个学生只能失望地离开了。

几个月之后，哲学家再将学生们带到那块土地旁边。学生们都感到十分惊讶，几个月前还杂草丛生的土地，居然变成了一片绿油油的麦子。

哲学家微笑着对学生们说："想要彻底地除掉杂草，最好的办法就是在土地里种上有用的庄稼。"

教授的故事讲完了，他走到那几个学生身边，问道："你们希望自己的土地里长出荒芜的杂草，还是绿油油的麦子呢？"

学生们异口同声答道："当然是绿油油的庄稼了。"

"很好，"教授不再那样严肃了，而是满脸笑容地说道，"那么你们现在就得努力了！因为懒惰就像土地里的杂草，而勤奋才是绿油油的麦子。"

当你为自己想要的东西而忙碌的时候，就没有时间去为不想要的东西而担忧了。假如你是一个懒惰的人，那么上面的故事一定可以给你启迪，让你明白：唯有勤奋才能战胜懒惰。

那么，什么才是勤奋呢？所谓勤奋，就是要不断地努力，不断地学习。当你真正拥有了勤奋的品质，也就拥有了打开智慧之门的钥匙。

伟大的文学家鲁迅先生曾经被认为是难得的天才，可是他自己却不那样认为。

在他看来，世界上根本就不存在天才，而他之所以可以取得那样的成就，只是因为他将别人喝咖啡的时间用在了工作上。

在一篇文章中，他这样写道："其实即使是天才，在生下来时的 第一声啼哭，也和平常的儿童一样，绝不会就是一首好诗。"

诚然，上天是公平的，每个人出生的时候都一样，别人能够获得成功，是因为别人付出了更多的努力。

天道酬勤，任何一个人的智慧都不是天生的，而是通过勤奋学习而来的。因为在通往成功的道路上，除了勤奋，便没有其他的捷径了。

不要尽力而为，要竭尽全力

只有"竭尽全力"，让自己的潜能得到充分的利用，你才能取得更突出的成绩！

对于年轻人来说，勤奋学习是获取知识的唯一途径。可是，怎样才算真正的勤奋呢？每个人有不同的理解。

有一则寓言故事，说的是一位猎人带着他的狗去森林里打猎。

日落时分，猎人发现了一只野兔，并向它开了一枪。野兔的后腿受伤了，猎人赶紧命令狗去追。然而过了好长时间，狗并没有完成自己的任务，野兔跑掉了。猎人生气地问道："野兔哪里去了？"

狗趴在地上"呜呜"地叫着，猎人明白它的话，意思是说："我已经尽力而为了，可是最终没有追上野兔。"

那只野兔死里逃生，回到自己的洞穴后，家人急切地问道："你受了伤，后面的狗又使劲地追赶，你是如何逃脱的呢？"

野兔回答说："狗的确是够卖力气了，可是我却是竭尽全力地逃命！"

这则小故事的寓意很简单，就是不管我们学什么、做什么，只要我们竭尽全力，让自己的潜能得到开发，那么就没有什么学不会、做不好的。

要知道，我们的大脑原本就是一座潜能的宝库。从科学理论上来说，人脑的信息储存量高达5亿本图书，可是，就目前而言，人类的大脑只开发了5%。换句话说，任何一个人只要能让自己的大脑潜能合理的开发，那么他的能力一定不会逊色于爱因斯坦。

还有人生动形象地做出比喻："一个人的大脑在正常运转时所消耗的能量，可以让一个40瓦的灯泡持续散发出耀眼的光芒！"

因此，当一个人付出了努力却未达到预期的效果时，要么是方法不对，要么就是没有竭尽全力。

2004年，年轻的卡特从哈佛商学院毕业。没过多久，幸运的他便被一家大公司录用了。

上班的第一天，老板让卡特说几件自己觉得十分出色的事情。

于是，卡特洋洋得意地说起了自己在哈佛的学习成绩："在同年级好几百名学生中，我的成绩排在第14位！"

卡特本以为老板听了会大大地夸奖他一番，可是老板却反问道："为什么不是第1名呢？你竭尽全力去学习了吗？"

这句话让卡特无言以对，在之后很长的一段时间里，他开始反思自己，并且将老板的话牢记于心。

就这样，卡特不断地告诫与鼓励自己，在工作上从来不会自满，也没有丝毫的松懈，而是竭尽全力去做好每一件事情。

最后正如你想象得那样，卡特成功了！他用了三年的时间成为公司里的CEO，并且出版了自己的传记，鼓励人们竭尽全力去追求、去学习。

卡特的成功并不是一种偶然，而是懂得释放自己的潜能，懂得竭尽全力去奋斗。这也给了我们一些启示，我们所付出的勤奋与努力，与我们所得到的回报将成正比！当我们感到学习有一定压力的时候，也许我们并没有竭尽全力。

"尽力而为"与"竭尽全力"是存在差别的，前者发挥了自己的能力，后者却让自己的潜能得到了充分地开发。

所以说，不管做什么事情，"尽力而为"是远远不够的，这样只能说明你比一般人付出得更多，却无法让自己超越平庸的界限。

有一个成语叫"户枢不蠹"，意思是说，如果我们的门轴不经常转动，就会被虫蛀蚀。反过来说，就是经常转动的东西不容易被腐坏，比如我们的大脑就是如此，勤于动脑，才能更加聪明。

那么，我们应该如何激发自己的大脑潜能，让学习和工作达到最佳的效果呢？

1. 不要忽略任何一门理论性知识。

2. 善于思考，尽量用自己所掌握的知识去解释。

3. 将理论知识与现实生活相结合，并且找出它们的共通性。

4. 一边学习，一边思考，从现实生活中总结出经验。

5. 工作多动手，多动脑，不要用笨办法解决问题。

天下大事，必作于细

老子曾言："天下难事，必作于易；天下大事，必作于细。"这就是说，大事始于细节。世界著名的大文豪——伏尔泰曾经说过："使人疲惫的不是远方的高山，而是你鞋里的一粒沙子。"美国有名的质量管理专家——菲利普·克劳斯比也曾说过："一个由数以百万计的个人行动所组成的公司，经不起其中1%或2%的行为偏离正轨。"

在现实社会中，很多人对于事物愈发追求完美，对于细节问题也愈发重视。但是也有不少人觉得，只要大体上能过去，可以忽略细枝末节。其实不然，不管是做人，还是做事，都应当对每个细节加以关注，只有给予细节足够的重视，将小事做好了，最终才能成就一番大业。

在日常的工作与生活中，总有不少人对于小事或者事情的细节不屑一顾，总是觉得只有大事才是他们应当予以关注与考虑的问题，只有将大事做好了，才能有所成就。殊不知，不关注细节，做不好小事，就意味着与成功无缘。

当我们对别人所做的惊天伟业惊叹不已时，往往会对他们背后默默无闻的点点滴滴的努力予以忽视。为什么成功者能取得成功？并不是因为他们拥有多么优越的先天条件，而是相较于其他人，他们下了更多的功夫，而且这些功夫大部分都体现在细节上。

众所周知，苏东坡不仅是一个著名的文学家，而且还是一个非常棒的画家。有一次，他正在家中作画，有朋友过来拜访。这个时候，苏东坡已经差不多将画完成了。朋友看着苏东坡的画，啧啧称叹。对此，苏东坡并没有得意，而是又将画笔拿了起来，将画中一个地方稍稍做了些许修改，并且说道："这个地方润一润色，就会变得更好，这样一来，这个人的面部表情一下子就柔和了很多，整幅画也变得更协调了。"

朋友却满不在乎地说道："这都是一些琐碎的地方，根本没有人会关注的。"

苏东坡却十分认真地回答道："可能是这样吧。但你要知道，正是这些细小的地方，才让整幅作品趋向完美，而让一件作品完美的细小之处，并非一件小事情呀。"

平时，我们经常会遇到很多烦琐的小事，尽管从表面上看起来这些小事并不是很重要，但倘若用心去做，将其做成做好，那么就体现出了对完美细节与人格的追求，而因为这些被注重的小事累积出来的大事，将会变得更为完美。

南唐被宋灭国后，后主李煜成了宋太祖的阶下囚。太祖害怕李煜性格刚烈，会有自杀的倾向。这时，身边的一位大臣说："李煜绝不会自杀。"问其原因，原来这名大臣看到李煜在下船时还小心掸掉了衣服上的一点泥土。

李煜将入囹圄，却能如此爱惜衣服，此人必定爱惜自己的生命。此后几年，李煜一直受制于人，备受凌辱，终以多愁善感的形象留存于史册。

这名大臣通过李煜一个掸土的小细节看透了他的性格，从而很好地掌控了他，为自己的"上司"谋取了更多的利益。

我们都读过应聘者通过捡起地上的废纸，而成功通过面试的故事，这些细节带来的成功看似偶然，实则孕育着成功的必然。

在宝洁公司推出汰渍洗衣粉初期，市场占有率与销售额以一种令人震惊的速度上升。但是，没过多长时间，这种增长的势头就慢慢地放缓了。对此，宝洁公司的销售人员很是疑惑，尽管他们做了大量的市场调查，但始终没能将销量停下来的原因找出来。

于是，宝洁公司开办了一次产品座谈会，不少消费者参加了这次座谈会。在座谈会上，有一位消费者抱怨道："汰渍洗衣粉的用量实在太大了"。这一句话就将汰渍洗衣粉销量下滑的关键原因说了出来。

这个消费者继续说："你看一下你们所做的广告，倒那么长时间的洗衣粉，衣服的确能洗得干干净净的，但需要的洗衣粉太多了，这样计算起来很不合适。"

听了消费者的话后，销售经理急忙找来广告，对展示产品部分中倒洗衣粉的时间进行了计算，一共倒了 5 秒钟，而别的品牌的洗衣粉，在广告中仅仅有 1.5 秒倒洗衣粉的时间。

正是一时大意，疏忽了广告上这个小细节，结果，严重地损害了汰渍洗衣粉的销售与品牌形象。

当今时代，可以说是一个细节制胜的时代，不管你从事什么样的工作，都应该重视细节问题，很多时候，不能做出傲人的业绩，主要归咎于细节。因此，无论到了什么时候，我们都必须在意细节，时刻谨记：重视细节，方能收获成功。

第四章

挑战：胆量有多大，路就有多宽

"不入虎穴，焉得虎子"，人生就是一场博弈，只要敢闯敢拼，敢于吃苦，就能增加自己成功的筹码。

坚持到最后，才能看到努力的结果

最有可能实现梦想的人，不是最有天赋的人，而是能坚持到最后的人。

商机总是留给坚持不懈的人，这些人在多年的坚持中，对所做的行业有更多的经验和更多的理解，也更加容易获得成功。

"骐骥一跃，不能十步；驽马十驾，功在不舍。"如果因为一点挫折就放弃远大的目标，只能是半途而废，一事无成。创业者要想创业成功，应该时刻提醒自己，只要确定了目标，就一定要坚持下去，哪怕没有人理解，也要咬牙坚持。

2014 年 6 月，刚刚大学毕业的冯浩和同学王鹏合伙创立了一家网络公司，主营电子商务。两个年轻人早在学生时代就对这一项目做了大量的市场调查和可行性研究，并制定了非常详尽的策划方案和发展计划。两个人都信心满满，他们相信这一项目有着巨大的市场潜力，如果发展顺利，就一定能够成功。

经过近半年的投入和准备，2015 年初，他们的网站正式上线了。当真正开始运作的时候，两个年轻人才发现，他们想得太简单了。上线之初，尽管网站推出了很多优惠政策，但招商情况却始终不太理想。网站上的商家少，商品不全，自然无法吸引用户，而公司只有两个业务员，冯浩和王鹏不得不亲自上阵，一家一家地谈客户，晚上还要测试网站、更新内容、处理订单，两个月下来，两个人都快累垮了。

辛勤的工作并没有换来网站的好转，到 2015 年 5 月，他们的资金已经用光了，还拖欠了员工两个月的工资，网站没有任何起色。而对极度窘迫的处境，王鹏动摇了，他想放弃，并劝冯浩也放弃。但是冯浩坚信网站的发展前景一定会好，只要坚持下去就会成功。又艰难地度过一个月后，王鹏向冯浩提出退股。

冯浩向家里借了一笔钱，清算了股份，又结清了员工的工资以后，已所剩无几。他意识到，网站要想发展下去，资金是首要问题，自己的这点钱无论如何是做不下去的。于是，在跑客户、维护网站之余，冯浩又多了一项工作——找投资。

就这样过了好几个月，冯浩用一份几乎无懈可击的网站发展策划方案和自己的态度，得到一家风险投资商的信任，成功完成首轮融资。资金有了，一切开展起来就顺利多了。

冯浩迅速建立了一个新的团队，经过努力，很快就在电子商务网站中站稳了脚跟，并呈现出良好的发展态势。现如今他已是电子商务圈小有名气的企业家。

而王鹏在退出网站后，进入一家大型网络公司打工，过着普通的工薪族生活。再次见到冯浩，他在惭愧之余也深感后悔："那个时候真的太难了，我无论如何也想不到，离成功只有一步之遥。"

冯浩和王鹏由联盟到分道扬镳，有了不同的人生轨迹。冯浩坚信网站的发展前景，通过自己的坚持，成为成功的创业者；而王鹏却没有继续坚持下去，中途退出，成为一名普通的工薪族。

很多时候，成功和失败只有一步之遥。在创业的路上，挫折和困境都是难免的，商机眷顾那些能够坚持下来的人。大浪淘沙，在绝境中仍能咬牙坚持到底的人，才能成为真正意义上的强者。

不敢冒点风险，就有失去一切的风险

一点风险都不冒，其实是在冒着失去一切的风险。

看到别人工作出色，备受重视和重用，是不是很羡慕？曾经的同事成为自己的上司，是不是感到心理不平衡？看到别人功成名就，而自己还一事无成，是不是感到很沮丧？

事实上，不用羡慕，不用心理不平衡，也不用沮丧，而该好好地问问自己，遇到难以克服的困难时，是不是为了维护自身安全和既得利益，不敢去做哪怕是一点点的尝试，畏首畏尾，甚至选择了逃避？

王斌和牛彭大学毕业后，一同任职于一家印刷公司，担任技术专员。刚开始两人没有太大的差别，可是半年后，牛彭晋升为主任，王斌却被老板辞退了。

事情是这样的，公司从德国进口了一套先进的排版设备，老板嘱咐王斌和牛彭好好地研究一下，争取一个星期内投入使用。王斌一看说明书都是德文的，连忙推诿说："我对德语一窍不通，看不懂说明书，我不会用。"牛彭自然也知道这是块"烫手山芋"，但他还是接了下来，并夜以继日地研究。不懂德文，他就请教老师与朋友，或者在网上在线翻译。新设备中有不明白的地方，他就通过电子邮件向德国的技术专家请教。没几天，他已经熟练掌握了新设备的使用方法。在他的指导下，同事们也都很快学会了。

知道牛彭不会让自己失望，老板总是把重要的、难度大的工作交给牛彭完成，而把一些无关紧要的工作交给王斌。牛彭做得多、学得多，逐渐成为公司离不开的人；而王斌做得少、学得少，显得很多余，被开除在所难免。

在大多数人看来，一个星期内掌握运用一个只有德文说明书的新款设备是不大可能完成的任务，难度很高，风险很大，所以王斌不敢接受，结果葬送了自己的前途，被公司开除。而牛彭却积极应对挑战，主动解决问题，最终成为老板青睐的人。

每个人都渴望机遇的到来，面对困难，拿出勇气，只要有胆量去试，就有可能将其打开，风险和机遇成正比，高风险意味着高回报。

那些在自己所在的领域成为领袖的人物，他们之所以具有与众不同的魅力，之所以能够成为顶尖人物，并不在于他们掌握了多么广博的理论，也不仅在于他们的能力有多么出众，而是他们魄力十足，勇于面对风险之事，敢于尝试接触新事物，不甘沉沦。

1976 年，美国阿德尔化学公司推出了一种通用型的家用清洗剂——莱斯特尔。产品一问世，总裁巴尔克斯就采用报纸、广播为其做广告，但令人失望的是，莱斯特尔的市场营销很失败，阿德尔化学公司 50 万美元的营业额在整个市场中只占了微小的份额，这令巴尔克斯很是头疼。

经过一番思索，巴尔克斯又想到了电视广告，他决定选择晚上六点以前、十点以后的"垃圾时间"。阿德尔化学公司的其他人一致表示反对，建议巴尔克斯选择黄金时间做广告，电视宣传主要是由黄金时间的广告节目构成的，只有肯花巨资购买黄金时间做广告，才能取得良好的宣传效果。

不过，巴尔克斯认为黄金时段广告众多，很难给观众留下深刻的印象。如果连续几个月都在"垃圾时间"播出莱斯特尔的广告，既能够节省一部分财力，又不会与其他广告节目冲突，反而能给观众留下深刻的印象。于是，他毅然与电视台签订了合同，每周利用30次"垃圾时间"高密度地做莱斯特尔的广告。

连续两个月利用"垃圾时间"播出广告后，莱斯特尔在霍利约克市场上的销量大幅度提升。四年的时间里，巴尔克斯在"垃圾时间"所做的广告宣传总量比可口可乐等多年雄踞广告榜首的大公司还要多，美国广告界宣称这是"不可思议的电视年"，莱斯特尔家用洗涤剂的销售额创下高达2200万美元的利润。

美国传奇人物、拳击教练达马托曾说过："英雄和懦夫都会有恐惧，但英雄和懦夫对恐惧的反应却大相径庭。"聪明的人知道风险不只是危险和苦难，更是机会和希望。只有鼓起勇气面对风险，风险才有可能被解决。不冒点儿风险，哪来成功的机会呢？

机遇对任何人都是公平的，关键要看你是否是一个有魄力的人。要勇敢面对困难，摆脱畏惧的心理。只有魄力十足，勇于面对风险之事、敢于尝试新的事物，才会有更大的成功。

冒险不是冲动，冒险是行动

不敢冒险的人既无骡子又无马，过分冒险的人既丢骡子又丢马。

有很多人害怕冒险，甘于平庸。这种心态有其合理之处，但是过分的谨慎却是不可取的。过分的谨慎就会变成胆小，不利于事业的成功。

只有敢于冒险，才会对生活有所追求，才能热血沸腾、干劲十足，也才会加倍努力。成功人士何永智的事例就很好地诠释了这点。

何永智原来在一家制鞋厂工作，丈夫是电工，日子过得很清贫。她不甘于这种只能解决温饱问题的生活，于是下班后就做些小买卖，以改变窘迫的现状。

改革开放初期，何永智大胆地把房子卖了做生意。卖掉房子的价格是原来买房时的5倍，她从中小赚了一笔。之后，她用3000元买了成都市八一路一间临街房，用来卖服装和皮鞋。

后来，八一路改成了火锅特色一条街，何永智果断地关闭了原来的店铺，开了一家"小天鹅火锅店"。刚开始，店面很小，只能摆下三张桌，设三口锅。第一个月，由于没有经验，火锅店亏损。第二个月，何永智把心思用在两个方面：一是口味，二是服务。结果，她的生意一天天好起来。

在何永智的努力下，火锅店越来越红火，一天的收入将近她过去一个月的工资，但她并不满足，盼望着也当个万元户（20世纪80年代初，万元户还很少）。

为了这个店，何永智废寝忘食，把所有的精力都用在经营上，火锅店的规模越来越大。6年后，她成了这条街上的"火锅皇后"，经营面积扩大到100平方米。

20世纪90年代初，何永智在成都租下2000平方米的房屋，开设了第一家分店。分店也开得同样成功，何永智接着扩大规模，相继在绵阳、双流等周边地区开设分店，影响越来越大。

1994年，天津加盟连锁店的开设使何永智的火锅事业又上了一个新台阶。故事是这样的：1992年，到绵阳办事的天津人景文汉看到小天鹅火锅那么红火，便产生了在天津开分店的念头，于是开始寻找何永智。足足找了3个月，他才找到在武汉开店的何永智，并提出合作的请求。何永智被对方的诚意所感动，同意合作，而且条件优惠。她说："我出人员、技术、品牌，你投入资金，共同办店。收回投资前，三七分成，你七我三；收回投资后，五五平分。"

天津连锁店的开设让何永智看到了事业发展的另一番天地，于是她又大干了一番，以平均每月一家的速度开办加盟连锁店，向全国各大城市推进。很快，上海、北京、南宁、广州、西安、沈阳、哈尔滨等地都开起了加盟店。她甚至把火锅店开到了美国西雅图等地，成为国际型企业。这一系列的举动，使何永智一举跨入亿万富翁的行列。

目前，何永智已成为大企业的集团总裁，曾连续当选为第八届、第九届全国妇联代表，她所创办的企业也跻身2015年"中国私营企业500强"的行列，成为"中国最具前景的50家特许经营企业"。

现在回过头来看看，如果何永智甘于某一阶段的富足，害怕冒险，见好就收，仅满足于在天津的经营，她会成就后来的大事业吗？只有超越了现在的自己，才能让事业更上一层楼。

冒险的精神是必需的，但是绝对不能冲动，更不能只看到利益而忽视风险的存在性。如果被利润冲昏了头脑，那么你所做的一切都必将是不理智的。如果能禁得住诱惑，能够理性地对待，那么就能让自己减少一些风险和失败。

当准备冒险的时候，不能仅凭满腔热血就一头冲进去，而是要从全局考虑，理智地选择。只有这样，所冒的风险才会有价值，才有可能获得成功。

牛人未必比你"会做"，但肯定比你"敢做"

世界上有许多事业有成的人，并不是因为他比你会做，而是因为他比你敢做。

机遇青睐那些"另类"的人，他们敢做别人不敢做的事，把别人认为不可能的事情变成可能，这需要有足够的勇气。

抓住机遇需要智慧，更需要胆识。成功的商人常常会做出一些让人们目瞪口呆的、勇敢的变革或投资行动，有时几乎是以企业命运作赌注，要冒很大的风险。

摩根在大学毕业后和大多数年轻人一样，渴望成就一番事业，他在父亲好友开设的邓肯商行谋到一份职业。在一次采购途中，摩根碰到一次发财的机会。当时，轮船停泊在新奥尔良，他走过充满巴黎浪漫气息的法国街，来到嘈杂的码头。码头上，远处两艘从密西西比河下来的轮船停泊着，工人忙碌地上货、卸货。

突然间，一位陌生人拍了拍他的肩膀，问道："小伙子，想买咖啡吗？"那人做了自我介绍，他是往来美国和巴西的货船船长，受托到巴西的咖啡商那里运来一船咖啡。没想到美国的买主已经破产，他只好自己推销。他没有这方面的经验，希望尽快卖出，如果谁给现金，可以半价买下。

摩根的大脑飞速转动，反复思索后认为有利可图，他打定主意买下这些咖啡。他带着一些咖啡样品去往新奥尔良所有与邓肯商行有联系的客户那儿进行推销。很多经验丰富的职员都奉劝他谨慎行事，这些咖啡的价钱尽管很让人动心，但是舱内的咖啡是否与样品一样，谁也不敢保证，在这之前就发生过欺骗买主的事。

不过摩根已经下定决心，也没有进一步去调查，就用邓肯商行的名义买下全船咖啡，并在发给纽约邓肯商行的电报上写道自己已经购买到一船廉价咖啡。很快，邓肯商行回电对他的行为严加指责，不允许他擅自利用公司的名义做生意，勒令他立即取消这笔交易！气愤的摩根并未撤回交易，他决定自己干。摩根电告父亲，借来父亲的钱偿还了挪用邓肯商行的钱。

这批货刚刚到手，巴西咖啡因受寒大幅度减产，价格瞬间涨了2~3倍。摩根抛售咖啡，赚了一大笔钱。虽然因"咖啡事件"弄丢了邓肯商行的重要职位，但这件事却也证明了他的经商才干，日后他建立起自己的商行——摩根商行。

机遇就在别人认为不可以的地方，要凭着自己的智慧发现潜在的商机，敢做他人不敢做的事情。

在我国，走在商人前列、最能抢抓机遇的要数温州商人了。温州人很早就走出自己的家乡到全国各地做生意，别人还没有市场意识的时候，他们已经在各地的市场上奋力打拼了。刚开始他们经营的是一些技术含量不高的鞋、服装等商品，当其他人开始参与市场时，他们已经积累了一定的资本和市场经验。专家认为"这是一种空隙，温州人打了一个很好的时间差"，他们走在了市场的最前沿。

1983年春节，一位温州华侨从美国打来电话："美国警察总署传来消息，美国警察要更换服装，34万人急需68万副标章，每人两套便是 130 多万，你们能做吗？"两个温州个体户心急火燎地直接飞往美国，向美国警察总署长阐述承包的意向。美国人认为中国人根本无法做出一流的标章，两个温州老板不温不火地说："中国有句古话'耳听为虚，眼见为实'，请你们派两位专员到中国看一看，费用我们全包。"两位警察署专员来到温州后，工人当面表演了从投料到成品只需要 35 分钟的过程。几天后两位专员携带 100 副样品回去了，美国警察署的领导们一看，价格不到美国军工厂的 1/2，而且不要订金，买卖立即成交。温州人如法炮制，做成了联合国维和部队及中国人民解放军驻港部队标章的生意。

不收订金就开始加工服饰，也只有温州商人敢这么做，他们敢做别人不敢做的事情，意大利或者欧洲市场只要一发布一个新的流行款式，他们第二天就会大量生产，占领市场。

温州商人对时间非常敏感，这也是他们能够得到别人得不到的机遇的原因之一。他们深信时间就是机遇，商场如战场，只要抓住时间，就等于抓住了机遇。为了能够及时地收集到欧洲最新的服装款式，浙江的服装企业大多在欧洲设立专门的信息收集点。

很多人害怕失败，宁愿放弃机遇。发现了商机而不敢冒险，就真的与机遇错过了。冒险与收获常常是结伴而行的，要有魄力，把握险中之夷，危中之利。成功者，未必比你"会做"，但是肯定比你"敢做"。有些机会很多人不敢抓，而敢于争取的那些人，多数获得了成功。

第五章

庸人才会自扰，上帝总喜欢不为难自己的人

　　庸人自扰是为难自己，让自己每天神经紧绷、忧心忡忡只会使自己身心俱疲。生活里总会有变数、总会有风雨，任谁都无法提前预知一切。所以，让自己焦虑烦扰不如让自己释怀轻松地过每一天，顺其自然，淡定坦然地面对一切，不要让担忧禁锢你的身体、束缚你的内心。

事情并不是你想象的那样

世界上有很多事情，都是非常奇妙的。有的时候，你的眼睛看到的并不是事情的真相。因此，适当地对自己的眼睛进行怀疑，极有可能会发现更好的出路。有些事情，你认为是正确的，却不一定是正确的。实际上，在现实生活中，不少事情并不是你想象的那样。而导致这种情况发生的根本原因，就是你的主管思维误导了你。

有一天，一个盲人带着自己的导盲犬过马路的时候，正好被一辆失控的大卡车撞上了，这个盲人与导盲犬都死在了卡车的车轮下。

盲人与狗一同来到了天堂大门前面。这个时候，一位天使将他们拦了下来，说道："不好意思，目前，天堂仅仅剩下一个名额了，你们当中只能有一个进入天堂。"

盲人听了天使这话之后，急忙问道："我的狗不明白什么是天堂，什么是地狱，能否让我来决定到底谁进入天堂呢？"

这名天使有点儿鄙夷地看了盲人一眼，皱着眉头说道："对不起，先生，每个灵魂都是平等的，你们必须进行一场比赛，然后才能决定到底由谁进入天堂。"

盲人十分失望地询问道："哦，那是什么样的比赛呢？"

天使回答："这是一个十分简单的比赛——赛跑，从这里开始向天堂的大门跑去，谁先跑到目的地，谁就有资格进去天堂了。不过，你也不需要担心，由于你现在已经死了，因此就能看见东西了，而且灵魂的速度与各自的肉体没有任何的关系，越是单纯善良的人，奔跑的速度就会越快。"

盲人想了会儿之后，点头同意了。

天使让盲人与狗准备好了之后，就宣布比赛开始了。刚开始，天使认为这个盲人肯定会为能进入天堂，而非常拼命地向前跑。没有想到的是，盲人一点儿也不慌张，慢吞吞地向前走着。更让天使感到惊讶的是，那条导盲犬也没有向前奔跑，它正在配合着主人的步伐，在旁边慢慢地走着，一步也不愿意离开自己的主人。

这时，天使突然明白了：原来，这条导盲犬多年以来已经养成了一个习惯，永远跟在主人的身边，在主人的前方保护着主人。可恶的盲人，正是知道这点，才那么胸有成竹，不慌不忙的，只要他在天堂的大门前命令他的狗停下，那么就可以非常轻松地赢得这场比赛了。

天使看着狗如此忠心，很替它难过。她大声冲着那条狗喊道："你已经为你的主人奉献出了生命，如今，你的主人已经能够看见东西了，你也不需要再为他领路了，你赶紧跑进天堂吧！"

然而，不管是盲人还是那条狗，都好像没有听到天使的喊话一样，依旧慢慢地向前走，就仿佛在大街上散步一样。

果然，到了距离终点还有几步远的时候，盲人发出了一声口令，而那条狗则非常听话地做坐了下来。天使用非常鄙视的眼神看着盲人。

这个时候，盲人微笑着对天使说道："我终于将我心爱的导盲犬送到了天堂，我最为担心的就是它根本就不想进入天堂，而只想跟着我……可以用比赛的方法决定这一切真的非常好，只要我再命令它向前走几步，它就能够进入天堂了，那才是它应该去的地方。因此，我想请你帮我好好照顾它。"听了盲人的话，天使一时之间愣住了。

盲人说完这些话之后，就向他的狗发出了一个前进的命令。就在那条狗到达终点的一瞬间，盲人就好像一片羽毛一样跌进了地狱的方向。他的狗看见了之后，匆忙地掉过头来，向自己的主人追去。懊悔不已的天使张开自己的翅膀追了过去，想要阻止那条导盲犬。但是，那是这个世界上最为纯洁善良的灵魂，它的速度要比天使的速度快很多。

最后，那条导盲犬终于又与自己的主人在一起了，即便是在地狱，导盲犬也永远守护在自己主人的身边。天使在那里站了很长时间，这时他才知道自己从开始就已经错了。

同样的事情，在不同人的眼中，就有了不一样的是非曲直。因为每个人在看事情的时候，多少都会戴有色眼镜，利用自己的经验、喜好或者标准来评判，其结果很可能就是仅仅看到了表面的假象。

的确，在当今这个世界上，有很多的假象。尽管你做不到每件事情都通透明白，但是至少应当做到"任何事情都多思考一下，多问几个为什么"。唯有如此，你才不会轻易地被假象给骗了。

你怎么能随意与他人攀比

在现实生活中，不少人都非常愿意与别人进行比较。在他们看来，通过比较，能够将事实的根源找出来。但是让人不高兴的并不是人们所追求的事实根源，而是他们之间的比较。

总拿自己和别人进行比较，其实这是一个不好的习惯，因为这样做会使你经常性地发牢骚。常言道"人比人该死，货比货该扔"。所以不能嫉妒别人，要懂得珍惜自己所拥有的。

Skye 的朋友 Angel 刚刚搬到新房子里，所以请她和她老公还有几个同事到他家做客。

看着 Angel 的新家，Skye 心里特不是滋味，因为自己还居住在一个小房子里。Angel 的老公在带着他们参观房子的时候，Skye 的老公除了点头就是呵呵傻笑。

"你就知道笑，你和人家比比！"Skye 恨恨地小声和老公说道。

Skye 下意识地拿自己的老公和人家老公比，可答案是，自己的老公缺点太多。不比还好，越比越来气，Skye 越想越生气。

一段时间以后，Skye 还 Angel 的东西。门正好开着呢，敲门进去后，Angel 两口子都在。

Angel 跪在地上正在擦地，可她老公却悠然自得边喝茶边看电视，时不时地还很不客气地指挥 Angel 说道："看，这儿，还有那儿，都没擦干净，接着擦。"Angel 被指挥得晕头转向。

Skye 有些看不下去了，就和 Angel 老公开玩笑说道："你怎么不去干这体力活啊，让一个女人干这个？"

令她没想到的是，他却很淡定的说："哼，房子是我花钱买的，难道收拾家也要我去做吗？"

Skye 听了他的话大吃一惊。在回去的路上，Skye 想："Angel 每个月的工资也不少。她又出钱又得那么卖力地收拾家，还被老公呼来喝去。想到这里，她笑了，笑自己竟然去嫉妒这样一个老公。自己家的房子虽然没有那么好，可是一家三口却也开开心心。自己经常不想干家务，总是让老公去做洗衣做饭之类的家务，憨厚的老公每次都积极地把所有的家务做好，从来没有说过半个不字。和 Angel 比较起来，我呀，还是一个幸福的女人呢。"

这时，Skye 懂得了一个道理：不能拿自己的东西和别人的比。其实，人们只是看到月亮是明亮美丽的，可他们也许不知道月亮的背面却是黑暗的。

其实，每个人都有自己独立的特性，有的是自己的优点，也有的是自己的缺点。人应该了解自己的优缺点，为什么总是拿自己的缺点去和别人的优点一较高低呢？你只要放正自己，做好自己该做的就行了。

中国有句古话："人比人气死人。"攀比、对比，这是在给自己找不痛快。人的物欲是个无底洞，当你的欲望得不到满足时，就会感到不痛快。其实，只要我们留心去观察，你就会看到，人与人比较的现象是随处可见的。

老婆对老公说："看对门买上新房子准备要搬家了，和你一同进单位的老王如今都当部长了，你哥哥又换车了，我妹妹的孩子都找人上重点小学了。你怎么就那么没有用呢？我跟了你就是每天吃苦受累！"

在单位，总认为自己比别人干得多，但总是在基层徘徊，觉得自己的付出都没有回报。

对明星、球星羡慕嫉妒，认为他们随便唱几首歌、踢几脚球就有大笔的钱拿，而自己受苦受累却刚刚温饱，觉得世道很不公平，心情特别压抑。

每天起早贪黑，努力工作，工资却永远超不了别人，不甘心，更不服气。

看到别人抓住时机，赚了大钱，嫉妒心理又开始有了，心想："不就是机会比我好吗？要是我，我赚的比他还要多！"

回头想想，这样的攀比，有作用吗？别人有的再多再好，那也是别人的事。人人背后都有难以启齿的苦和累，都知道，成功的背后是需要多大的付出和努力，既然人家成功了肯定是在某方面做得比你好！你要是还在嫉妒，劝你还不如留着这时间做点实在的事情呢。

羡慕别人拥有的比你多，如果你有能力，那么你就应该化羡慕为动力，拼命地去充实自己，争取让自己过得比他们都好。如果你没有能力，那么你就不要去想太多，安安稳稳地过好自己的小日子。人与人是不相同的，为什么要去为难自己呢？

因此，我们每个人都要有一颗平常心。不要总去拿自己和别人作比较。记住别人的东西再怎么好，那也是别人的。只有拿自己和自己的过去比，才能觉得自己在前进，生活才能更美好。

永远想着阳光的那一面

在现实社会中，我们可能经常会有这样一种感觉：财富在不断地增加，但满足感却在持续下降；拥有的越多，快乐就会越少；沟通的工具越发多了，但深入的交流却越发少了；认识的人越多，真诚的朋友却越少。

为什么现在越来越多的人会有这样的感觉呢？"在当今社会，生活的节奏越来越快，人们的压力也是与日俱增，有这种感觉也并不奇怪。"

人生在世，不可能总是顺心如意的，要么遭遇困难与挫折，要么碰到某种变故，要么被烦心的人与事困扰。不过，这些都属于正常现象。但是，有些人在遭遇这些现象的时候，就会感到惊慌失措、心烦意乱、垂头丧气、悲观失望、痛苦不堪，甚至丧失继续生活下去的勇气。

倘若放任这样悲观的情绪发展下去，那么就会对人的思维判断造成不良影响，就会对人的言行举止产生不良刺激，就会对人面对生活的勇气造成极大打击。比如，当你遭受老板的责备之后，你就会感到情绪低落；当你被别人误会的时候，你就会感到委屈与愤怒；当你丧失亲朋好友的时候，你就会感到万分悲痛。这样的你就会深切地感受到自己活得非常累，活得非常不开心，活得非常不幸福。

一个深谙生活之道的人所以每天都能保持满面笑容，主要是由于他懂得用犹如阳光一般的心态对待生活，永远向着阳光的那一面。所谓"阳光心态"，实际上是一种积极乐观、开朗宽容的健康心理状态。因为它可以令你感到高兴，可以催你向前进步，可以让你忘记烦恼与疲惫。

分享这样一个故事：

苏格拉底在没结婚之前，曾经与几个朋友挤住一个小房间中。虽然那个房间仅仅只有七八平方米大，但是他每天却过得很高兴。

有人问苏格拉底："你们那么多人住在那样小的房间中，就连转个身都十分困难，为何你每天还那样开心？"

苏格拉底回答："与朋友们生活在一起，在任何时候都能够交换彼此的思想，交流彼此的感情，这难道不是一件令人高兴的事情吗？"

随着时间的推移，朋友们一个个地都成家立业了，也都相继从这个小房子中搬了出去，最后，小房子中只剩下苏格拉底一个人了。不过，他每天依旧过得很高兴。

那人又问苏格拉底："现在，那房子中只有你一个人，多孤单啊，为什么你还那么高兴？"

苏格拉底回答："我有许多好书啊，一本好书就相当于一个老师，我与那么多老师生活在一起，随时都能向他们请教，这难道不应该高兴吗？"

又过了几年，苏格拉底也结婚了，住进了一座很大的楼中。这座楼一共有七层，他就住在最底层。在这座楼中，底层的环境是最差的，不仅十分潮湿、嘈杂，而且还不怎么安全，上面总是向下倒污水，扔各种各样的脏东西，比如，臭袜子、死老鼠等。

那人看到苏格拉底他仍然是一副高高兴兴的样子，再次好奇地问道："你住那样的环境中，也觉得开心吗？"

"当然了！"苏格拉底说："你都不清楚一楼有多少好处啊！

比如，一进门就到自己的家，不需要爬很高的楼梯，搬东西的时候也很方便，不需要花费太多的力气；朋友来家里做客非常容易，不需要一层层地去叩问——尤其令我感到满意的是，可以在空地上养花、种菜，那些乐趣，简直说不完！"

一年之后，苏格拉底将自家在一层的房间让给了一位家中有偏瘫老人的朋友。他搬到了这座楼房的顶层，也就是第七层。他每天依旧活得很快活。

那人揶揄地问道："亲爱的，你现在住七层，说说都有哪些好处吧？"

苏格拉底笑着回答："好处嘛，自然非常多哩！我就举几个例子吧：每天上下楼的时候，就是很不错的锻炼机会，对于身体的健康是很有利的；光线非常好，看书或者写文章的时候不会对眼睛造成伤害；没有人在头顶上干扰了，不管白天还是黑夜，都十分安静。"

后来，那人见到了苏格拉底的学生——柏拉图，他问道："你的老师每天都过得那样快活，但是我却觉得，他每次所处的环境都十分糟糕啊。"

柏拉图给出的回答是："决定一个人心情的，并非环境，而是自己的心境。"

为什么苏格拉底在不同的环境中能始终保持积极乐观的态度呢？原来，苏格拉底在看待事物时，总是看见它好的那一面，对于它不好的那一面予以忽视，这样一来，他的心境就会变得开阔很多，心情自然也就愉快了。

在这个世界上，不管什么事情或事物，都有其好的一面，关键在于你如何去看待。倘若你能够像苏格拉底一样，总是看到事物好的那一面，那么你就可以像苏格拉底那样快乐了。然而，倘若你总是站在相反的角度来看待事物，那么你的消极心态就会令你愁容满面。

聪慧之人都应当具备苏格拉底那样的乐观心态，永远看到阳光的那一面，如此，我们就可以拿到打开快乐大门的金钥匙。当你遭遇挫折的时候，它会给你战胜挫折的勇气，令人深深地相信"方法总是比困难多一些"，催促你继续向前走。

当然了，我们的生活中总是免不了会遭遇阴霾，但是我们又需要温暖的阳光，每当这个时候，我们就应该有意地为自己制造一些阳光。给予自己足够的信任，将自己的心态调整好，给自己制造一些阳光。与此同时，我们还应该给予别人信任与阳光。实际上，我们的言行举止、嬉笑怒骂都是我们得到阳光的途径，只不过我们很容易忽视罢了。小小的幸福就在你的身边，只要你容易满足，那么处处都是阳光。

从现在开始，保持积极乐观的心态，坚信自己的身边布满了阳光。这样一来，我们心中原本已经荒芜的绿洲，才会逐渐地恢复过来，我们生活中那些迷人的鸟语花香、潺潺流水以及生机勃勃的绿色，才会重新回归于我们的内心，点缀着我们无限的梦想……

接受现实，你才能冲刺胜利

当事情已然发生的时候，倘若你拥有改变它的能力，那么就请尽可能地去改变它。反过来讲，倘若你没有改变它的能力，那么就请用积极的心态去接受它。

有一对美国夫妻，在结了婚后十一年的时候，才生了一个儿子。这对夫妻非常恩爱，而这个孩子自然也就成了这两个人的心肝宝贝。

在儿子过 2 岁生日的那一天，丈夫在上班临出门的时候，看到桌上面放着一个药瓶，瓶子的盖子被打开了。但是因为自己赶时间，所以他仅仅嘱咐自己妻子一声，让她将桌子上的药瓶收起来，然后就急匆匆地关上门去上班了。妻子在厨房中忙得焦头烂额，一时之间将丈夫的嘱咐抛到了九霄云外。

小男孩看到桌子上的药瓶之后，拿了起来，感觉非常好奇。后来，他又被药瓶中药水的颜色给吸引了，于是，他就将里面的药水全部给喝了。结果，这个小男孩因为服药过量而出现了危险。当这个男孩被送到医院的时候，已经抢救不过来了。

妻子被儿子死亡的事实给吓呆了，她不知道该怎样面对自己的丈夫。心急如焚的丈夫赶到医院之后，知道了儿子的噩耗，简直是悲痛欲绝。他看着儿子的尸体，又望了望自己的妻子，然后走到妻子的身边，将妻子抱起来，说道："亲爱的，我爱你。"

这位丈夫并没有被自己的情绪左右，对自己的妻子加以怪罪，反而强忍着自己心中深处的悲痛，努力地安抚自己的妻子。因为他明白，儿子的死亡已经成了不可改变的事实，不管再如何责骂妻子，也不能将这个事实改变，反而还会引来更多的伤心。自己的妻子已经相当痛苦难过了，自己又怎么能够在这个时候再在她的伤口上面撒一把盐呢？这位丈夫可以说是一个非常有智慧的人。是的，不幸已然发生了，我们唯一可以做的就是接受事实。

法国有一个十分偏僻的小镇。在这个小镇上，有一个据说非常灵验的水泉，经常会有奇迹发生，能够医治各种各样的疾病。有一天，有一名退伍的军人，因为少了一条腿，所以只能拄着拐杖一跛一跛地来到了这个小镇上，打算去水泉祈福。小镇上的居民看到他之后，带着十分同情的口吻说道："他真是一个可怜的家伙，难道他要祈求上帝再赐给他一条腿吗？"

这位退伍的军人正好听到了这句话，他转过身来，微笑着对他们说道："我不是要祈求上帝再赐给我一条腿，而是要祈求上帝给予我帮助，让我在失去一条腿之后，也清楚怎样去生活。"

为了已经失去的东西而不断地懊悔，根本没有任何的实际作用。我们最需要做的就是接受现实，然后再好好为自己今天的生活规划一下。

在荷兰一个名字叫作阿姆斯特丹的地方，有一座15世纪修建的寺院。这座寺院的一个废墟中，竖立着一个石碑，而这个石碑上则刻着一句话："既然已经成为事实，那么就只能接受事实。"在漫漫人生路上，我们难免会遇到一些令人不高兴的事情。这个时候，你应该将它们视为一种避免不了的事情加以接受，然后再去慢慢地适应它们。著名的哲学家威廉·詹姆斯曾经说过："要乐于承认事情就是这样的情况。能够接受已经发生的事实，就是能够克服任何不幸的第一步。"

有一个名气非常大的心理学家，为了让自己的学生理解"接受现实"这个道理，在一次给学生上课的时候，拿出了一个相当精美的玻璃杯。当他的学生们正在不断对这只造型独特的玻璃杯进行赞美的时候，他故意装作不小心，将这个玻璃杯掉到了水泥地板之上。这个玻璃杯一下子就摔了一个稀巴烂。他的学生们都连连为此感到惋惜。而这位心理学家则指着地上已经破碎得不成形的玻璃杯说道："你们现在肯定为这只玻璃杯感到非常惋惜，但是这种惋惜也没有办法让这个玻璃杯再恢复到原来的形状了。从今以后，如果你们在现实生活中遇到了没有办法挽回的事情的时候，那么就请认真地想一想这个破碎的玻璃杯。"

有一次，爱迪生的实验室不知因为什么原因突然着火了。等爱迪生赶到现场的时候，他的实验室已经变成了一片火海，实验室中相当昂贵的实验仪器都被烧毁了。爱迪生的儿子为此感到非常心疼。但是爱迪生本人却并不伤心，慢慢地点起一根烟之后，对自己的儿子说道："快去将你的妈妈叫过来吧，很难得看到一场这样大的火，让她也来开一开眼界。"后来，当有人问起这件事情的时候，爱迪生是这样回答的："既然不幸已然发生了，那么我能做的就是接受它，我为什么要跟自己过不去呢？再说了，这一场大火也代表着在此之前我所有的错误都已经被烧掉了，我能够更好地展开我的新工作了，这难道不是一件令人感到高兴的好事吗？"

当不幸降临到你的身上的时候，你必须鼓起勇气去接受这已经成为定局事实。或许你会感到一些不甘心，有些不情愿，但是你必须使自己的头脑保持清醒，正确地对待错误。只有这样，你才会拥有寻找新方向的机会，才能够更好地向成功冲刺！

第六章

命运掌握在自己手中，改变从何时开始都不晚

　　一个人的命运完全掌握在自己手中。你想成为一个什么样的人，想过什么样的生活，改与不改，什么时候改变，都完全取决于你自己，只要你想成为一个有价值的人。什么时候开始都不晚。

不要找那么多借口

不管你是什么人，只要有坚定的决心，坚持不懈的努力，那么你浑身就会充满无穷的力量，你的视野也会随即变得更为开阔。

少为自己找借口，因为借口只会阻碍你成功。想要拥有成功，就坚持不懈地努力、努力、再努力，只有这样才能为未来找到出路。凡是成大事者。

每一个公司都有其与众不同的个性，并没有专门为你量身打造的公司。这样的话，对于大多数的人来说可能很难接受。因为有太多的人用太多的时间抱怨着公司的不利环境，并以此作为自己不善待工作的借口。这也可以理解，毕竟人往高处走，水往低处流。

与其等着环境来改变你，不如多想想自己如何做。客观的环境不是你能做主，说改变就能马上改变的，但改变自己却是当下可以做的事。无论你面临的环境如何的差，最重要的是努力奋斗，做好自己。

成功的人士都会用心地干自己的事业，无论什么条件都会努力干。别人认为是吃亏受累的事，他们却会努力干；当别人怨声载道时，他们也在努力干。因此，在做事时，不要太在乎名和利以及别人的想法，未来不可知，但是未来可以计划，可以构想，前提就是当下你所做的事情。

有一个年轻人，因为工作不如意。在两年之内居然换了十几家单位，最长的待过 4 个月，最短的才 5 天，频繁地跳槽使他自己都有点无法忍受了。他觉得，并不是自己不想好好干，而是公司太差劲。有的是环境太差，有的是工资太低，还有的是老员工盛气凌人，这些都让他接受不了。

年轻人的处境不难理解，无论在哪个单位都拿着放大镜去找毛病，这样下去，肯定不会找到安身之处。然而那些不挑剔环境、主动去适应环境，努力工作，时刻想着如何才能做到更好的人，不管到哪里都能轻松地找到自己的工作。

稻盛和夫在这方面就做得很好，他从最初的技术人员转变为赫赫有名的企业家。1932 年，稻盛和夫出生于日本鹿儿岛，在鹿儿岛大学工学部毕业后，他来到了"松风工业"做研究员，公司的条件非常差，经营也不是很景气，经常发生工人罢工事件。一般人在这样的环境中往往会消极做事，看不到希望。但稻盛和夫却不这样，他不仅每天努力工作，而且还经常性地主动加班。

当时有很多不能理解他的人，有人劝他，也有人骂他，面对如此恶劣的环境，一般人可能会放弃最初的坚持。然而稻盛和夫却一点也不放在心上，在那种情况下，他研发出了一种含有镁橄榄石的新型陶瓷材料，这种材料在世界上属于首创。

稻盛和夫研发出材料真的是很困难的事情，当时的"松风工业"只是个小公司，而有着一流技术和研究设备的美国 GE 公司，在这一领域上已经遥遥领先。无论是技术还是实力，"松风工业"根本没法跟 GE 公司比。如果是别人，在面对这样的环境时，可能会找借口另谋他职，即使要研究，也会提出要求，让公司配备相应的先进设备。但稻盛和夫，他没有提出任何的要求，而是努力工作，一心钻研，最终研发出了可以和美国 GE 公司媲美的新材料。后来，"松风工业"也发展得越来越好，稻盛和夫也坐上了特瓷课的主任位置。正因为他对于未来做好了充足的准备，坚持不懈地努力着，才促使他不断向前发展，最后成了日本高科技时代的著名领袖人物。

如果你改变不了环境，那你一定要有努力工作的心态。当你改变了心态，那么，你的事业也会得到相应的发展。没有人愿意承认自己不够聪明。但在工作中，却又时常听到这样一种声音："我已经很努力了，可还是没有做好。"原因何在？

这句话的真正意思是："我不够聪明，事情没做好是情有可原的。"有了这样的借口，就会心安理得地允许自己慢进步，甚至不进步，允许自己遇到问题不去动脑筋，出了差错也不去反省。坚持这样做，会造成什么样的后果呢？自甘堕落。而努力工作，积极为自己未来寻找出路的人，却会在未知中获得一举成名的机会。

草根演员王宝强，出生于河北农村。自从电影《天下无贼》上映后，他就成了家喻户晓的电影明星。他是怎样取得事业的成就呢？

王宝强成名前，是一个普通农民，没有接受过任何影视方面的正规训练，凭着纯朴善良、忠厚老实的性格，坚持不懈的努力，在影视界取得了不错的成绩。

电影《巴士警探》让王宝强第一次接触了武打戏，主要任务是帮男主角做替身。通常，在动作片中做替身是相当危险的。王宝强需要做的就是从一架非常高（两米左右）的防火梯上直接摔下来，落到极其坚硬的水泥地上。这样的动作实在太危险了，光是想想，我们都会浑身发抖。

想找借口，可以找出千万个借口。王宝强却不这么想，既然答应当人家的替身，就必须努力做到最好。接着，他上了片场，第一次摔下来，导演不满意，说动作不到位。又摔了第二次，还是没有过关，这时的王宝强已经浑身疼痛。到了第三次，第四次……不知摔了多少次，导演终于喊了一声"过了"。做完了这些，王宝强趴在地上已经不能动弹了。

他的替身经历，让很多武术指导感慨万分。别人都是假摔，只有王宝强真摔。当然，这样更能拍出真实的效果。

自此以后，王宝强的名声大振，很多导演都知道他做替身非常认真。他的活儿就一个接着一个，从替身到配角再到主角，一步步走向了事业的辉煌。

当你竭尽所能、拼尽一切去做一件事时，你就会变得无比强大。说得更确切点儿，你就会战胜所有的人。

王宝强是一个做事非常认真、刻苦的人，论学历、文化程度，他是不高；论表演经验，他没有受过任何的专业训练。努力、不找借口是他对工作的原则，他也是坚持着这种精神让自己走到了成功的彼岸。

因此，无论你做什么事都不要去找借口，找借口只能让你寸步难行，你要明白，努力是你唯一的出路。唯有坚持不懈的努力，你才能有更好的出路，更美好的未来。

没有什么来不及，现在才是最好的开始

只有当你采取快速高效的行动之后，才能够在残酷的竞争中拥有自己的一席之地。

比尔·盖茨说过："当你想做什么事情的时候，现在马上就去做！"

的确，每个人有很多事情要做，都有不同的目标和理想要去实现，可是很多人都抱着理想和憧憬度日，而没有什么实际的行动。这样成功又从何而来呢？

对于成功者来说，仅仅拥有目标是远远不够的，就算你将一切都准备就绪，无论在知识与技巧、态度与能力方面都无可挑剔，可是如果一直没有采取现实的行动，那么一切美好的愿望都只是梦中的海市蜃楼。

作为新世纪的青少年，正处于经济飞速发展的年代，因此要懂得"不进则退，慢进也是退"的道理。只有当你采取快速高效的行动之后，才能够在残酷的竞争中拥有自己的一席之地，否则许多机会只能从你的身边一逝而过。

艾琳娜在大学的艺术团里担任一个很重要的角色，不过她并没有满足于此，而是希望在大学毕业后，去欧洲旅游一年，然后再去纽约百老汇打拼。

当艾琳娜将自己的梦想告诉自己的导师时，导师微笑着问她："为什么一定要等到大学毕业再去百老汇呢？"

"对啊，大学生活好像并不能帮助我争取到去百老汇工作的机会。"艾琳娜想了想回答说，"我还是一年以后就直接去百老汇吧！"

这时候，导师又问她："你现在就出发去百老汇，与你一年以后再去，有什么不同吗？"

艾琳娜安静地想了一会儿，对老师说："好像没有什么不同。那我下学期就出发吧！"

导师依然紧追不舍地问道："你下学期出发，和现在就出发，有什么不一样吗？"

艾琳娜有些头晕了，她脑海中全是那双美丽转动的红舞鞋以及那个金碧辉煌的舞台……她下定决心，下个月就出发，前往百老汇打拼。

导师乘胜追击地问她："你下个月出发和现在出发，有什么不同？"

艾琳娜开始激动起来，声音有点颤抖地说道："好吧，给我一周的时间准备一下，我下个周末就出发！"

"在百老汇什么生活用品买不到？"导师还步步紧逼。

"那我就明天出发吧！"艾琳娜激动得跳了起来。导师这才满意地点了点头，说道："很好，我已经给你预订好明天的机票了，祝你好运，孩子！"

第二天，艾琳娜就前往了自己心中的理想胜地——美国百老汇。

在我们生活的世界上，有一个绝对的真理是青少年朋友应该明白的，那就是——无论你想做任何事情，永远不要等所有的条件都成熟了才开始着手行动，否则你将永远处于等待之中！

当青少年朋友有了自己的目标，就应该马上采取行动，从现在开始着手。如果只知道纸上谈兵，那么目标永远都是遥不可及的梦。

再看看我们身边那些成功的人，他们多半都是雷厉风行的行动家，想到了什么，立即就去做。这是一种习惯，是成功者必备的一种态度，也是一种积极处世的态度。

著名文学家爱默生曾经说过："一心向着自己的目标前进，行动起来的人，整个世界都给他让路。"

因此，青少年朋友一定要学会立即行动，不要抱着无数的空想，也没有什么来不及的，因为现在才是最好的开始。

不论多么远大的目标，只要采取了行动，就已经踏出了成功的第一步，而这一步往往也是最重要的。你可以在每天早晨睁开眼睛的时候，就立即行动起来，对于学习与生活中的第一件事情，也要立即去做。这样你会渐渐发现，立即行动也会给你带来充实与满足。如果这样坚持两个星期，那么你就能养成立即行动的好习惯了。

总之，无论你现在的境况如何，只要以积极的心态去面对，只要立刻采取行动，那么成功就是属于你的！

在学习与竞争中，效率等于一切

无论是在紧张的学习之中，还是忙碌的工作之中，效率都是让你领先于他人的重要砝码。

我曾经见过不少这样的人，他们每天都将大把的时间花在学习上，可是却顾此失彼，没有一点效率。

当今社会发展之快，让所有的人都无所适从，因此无论在学习还是在以后的工作中，只有那些讲究效率的人才能脱颖而出，成为新时代的佼佼者。

虽然从小我们就明白"金无足赤，人无完人"的道理，可是如果在学习与日后的工作中没有任何效率可言，那么被社会所淘汰也是一种必然！

著名企业家杰克·维尔奇曾经说过："在社会的竞争中，效率是不可缺少的要素，它可以使公司与员工时刻处于最佳状态，使你入迷。"

为了提高学习与工作的效率，许多人都试图延长自己花费在学习与工作上的时间，从而获取更多的知识，做出更好的工作。只是，学习与工作并不是固体，而像是一种气体，它会自己膨胀起来，并且将多余的时间全部填满。因此，要注意的并不是延长时间的问题，而是如何提高自己的效率。

在上企业管理课的时候，教授经常会要求学生分组做报告。

对于学生来说，分组做报告可以锻炼他们团结协作的能力，同时也可以增加几个人之间以及几个小组之间的竞争力。

为了保证自己不拖团队的后腿，就必须得提高自己的效率。

在所有同学看来，巴里特是一个极度追求完美和效率的人，谁都不愿意和他分在一个报告小组。而那些和巴里特分到一组的同学，只能硬着头皮开始痛苦的合作过程。

只要是同学做出来的东西，巴里特总会挑出一大堆毛病，有时候还将同学的课题"加工"一番。

刚开始的时候，小组成员都对他感到不满，后来渐渐对他"挑毛病"的习惯见怪不怪了，甚至有些同学干脆就不做，把自己的那份留给巴里特去做。

巴里特当然也不是傻瓜，他可不想把自己的精力浪费在别人的课题里。于是他想了一个办法，将小组成员交给他的任务弃之不顾，等到要做口头报告的前三天，才告诉大家自己因为感冒而耽搁了。

这下可把众人急坏了，几个人只能一起来赶，用了两天两夜的时间，总算把报告完成了。

巴里特对于小组成员的"高效率"表示出赞许，他点了点头说："其实你们也可以很有效率，而且做出来的东西也不差啊！"

这时候，众人才明白他心里打的小算盘。不过更多的还是反思自己的不足了。

有一位著名的时间管理专业人士曾说过："如果学习是无头绪并且盲目的，那么效率往往会低得可怕！"

有很多年轻人不讲究效率，时常上演"消防员"的故事。

他们经常把有限的时间用去"救火"，完全分不清什么是要紧的事，什么是重要的事。

他们大多数时间都在处理危机，四处救火，最后弄得自己身心疲惫，该做的事情却没有做好。

　　他们把大部分时间都用来处理那些细枝末节的小事情，等他们真心着手去处理那些大问题的时候，却已经错过了最佳时机。

　　他们就是如此日复一日地恶性循环下去，时间花掉了一大把，效率却没有见到。

　　作为年轻人，自然应该想方设法合理利用自己的时间，让学习更有效率一些。因为当今竞争如此激烈的社会中，效率就是一切！

　　如何提高自己的效率呢?

　　1. 适当减少你的学习时间。如果枯燥的学习已经让你感到厌烦，那么你可以尝试着减少你的学习时间，先让自己放松下来，当再次学习的时候就会见到很好的效果。

　　2. 把握每天的最佳学习时间。心理学家研究发现，人在上午8点、下午2点和晚上8点的时候，精神状态是最好的，并且每持续两个小时会有一次回落。如果你能够把握这个规律，合理安排，那么学习效率一定会得到提升的。

　　3. 保证一定的"喘息"时间。无论你的学习任务有多重，都不要忘了给你自己留一点"喘息"的时间，比如在阅读或者写作一段时间之后，就应该停下来休息片刻。

永远不要把今日之事拖延到明日

只知道等待明天的人，永远也无法将今天握在手里。因为你所等待的明天能够给予你的只有死亡和坟墓。

意大利著名的无线电工程师马可尼曾经说过："成功的秘诀就是要养成迅速行动的好习惯！"

不要将今日之事拖延到明日。这也就是我们经常会听到的"今日事，今日毕"，不过在现实生活中能够真正做到这一点的人又有多少呢？

一些人是这样的，他们总是在有意无意间把今天应该完成的事情，拖延到了第二天，等到了第二天又发现手上的事情多了不少，于是只能将第二天的事情拖延到第三天……如此类推，好像手里的事情总也忙不完，又好像自己什么事也没做好。

这样的人往往心烦气躁，可是又没有什么很好的解决办法，于是只能抱怨自己的时间太少了，根本没有意识到是自己的拖延造成了这样的结果。

其实也不只是年轻人，许多中年人也经常会抱怨："如果当时能够那样做，也许今天就不是这个样子了。"或者"如果那一年我开始着手做生意，现在早就变成富翁了。"任何机会都不可能等你太久，如果你只知道拖延，也许永远都在抱怨之中；如果你现在就开始行动，那么未来就会有无限的可能！

时间是最应该被珍惜的东西。成功人士通常会将时间看成是成功的第一基础，认为世界上最不幸的事情就是失去时间，因此他们做事讲究立刻行动，绝不拖延。

在一次行动研习会上，教授决定和学生一起做一个有趣的活动。

教授从自己的口袋里掏出100元钱，然后对台下的学生说："现在我们来玩一个有趣的游戏，并提示大家必须有所投入，并且立刻采取行动。那么，你们谁愿意用50元来换这张100元的呢？"

教授在讲台上重复了好几次，可是台下的学生没有一个有所行动，都不敢上台去换那张100元的钞票。

教授等了好久，终于有一个学生怯生生地走上讲台，用一种怀疑的眼光看着教授以及教授手里的100元钞票，不敢贸然行动。

这时候，教授提醒他说："还在犹豫什么呢？"

那名学生这才采取了行动，用50元的钞票换走了教授手里的100元。

最后，教授总结说道："如果你希望自己的人生获得与众不同的成功，那么就要马上行动起来，立刻踏出你的第一步！"

青少年朋友总是充满理想与憧憬的，可是有的人却不能马上付诸行动，或者将所有的计划不断延迟，最终使得自己的理想、计划和憧憬都毁于一旦。

诗人约翰·弥尔顿曾写下这样一句诗："一直站立等待的人，也将有所收获。"这句诗似乎很有哲理性，可是却值得我们反思。如果不采取积极的行动，收获与成功又如何而来呢？真正的成功肯定不会像顽皮的小袋鼠一样，自己跳进你的口袋里，它通常属于那些长期艰苦学习与工作的人。

总之，青少年朋友永远不要拖延，而应该告诉全世界，你是多么优秀的人，并且通过实际行动，从现在开始努力，一步一步走向成功的彼岸。

一位企业家在谈到自己的成功经验时，只用了四个简单的字："现在就做！"

然而，生活中很多人总是喜欢等待和拖延，总是习惯在自己认为合适的时间再开始着手行动。不过，时间并不会因为你的等待而慢下脚步，拖延只会让成功离你越来越遥远。

那么，我们应该如何去克服拖延的坏习惯呢？

1. 将一些大的任务分成若干个小的任务，并且将它们排序，列出每个任务完成的先后顺序。

2. 制定一个截止期限，不管任务的大与小，都必须在这个期限内完成。

3. 要分清轻重缓急，如果为了完成一项特别重要的任务，而让一些不重要的任务延迟或者推后，这样并不是真正的拖延。

4. 每完成一项任务都要给自己一定的奖励，这种奖励并非物质上的，而是精神上的，比如你可以抽出一些时间做自己喜欢的事情。

做就是对的，不做就永远是错的

在现代社会中，很少有事情是做不成的，即使做不成，也不是条件不允许，而是你的行动不够！要知道，世上没有难事，只要你行动了，迟早会将事情给解决；如果不去做，那么不管什么事情，都会难得犹如登天一般。所以，想要成功也是一件非常容易的事情，那就是立即行动，马上着手去做。

有一个人，在他的一生当中，曾经先后两次遭遇过非常惨痛的意外事故。第一次不幸发生在他 46 岁那一年。由于飞机发生意外事故，烧坏了他身上 65% 以上的皮肤。在经历了 16 次的手术之后，他的脸由于植皮而彻底变成了一个大花脸。他失去了手指，两条腿也变得十分细小，而且没有办法自由行动，只能够坐在轮椅上面。然而，令人没有想到的是，6 个月之后，他再一次亲自驾着一架飞机飞上了蔚蓝的天空！

4 年之后，灾难再一次发生在他的身上，由他负责驾驶的飞机在起飞的时候，忽然摔回了跑道，而他身体中的 12 块脊椎骨全都被压成了粉末状，导致腰部以下永久瘫痪。

然而，他没有将这些灾难，作为自己一蹶不振的理由，他说道："我瘫痪之前可以做 1 万件事，现在我只能做 9000 件，我可以把注意力放在我无法再做好的 1000 件事上，或是把目光放在我还能做的 9000 件事上。告诉大家，我的人生曾遭受过两次重大的挫折，如果我能选择不把挫折当成放弃努力的借口，那么，或许你们可以用一个新的角度来看待一些一直让你们裹足不前的经历。你可以退一步，想开一点，然后你就有机会说：'或许那也没什么大不了的！'"

这位生活中的强者的名字叫作"米契尔"。正是由于他永不放弃的决心，坚持不懈的努力，最终，他成了一位非常著名的企业家与一位受人们欢迎的公众演说家，而且他还成功地立足于政坛。

由此可以看出，在相同的环境中，相同的条件下，不同的人，就会产生不一样的结果。其实，事情并没有那么复杂，只要你敢于去尝试，这个世界上就没有难事了。一位名人曾经说过这样一句话："做，就是对的！不做就永远是错的！"的确，当你去做了的时候，你最终不一定会取得成功。可是，如果你不去做的话，那么就不可能会取得成功。一个对生活充满热忱的人，只要想做某件事情，就会立即行动，而不是到处询问应当如何做，更不会为自己没有做寻找各种各样的借口。

从表面上看，米契尔的故事似乎是匪夷所思的，可是，在现实生活中，有很多事情都是如此。只要你尝试着去做了，那么你就会发现，原来事情也没有那么复杂！

亚历山大大帝在向亚细亚进军之前，碰巧从非常著名的朱庇特神庙路过。关于这个朱庇特神庙，流传着一个十分有名的的预言。这个预言的具体内容是：谁打开了朱庇特神庙中的那一串非常复杂的绳结，谁就可以成为亚细亚的帝王。在亚历山大大帝来这座神庙之前，不少国家的国王与智者都曾来看过，但是他们都感觉这个绳结太难了，都没有敢下手就放弃了。因为亚历山大大帝的军队将要出发了，能不能将这个非常神秘的绳结给打开，对于军队的整体士气有着相当大的影响。

于是，亚历山大大帝决心将这个绳结打开。亚历山大大帝在非常仔细对这个绳结进行了观察之后，发现这个绳结的确是天衣无缝，找不到一丝漏洞。这个时候，他的脑袋中突然灵光一闪："既然在这之前没有人能够将其解开，那么我为何不能通过自己的行动将这个绳结解开呢？"于是，他将自己的宝剑拔了出来，用力一挥，就将这个绳结劈成了两半。就这样，这个困惑了人们几百年的难题被亚历山大大帝另辟蹊径地解决了。亚历山大大帝也因为这个原因在做了亚细亚的帝王之后，每个人都对他是心服口服的。

亚历山大大帝没有因循守旧，敢于付诸实际行动，充分地展现了其超凡的勇气与智慧，从而促使他完成了亚细亚帝王的宏伟事业。由此可见，即便你所遇到的那个难题再棘手，只要你勇于行动，那么它就会变得不堪一击。

世间万事，"做"就会变得容易，"不做"就会变得很难。目标虽然有困难与容易之分，但是只要你敢于行动，那么不管多么困难的事情都会变得十分容易。如果你不去做的话，那么容易的事情也会变得非常困难。只要你肯付诸行动，你就会发现，其实事情没有你想的那么难！

第七章

破釜沉舟，背水一战

　　"我们不是英雄，只是朝生暮死"的众生。当苦难袭来，我们其实不勇敢，其实很害怕。只是无法逃避，现实给出的选择只有一个，那就是没得选择。只能用柔弱的身心默默地去承受。

不能再退，再退就是地狱的入口

你是否听过这样的事：某某因为公司赔了钱，不得已变卖了最后的一点产业做了一个风险很大的投资，哪知却一举成功，咸鱼翻身了。某某因为被老板炒了鱿鱼，丢了份令人羡慕的好工作，不得已下海做了生意，谁知却就此风生水起，发了大财。某某因为一份创意书通宵达旦，但总是没有灵感，谁知到了早上就要开会的时候，却突然思如泉涌，顺利过了关。

当人们的背后是万丈深渊，无路可走的时候，通常可以爆发出超过平时三倍的实力，这种"实力"包含了力量的提升、思维更加敏捷、行动更加进取、性格往好的方向转变等。

很多人在做事的时候往往习惯给自己留一条退路，以防遭遇困难时会陷入绝境。这种两手准备的做法看似谨慎，其实并不可取。因为人总是喜欢贪图安逸，当清楚地知道自己还有退路时，勇往直前的劲头就会随之减弱，原本能使出 100% 的力量现在却只能使出 80% 了。所以，给自己留退路的人是很难取得实质性进步的。

创业阶段的人最怕说这样一句话：如果不行，还可以再用另一种办法，没关系，不会太糟糕。是的，不会太糟糕的选择通常也不会太好。破釜沉舟的军队，就有可能决战制胜。同样，一个人无论做什么事情，务必要抱着绝无退路的决心，勇往直前，遇到任何困难、障碍都不能退缩。如果立志不坚，时时准备知难而退，那就绝不会有成功的希望。

古希腊有个著名的演说家，名叫戴摩西尼。他还不出名的时候，为了提高自己的演说能力，常常会躲在一个地下室里练习口才。但独自练习的时间是寂寞的，这让他时不时就想出去溜达溜达，心总也静不下来，练习的效果很差。为了强制自己专心练习，他挥动剪刀把自己的头发剃去一半，变成一个怪模怪样的"阴阳头"。这样一来，因为头发羞于见人，他只得彻底打消了出去玩的念头，一心一意地练口才。这样，一连数月他足不出户，演讲水平突飞猛进。经过一番刻苦的努力，戴摩西尼最终成了世界闻名的大演说家。

当你挥动剪刀的时候，你就已经决定让自己和世界绝缘、大干一场了。人有时候就需要一点强制，就如同那些古时上山求仙的人一样，用一根绳子攀上绝壁，之后再挥剑将其砍断，没吃没喝，以表达自己修仙的决心。

一个人要想干好一件事，成就一番伟业，就必须心无旁骛、全神贯注地去努力，持之以恒、锲而不舍地追逐既定的目标。但是要做到这一点实在不容易，一些人常常战胜不了身心的倦怠，抵御不住世俗的诱惑，因此半途而废，功亏一篑。这时，就要像戴摩西尼那样用强制的方法严格要求自己，不给自己留退路，唯其如此，才能走向成功。

布鲁斯出生在美国的一个十分贫穷的家庭，尽管如此，他却是一个坚持不懈、勇于奋斗的人。

年轻时布鲁斯一直给别人打工，但他挣的钱连养家糊口都不够。于是，他说服妻子，冒着流落街头的风险卖掉家里的房子，凑足3000美元，开了一家机电工程行。几年后，虽然他的公司逐渐壮大，但还是家小企业。

布鲁斯希望公司有更好的业绩，他决定让公司上市，利用社会资金。但华尔街一些有实力的股票承销商都对小公司不感兴趣。布鲁斯要想让那些承销商接受自己的公司实在太难了，但他没有被困难打倒，继续为公司能够上市做着自己的努力。

当布鲁斯办妥成立股份公司的一切法律手续后，还是没有一家证券商愿意承销他的股票，他一下子陷入进退两难的境地，但布鲁斯并没有放弃努力。他决心孤注一掷，自己发行股票，跟华尔街的传统观念搏一把。说干就干，他请朋友们帮他到处散发印有招股说明书的传单。

在华尔街的历史上，还没有过撇开承销商而自行发行股票的先例。行家们都断言布鲁斯必然以笑话收场。而就布鲁斯本人来说，他已是骑在虎背上，不得不硬着头皮走下去，因为他根本没有给自己留退路。

布鲁斯和他的朋友们，从一个城市到另一个城市，起劲推销股票。他的离经叛道之举使他在华尔街名声大噪，人们抱着敬佩、赞赏、好奇、尝试的心理，踊跃购买他的股票，短时间内便卖出 40 万股，筹得 100 万美元。

获得资金后，布鲁斯如虎添翼。他奇迹般地兼并了多家大公司，创造了一个全美家喻户晓的现代股市神话。

退路是不让自己跌倒谷底的保障，却也是令人难以飞跃的屏障。很多时候，如果我们斩断自己掉头的想法，那么就只有义无反顾，拿出 200% 的精力去与命运抗争。

一位老教授和他的两个得意弟子，欲进入 S 溶洞考察。S 溶洞在当地人们的眼里是一个魔洞，一年四季洞口总是雾气沼沼的；曾经也有胆大的乡下人进去过，但都是一去不复返。

　　在进洞的那一天，数百名群众赶来给他们摆酒钱行，场面颇有些悲壮。他们带上充足的食品和水，当然还有一些必备的探险工具。走进漆黑的溶洞，他们借着手电筒的光线，一边前行，一边采集一些石样作为以后研究的资料。

　　当随手携带的计时器显示着他们已经在漆黑的溶洞里走过了14个小时零32分钟的时候，三人的眼睛陡然一亮，一个有半个足球场大小的水晶岩洞呈现在他们的面前。他们兴奋地甚至有些疯狂地奔了过去，尽情欣赏、抚摸着那些散发迷人光彩的水晶石。待激动的心情平静下来之后，其中那个负责刻路标的弟子忽然惊叫起来：老师！刚才我忘记刻箭头了！！他们再仔细看时，四周竟有上千个大小各异的洞口。那些洞口就像迷宫一样，洞洞相连；他们转了很久，始终没找到退路。

　　这时候，他的那两个弟子都跌坐在地上，失望地对老教授说："不行了！这么多的洞口，我们就是再转上半年也转不出去啊！"老教授在洞口前默默地搜寻着，蓦然，他惊喜地喊道：在这儿有一个标志！！他的那两个学生"噌"地从地上弹了起来。

　　果然，在一个洞口旁隐隐能看出，有一个用石灰石画的箭头；他俩认为这一定是前人留下的，便决定顺着标志的方向走。老教授一直镇静地走在他俩的前头，每经过一个洞口时，两个弟子就会忙着寻找前人留下的路标。然而，每一次都是老教授发现的。

　　终于，他们的眼睛被强烈的阳光刺疼了，这就意味着他们已经成功地走出了魔洞。那两个弟子竟然像孩子似的躺在洞口旁的土地上，掩面哭泣起来，而后激动地对老教授说："如果没有那位前人，我们也许永远走不出魔洞了。"而此时，老教授却拭了拭眼角，缓缓地从衣兜里掏出一块被磨去半截的石灰石，递到他俩面前，意味深长地说："在没有退路可言的时候，我们只有相信自己，拿出自己的执著与勇气，拿出自己决不气馁的决心，这样，我们就没有时间和机会怨天尤人、自暴自弃，只有义无反顾地走下去。"

没有谁的人生是一帆风顺的，因为上帝会分派很多难关作为你提升的关卡，一个人能否取得事业上的辉煌。能够取得多大的成就，完全取决于你能越过多少关卡，战胜多少困难。而一个胸怀大志之人，一个想要驾驭命运的人，就应该立即断绝所有的退路。

有志者，事竟成，破釜沉舟，百二秦关终属楚；苦心人，天不负，卧薪尝胆，三千越甲可吞吴。无数的先辈用血和成功告诉我们：一个奋斗者是不需要退路的。因为他没有时间去瞻前顾后，没有机会去左顾右盼，他只有向前再向前，用全部的精力去排除万难，直至功成。

打不赢也绝不做逃兵

李宁品牌的广告上有很多经典的台词，其中最让人难忘的一句台词莫过于"一切皆有可能"。人生有太多的不可能。可是，打不赢也要打，爬起来还要战，面对不可能，不能后退，即使打不赢也绝不做逃兵。这样下去，有时还真有可能将"不可能"变成"可能"。

有一位篮球教练，当医生告诉他，他患的是白血病的时候，他的表情是少有的镇定。

但是，接下来他说的话却令人费解："那么，这就是一场打不赢的战争了。"

"白血病虽是重症，却非不治之症，对于你这个年纪的人来说，化疗是一个好方法，况且你是运动员，身体本钱雄厚……"医生像往常一样开导患者。

"明知打不赢，也要打一打。"篮球教练并没有理会医生的话，而是自顾自地说着。

他努力地配合治疗，一切都很顺利。但是，有一次在抽血中，医生再次发现了白血病的芽细胞。他知道以后没有露出失望难过的表情，而是若有所思地抬起头来问医生："你认识周悦然吗？"医生仅仅是知道"周悦然"是一个篮球明星的名字。

"他是我的学生。"这位教练精神抖擞地说，"带他打球是一种享受，他可以完美地执行教练的任何战术。和他相处三天，我就知道，他一定会当选最佳选手。至于他会一直进步到什么程度，我也很想知道。"

医生偷偷看了看表，因为有些老师回忆起学生会说个没完没了，他希望这位教练能够适可而止。

"那一届决赛我们遇上了大安高中，大安是所有人心目中的冠军，队中有好几人是亚青杯优秀选手。包括我在内，所有的人都不认为我们有机会晋级。我让孩子们放手自由发挥，要他们打一场快乐的球，结果在上半场结束的时候，比分是 40∶37。"

"一个三分球就能改变落后地位，作为一个教练，哪能没有求胜的野心，何况这次战胜的还是大安。不过，我没有把这个想法告诉球员，还是让他们带着平常心作战。剩下 5 分钟的时候，居然只落后 1 分，不用我说，大家都想到赢的可能了。这时我换下周悦然，在场边问他：'你觉得这一场我们能不能赢？'他的回答相当干脆：'就算不会赢，也要打一打。'最后他上去，内线、外线加篮板，冲杀了一阵之后，我们赢了三分。他的话现在成了我的教练。"

在那一天发现了芽细胞之后，医生没有追加任何治疗，只是给他输血、打抗生素而已。但是很奇怪，那位教练竟然奇迹般地战胜了病魔，这同他振奋的精神和顽强的意志力是分不开的。世界上还有比这更难以让人置信的事情吗？即使打不赢，也绝不做逃兵，结局才有被改写的可能。

被称为"蓝色巨人"的 IBM，居然是从一个生产磅秤、切肉机的小公司衍变为今天的跨国电脑公司，知道的人恐怕都会觉得意外。在这样的成就中，凝聚了几代人的汗水，但是，人们首先应当感谢的就是"计算机之父"、IBM 公司的创始人——托马斯·约翰·沃森。你无法想象他是从怎样的痛苦中获得最终的成就的。

　　托马斯·约翰·沃森是一个穷苦的苏格兰移民的儿子，父亲靠伐木和种地为生。为了减轻父母的压力，他17岁就步入了社会。

　　沃森的第一份工作是为一家五金店老板推销缝纫机。当时，走街串巷的推销是被人们看不起的职业，沃森在那个时候就遭受了许多白眼。但辛苦的工作使沃森得到了锻炼，他始终保持着良好的状态。后来谈到他早年的辛苦时，沃森说："一切都源于销售，没有销售就没有美国的商业。"

　　推销商品让沃森每个星期能得到12美元的薪金，但是，他从其他推销员那里得知自己被老板愚弄了，其他的推销员拿到的是佣金而并非工资。这样算来，沃森每个星期应得的是65美元，他感到气愤，并且辞去了这份工作。

　　后来他又给一个名叫巴伦的推销员做助手，佣金比较丰厚。沃森还开了一家属于自己的肉店，他有着缔造零售业帝国的梦想。然而，这个梦很快就被惊醒了，巴伦卷款而逃，这使沃森陷入破产的危机中。

　　沃森绝不甘心就这样失败了。他重整旗鼓，精神抖擞地面对困难，将谋生的目光投向了全国现金出纳机公司，那里平均周薪100美元。

　　沃森第一次推销收款机时极其失败，他遭到上司兰奇的百般责骂。当时，他被骂得不知所措，羞愤难忍。但是，沃森却在这样的屈辱中坚持了下来，将这样的经历看成推销中的职业训练。一年后，沃森成了销售部的经理。后来，沃森又被提升为分公司经理。他到这家公司的第五年，已经成为仅次于这家公司老板帕特森的第二号人物。他仿佛很快要到达成功的巅峰。

　　而厄运又一次袭来。州法院以垄断罪起诉了国民收款机公司。沃森虽然获得了保释，帕特森却被判入狱一年。年近40岁的沃森在这个时候失去了饭碗，他的家里此时有新婚不久的妻子和嗷嗷待哺的儿子，他必须继续去闯荡。

不久，经朋友介绍他认识了IBM前身的奠基者查尔斯·弗林特。失业的沃森一如既往地保持着最佳的状态，他们通力合作，为IBM的江山打下了坚实的基础，而沃森更是以自己卓越的领导才能和经营魄力赢得了人们的信任。现在，虽然沃森已经去世，但他创办的IBM公司仍然在不断壮大。

在忍耐和辱骂中，沃森逐渐成长起来，如果没有那些灰暗日子的磨砺，不会有日后的成就。每一次跌倒，沃森都会马上爬起来，他的状态永远是斗志昂扬的。爬起来再战，做一个无畏的斗士。像他这样的人还有安德鲁·杰克逊。

安德鲁·杰克逊是美国第七任总统。首任佛罗里达州州长、新奥尔良之役战争英雄、民主党创建者之一，杰克逊式民主就是因他而得名。在美国政治史上，他是19世纪20年代与19世纪30年代的第二党体系的极端象征。

但是，安德鲁·杰克逊的儿时伙伴们都无法理解他为什么会成为名将，最终还成了美国总统。因为，在他的伙伴们当中，有许多人比杰克逊更优秀，更有才华，但是最终却也没有大的作为。

杰克逊的一位朋友曾经说："吉姆·布朗和杰克逊就住在同一条街上，布朗不但比杰克逊聪明，而且摔跤也能赢杰克逊三场，凭什么杰克逊会混得那么好？"

"摔跤都是三局两胜，那么为什么会有第四场比赛呢？"有人问。

他的朋友说："没错，比赛确实应该结束了，但是杰克逊不肯。他从来不愿意承认自己输了，一定要赢回来才可以。到最后，吉姆·布朗没了力气，第四场，杰克逊就会赢了他。"

安德鲁·杰克逊向来拒绝失败，正是这种坚忍不拔的精神造就了他日后的辉煌。

当你被摔倒在地时，你会不会爬起来再战，会不会精神抖擞地面对一切，直到取得胜利？衡量力量与勇气不能只看胜利和奖章，更重要的标准是人们所克服的困难。真正的强者不一定是取得胜利的人，但一定是面对不可能敢挑战的、斗志昂扬的人。

时时全力以赴，事事全力以赴，谁能预测之后会发生什么事情呢？每个人都会可能面对一些事情，明知道自己会败下来，但是，只要参与其中，始终抱着打不赢也绝不做逃兵的心态，也许，打不赢就会变成打赢，不可能就会变成可能。

收起你怯懦的样子

2008 年的金融风暴不知道倾覆了多少人一辈子的心血，无数的工厂倒闭，经济倒退，甚至银行和全球瞩目的影视公司也关门大吉。正因为如此，在那段时间国外的报纸上总是会有某某企业家公司清盘跳楼、某某董事会成员服毒自杀等新闻，有着同样感触的人唏嘘不已，但带给大家更多的只是茶余饭后的消遣与嘲笑。没错，面对失败，面对逆境，你胆怯了、卑微了、放弃了，那么你不仅退出了人生的舞台，还会就此成为别人的笑柄。

普拉格曼是美国当代著名的小说家，他学历不高，甚至还没念完高中。在他的长篇小说获奖典礼上，有位记者问道：你毕生成功最关键的转折点在何时何地？

普拉格曼认为第二次世界大战期间在海军服役的那段生活，是他人生受正式教育的开端。他回忆说：

1944 年 8 月的一天午夜。因为两天前他在战役中受伤，双腿暂时瘫痪了所以为了挽救他的生命和双腿，舰长下令由一名海军下士驾一艘小船，趁着夜色把他送上岸去战地医院医治。

不幸，小船在那不勒斯海湾中迷失了方向，那名掌舵的下士惊慌失措，这时船边又游来几只鲨鱼，它们就像荒原上的野狼一样，对着船上的两个人。几个小时过去了，他们无数次挥舞着船桨打退鲨鱼，而鲨鱼却又一次次扑上来，尽管是重复着近乎机械地驱赶动作，普拉格曼却似乎越战越勇。但那名下士就不一样了，他越来越感到体力不支，差点要拔枪自杀。普拉格曼镇定地劝告他说："你别开枪，我有一种神秘的预感，虽然我们在危机四伏的黑暗中飘荡了 4 个多小时，孤立无援，而且我还在淌血。不过我认为即使失败也不能堕入绝望的深渊。就算是到了绝境，我们也不能放弃。"没等他把话说完，突然前方岸上射向敌机的高射炮的爆炸火光闪亮了起来，原来他们的小船离码头还不到三海里。

脱险之后，普拉格曼在回忆中这样写道：

"自从那夜之后，此番经历一直留在我的心中。这个戏剧性事件竟包容了对生活真谛认识的整个态度。因为我有不可征服的信心，坚忍不拔，绝不失望。即使在最黑暗最危险的时刻，我相信命运还是能把我召向一个陌生而又神秘的目的地……"

你会比普拉格曼还深切地感受到绝望与无助吗？如果他选择了放弃，那么就是成为鲨鱼的一顿晚餐，但在危急关头，他选择了再搏一下，于是成就了今天的小说家。

诚然，每个人都渴望有朝一日能飞黄腾达。但是他们很矛盾，只是把希望寄托于一些不切实际的幻想上，只是一味地做"白日梦"，而不敢去行动，怕碰壁、怕失败，这样怯懦、胆小，又怎能成功？惟有唤醒自己积极主动的能量，勇敢去闯，才有成功的希望。

有人曾做过这样一个小试验：把一只跳蚤放进一个玻璃杯里，跳蚤很容易就跳了出来。再放进去，跳蚤还是轻而易举地跳了出来。小小的一只跳蚤可以跳到身体的 400 倍左右的高度，堪称动物界的跳高冠军。所以，这点高度对它来说，并非难事。

接下来，实验者对这个实验稍加改造。他再次把这只跳蚤放进了杯子里，不过这次是把跳蚤放进去后，就马上在杯子上盖上一个玻璃盖。当跳蚤试图跳出来时，"嘣"的一声，跳蚤重重地撞在了玻璃盖上。但是，它没有停下来，而是继续尝试跳跃。一次次失败，跳蚤开始变得聪明起来，它开始调整自己所跳的高度。不久，它就能在盖子下面自由地跳动，而不再撞到玻璃盖。

过了两天后，实验者把玻璃盖轻轻拿掉了，可是跳蚤还是在原来的那个高度继续地跳着。四天后，这只可怜的跳蚤还在这个玻璃杯里不停地跳着，它已经无法跳出这个玻璃杯了。

许多人在听过这个故事之后，会嘲笑跳蚤，觉得它太愚蠢了。可是，仔细想想，从这只跳蚤的身上是不是也能看到自己的影子？

很多人年轻时，曾意气风发，勇于进取，要干一番事业，于是憋足了劲，向着心中的理想和成功的方向努力不止。但成功绝非轻而易举的事，自己屡屡碰壁，总是失败。

这样经历几次失败后，他们不是开始抱怨这个世界不公平，就是怀疑自己的能力，害怕面对自己。他们不再努力去追求成功，而是甘愿忍受失败者的生活，做个懦夫。他们宁可别人说自己胆小怯懦，也不再愿意走出去追求成功的人生。从此人生便如同陷入泥沙，开始渐渐沉沦。

怎样能同这种人生说再见？那就要收起怯懦的样子，唤醒积极的自我，摆脱掉这种怯懦的思维，对自己有一个客观的了解。必须诚实地面对自己，不逃避，问问自己的内心到底要做什么，想成为什么样的人。尽管每个人对事业的追求都不一样，但是这不妨碍你找到最适合自己的方向，坚持不懈地去开创未来。

成功人士大都是无畏的，从他们的身上看不到胆怯和懦弱。或许他们也有脆弱的一面，但是他们绝对不会让别人看到。他们会勇于坚持和引导自己的事业向有利的方向发展，向别人传递自己的信念并以此为行动指南，哪怕别人不同意，他们也绝不会人云亦云，有所退让。也正因此，他们的奋斗更见成效。

战国时代，赵武灵王赵雍是一个颇有作为的政治改革家和军事家，他顶着"易古之道，逆人之心"的骂名进行了著名的"胡服骑射"的改革。

在改革之前的 19 年间，赵国先后被秦、魏攻伐战败 6 次，损兵折将，忍辱削地，甚至北方的一些胡人部落也经常对赵国进行掠夺。

赵雍没有灰心放弃，也没有胆怯，而是积极地想对策。在同胡人部落的屡次交战中，他深感中原传统战车的笨重难行，同时也看到"胡服骑射"的优越性。于是，他提出打破中原传统的衣冠制度和兵制，效仿北方游牧民族军事上轻骑远射、机动灵活的战略战术并且提倡穿紧身的胡服。

赵雍的这些改革方案遭到一些老臣的强烈反对，这些老臣们认为，扔掉象征着威武的庞大战车，穿上异邦小族的衣服，是在给老祖宗丢脸。反对声一浪高过一浪，赵雍没有妥协。为了使赵国强大，面对祖宗的规矩和世俗的偏见，面对千百年来的传统习惯，赵雍不怕得罪那些德高望重的老臣，毅然坚持改革。

在公元前 307 年，赵雍下令举国上下都要穿胡服，习骑射，并且自己带头穿起胡人的服装。

后来，赵国军队的战斗力得到了空前的提高，不但打败了过去经常侵扰赵国的中山国，而且还向北方开辟了上千里的疆域，成为战国七雄。

由此可见，如果没有赵雍的直面失败，率先改革，赵国一定不会有后来的强盛。他的自信让自己和国家都产生了强大的力量，将软弱和胆怯丢到了九霄云外。

《羊皮卷》的作者马丁·科尔说："对于你的梦想能否实现，真正有影响的观点是你自己的观点。其他人的消极想法只是反映了他们自身相对于事情的局限性，而不是你的局限性。"即使所有的人都认为你的做法是一种冒险，但是只要你是经过了严谨的思考，细致的研究，敢于去冒险，才会有新的景象出现。

成功不足惧，失败更不足惧。成功只不过是爬起来比倒下去多一次而已。如果因为担心而迟迟不肯跨出第一步，那样将永远无法成功。

摆脱怯懦，收起你怯懦的样子，唤醒自己心中那颗积极向上的种子，让它带你发挥出自身最大的潜能，直到攀登上成功的高峰。

绝望将希望变成荒漠，希望将绝望变成绿洲

如果一个人处于绝望当中，希望也变成了无边的荒漠；而如果一个人充满了希望，那么绝望也会变成一块生机勃勃的绿洲。

所以，无论你所处的环境多么恶劣，无论你经历了多么巨大的挫折，如果你是被绝望所控制，向绝望屈服，放弃了积极进取和努力，那么，失败是必然的结果。与之相反，只要你心里还能拥有希望，就会有一种无穷的力量帮助你战胜困难，取得成功。很多时候，人们的智慧和才干并非不如别人，仅仅是与别人相比时缺少了希望所带给他们的精神动力而已。

人生无坦途。在漫长的道路上，谁都难免遭遇厄运和不幸。小泽征尔，这个被誉为"东方卡拉扬"的日本著名指挥家，谁曾想到，在初出茅庐的一次指挥演出中，中途被赶下场来，然后被解聘。

为什么困难没有让他们放弃？为什么厄运没有把他们打败？因为他们始终把厄运看作是人生的一种磨炼，而不是负担，更不会因此而对自己的未来绝望。在厄运来临时，他们能看得更远，能让自己心中永存希望，梦想是他们心中永远的绿洲。

在华人圈内素有"美容教母"之称的蒙妮坦国际集团董事长郑明明，有一个美丽的称号——"蒙妮坦不倒翁"。近40年来，

她一直在为"美丽"奋斗不止。

1973年，郑明明精心挑选了一批美容产品，带领6名受过训练的职员，在雅加达租了一个储存仓库，准备通过销售产品在那里开设蒙妮坦的分支机构。怎料，一场大火把仓库内烧了个精光，所有产品付之一炬。产品没了，本也亏了，欠下银行一大笔贷款，还要赔偿被烧毁的仓库。郑明明当时的境遇可想而知，而就在她绝望的时候，想起了父亲的不倒翁，顿时得到鼓励。她说："父亲最喜欢不倒翁，他常常鼓励我要敢于面对现实，应该学习不倒翁的精神：遇到挫折时不必绝望，只要懂得如何再次站起来。"

于是，郑明明借着父亲的"至理名言"，在仓库失火后再次勇敢地站起来。她先回到香港，重建事业。一年后还清了银行贷款，手头又有了积蓄，于是再次扩张。这样，几十年风雨历程，她的事业越来越大，也正是父亲那句再普通不过的教诲，一直在鼓励着这位"美容教母"。让她从荒漠中找到了生命的绿洲。

后来，她在总结自己成功的经验时说："踏足内地的头八年，工作并不顺利，到处碰壁。就当时的内地来说，开办美容学校是很难被接受的事情。阻碍很多，但每当要打退堂鼓时，我就想到了父亲的那句话，于是就给自己打气，在心里描绘未来的美好蓝图，给自己一个成功的希望：以后，我最大的心愿是建立中国的民族品牌，让中国的美容产品在海外同样得到认同……"

人生在世，谁都有过失败，有过挫折。古今中外哪位成功人士不是从失败中走出来的？但无论遇到多大的挫折和阻碍，都不能绝望，因为绝望会让你丧失一切机会。要做一个意志坚强、永不绝望的人，无论在怎样的困境中都能看到希望，只有这样才可以战胜一切困难，摔倒了重新站起来，取得成功的钥匙。

通向成功的路并非是一条平坦的大路，你必须随时拥有承受失败考验的心理准备。要知道，当你似乎已经走到山穷水尽的绝境时，你离成功也许仅一步之遥了。

人的一生，就像一趟旅行，沿途中有数不尽的坎坷泥泞，但也有看不完的好风景。如果你的一颗心被灰暗的风尘所覆盖，干涸了心泉、暗淡了目光、失去了生机、丧失了斗志，你的人生轨迹会被绝望毁灭；而如果你能保持一种健康向上的心态，即使你身处逆境，只要心中有希望，就一定能东山再起，让人生变成充满生机的绿洲。

由此可见，绝望会让原本有可能实现的理想变成毫无可能的泡影，而希望却可以让不可能变为可能。那么，如何化绝望为希望呢？

1. 不要扩大事态

如果你做一件事，但是没有取得预想的结果，千万不要太失望，更不能绝望，要继续努力。因为成功不是轻而易举的，只要心怀希望你就有机会成功。千万不能扩大事态，影响你前进的脚步。

2. 不要"人"与"事"混淆

当你做一件事没有取得成功的时候，不要把自己定义为失败者。没有成功，你首先要面对现实，想想自己做事的时候哪里处理不当，下次如何借鉴以避免相同的错误，让这次的失败给下次的努力以正确的指导，以保证下次成功的系数更大。

3. 不要夸张渲染

当有不如意时，不要认为自己就是个倒霉的人，这种消极的心态无益于日后的生活。而且，这个世界上没有人会一直生活在黑暗中。只要你肯努力，心怀希望，就一定能走向坦途，迎来光明。

第八章

你要相信，最好的正在来的路上

　　要知道，有些路只能一个人走，你以为那些跨不过去的坎儿，一回头，可能就已经跨过去了；你以为等不来的阳光，一回头，才发现，已经度过了漫漫长夜。

这点小事不值得你垂头丧气

我们生活在这个世界上只有短短的几十年，而我们浪费了很多时间，去为那些很快就会成为过眼云烟的小事发愁。

上天赋予每个人可以独立思考的大脑，人们用它来捕捉生活中的美好。他们在枯树的一粒嫩芽上可以看到春天的消息；在迁徙的候鸟鸣叫声中听到它们对家的渴望；在巷弄中打闹嬉戏的孩子笑声中，回忆起自己无忧无虑的童年；听到一句美丽的话语时，会想起自己深深眷恋着的爱人。

人生只有短短几十年，却常常浪费很多时间去发愁一些微不足道的小事。讲一个最富戏剧性的故事，主人公叫罗伯特·莫尔。

莫尔说："1945 年 3 月，作为一名美军战士的我，在中南半岛附近 80 米深的海水下，学到了人生当中最重要的一课。当时，我正在一艘潜艇上，我方雷达发现一支日军舰队，包括一艘驱逐护航舰，一艘油轮和一艘布雷舰，正朝我们这边开来。我们发射了三枚鱼雷，都没有击中日军舰队，突然，那艘日军布雷舰径直朝我们开来（后来才知道，这是因为一架日本飞机把我们的位置用无线电通知了这艘军舰）。我们潜到 45 米深的地方，以免被它侦察到，同时做好防御深水炸弹的准备，还关闭了整个冷却系统和所有的发电机。

"3 分钟后，我感到天崩地裂。六枚深水炸弹在潜艇的四周炸开，把我们直压到 80 米深的海底。深水炸弹不停地投下，有十几个在距离我们 15 米左右的地方爆炸了——如果深水炸弹距离潜艇不到 5 米的话，潜艇就会炸出一个洞来。当时，我们奉命静静躺在床上，保持镇定。我吓得简直喘不过气来，不停地对自己说：'这下死定了……'潜艇的温度几乎到了 40℃，可我却怕得全身发抖，一阵阵地冒冷汗。15 个小时后，攻击停止了，显然是那艘布雷舰用光了所有的炸弹后开走了。这 15 个小时，我感觉好像是过了 1500 万年。我过去的生活一一在眼前出现，我记起了干过的所有坏事和曾经担心过的一些无聊小事。我曾担心，没有钱买房子，没有钱买车，没有钱给妻子买好衣服；下班回家，常常和妻子为一点芝麻大的事吵上一架；我还为额头上的一个小疤发过愁。

"那些令人发愁的事，在深水炸弹威胁生命时，显得那么荒唐和渺小。我对自己发誓，如果还有机会再看到太阳和星星的话，我永远不会再忧愁了。在这 15 个小时里我学到的，比我在大学 4 年学到的还要多得多。"

我们一般都能很勇敢地面对生活中那些大的危机，却常常被一些小事搞得垂头丧气。

拜德先生手下的工人能够毫无怨言地从事那种危险又艰苦的工作，可是有好几个人彼此之间不肯说话，只是因为怀疑别人乱放东西侵占了自己的地盘；或者看不惯别人将每口食物嚼 28 次的习惯，而一定要找个看不见这个人的地方，才吃得下饭……

世界上超过半数的离婚，都是发生在生活里的小事引起的。

芝加哥的约瑟夫·塞巴斯蒂安法官，在仲裁过 4 万多件离婚案后说："不美满的婚姻生活，往往都是因为一些小事。一次，我们到芝加哥一个朋友家吃饭，分菜时，他有些小细节没做好。大家都没在意，可是他的妻子却马上跳起来指责他：'约翰，你怎么搞的！难道你就永远也学不会怎么分菜吗？'她又对大家说：'他老是一错再错，一点也不用心。'也许约翰确实没有做好，可我真佩服他能和他的妻子相处20年之久。说句心里话，我宁愿吃两个最便宜的只抹着芥末的热狗面包，也不愿意一边听她啰唆，一边吃美味的北京烤鸭。

"不久前，我和妻子邀请了几个朋友来家里吃晚餐，客人快到时，妻子发现有三条餐巾和桌布颜色不搭配。她后来告诉我：'我发现另外三条餐巾送去洗衣店洗了。客人已经到了门口，我急得差点哭了出来，我埋怨自己，为什么会发生这么愚蠢的错误？它会毁了我的！我突然想，为什么要毁了我呢？我平静了下心情，若无其事地走进去吃晚饭，还决心好好吃一顿。我情愿让朋友们认为我是一个比较懒的家庭主妇，也不愿意让他们认为我是一个神经质的女人。而且，据我所知，根本没有一个人注意到那些餐巾的颜色。'

"大家都知道：'法律不会去管那些小事。'人也不应该为这些小事忧愁。实际上，要想克服一些小事引起的烦恼，只要转换一下观点，有一个新的、开心点的看法就好。作家荷马·克罗伊告诉我，过去他在写作的时候，常常被纽约公寓的大照明灯'噼噼啪啪'的响声吵得快要发疯了。

"后来，一次他和几个朋友出去露营，当他听到木柴烧得很旺时'噼噼啪啪'的响声，他突然想到：这些声音和大照明灯的响声一样，为什么我会喜欢这个声音而讨厌那个声音呢？回来后他告诫自己：'火堆里木头的爆裂声很好听，大照明灯的响声也差不多。我完全可以蒙头大睡，不去理会这些噪音。'结果，不久后他就完全忘记了它。"

很多小忧虑也是如此。我们不喜欢一些小事，结果弄得整个人很沮丧。其实，我们都夸张了那些小事的重要性。

两次担任英国首相的迪斯雷利说："生命太短促了，不要只想着小事。"安德烈·莫里斯在《本周》杂志中说："这些话，曾经帮助我经历了很多痛苦的事情，我们常常因一点小事——一些不值一提的小事弄得心烦意乱。我们生活在这个世界上只有短短的几十年，而我们浪费了很多时间，去为那些很快就会成为过眼云烟的小事发愁。我们应该把生命只用在值得做的事和感觉上。去琢磨伟大的思想，去体会真正的感情，去做必须做的事情。因为生命太短促了，所以不该再顾及那些小事。"

爱默生讲过这样一个故事："在科罗拉多州长山的山坡上，躺着一棵大树的残躯，自然学家告诉我们，它已经活了有四百多年。在它漫长的生命里，曾被闪电击中过14次，无数次狂风暴雨侵袭过它，它都能战胜它们。但在最后，一小队甲虫的攻击使它永远倒在了地上。那些甲虫从根部向里咬，渐渐伤了树的元气。虽然它们很小，却保持着持续不断的攻击。这样一个森林中的庞然大物，岁月不曾使它枯萎，闪电不曾将它击倒，狂风暴雨不曾将它动摇，一小队用大拇指和食指就能捏扁的小甲虫，却使它倒了下来。"

我们不都像森林中那棵身经百战的大树吗？在生命中也经历过无数狂风暴雨和闪电的袭击，可是最后却让那些用大拇指和食指就可以捏死的小甲虫咬噬个没完。

要在忧虑毁了你之前，先改掉忧虑的习惯。不要让自己因为一些应该丢开和忘掉的小事烦恼，要记住：生命太短暂了。

在最深的绝望里，看到最美的风景

那些跌宕起伏过后，我们需要用平静来阐释面临的一切。

做棵职场向日葵还是含羞草？这个世界看起来早已成为外向者的天下。但事实上，内向者拥有安静的力量，她们的一些关键特性，比如注重深度、清晰准确的表达、习惯孤独等，使自己更容易成为卓越的领导者或有深度的思想者。

逆境中的艰难困苦会对人产生什么样的影响？会把人压得喘不过气来？还是帮助你重新审视自己，找到之前自己也意识不到的潜力？伟大的心理学家阿尔弗雷德·安德尔说：人类最奇妙的特性之一，就是"把负变正的能力"。

战争期间，瑟玛的丈夫驻守在加州莫哈韦沙漠附近的陆军训练营里，为了能与他团聚，瑟玛也搬到那里去了。她十分讨厌那个地方，丈夫经常出差，只留下她一个人住在一间破屋子里，瑟玛因此陷入了无边的苦恼中。

沙漠的天气令人无法忍受，即使有巨大的仙人掌，温度也高达摄氏五十多度。除了附近的墨西哥人和印第安人，几乎找不到可以说话的人，而他们又不会讲英语。那里整天都刮风，吃的东西，包括空气中，到处都是沙子！瑟玛感觉日子实在过不下去了，她写信给父母，说她要回家，马上就回，一分钟也待不下去了！父亲的回信只有两行字，这是瑟玛毕生难忘的两行字："两个人从监狱的铁栏里往外看，一个看见烂泥；另一个看见星辰。"

瑟玛把这两行字念了一遍又一遍，内心充满了愧疚。她暗下决心，要主动发现自己身边所有的美好——她要看到那些心中美好的星辰。

于是，瑟玛与当地的人交上了朋友，这时候她才发现，他们是如此友好——当瑟玛对他们编织的布匹和制作的陶器表示出一点兴趣时，他们就毫不犹豫地将自己最得意的东西送给了她，而不是卖给观光客。她仔细地欣赏仙人掌和丝兰令人着迷的形态；她去了解当地那些土拨鼠的生活习性；她披着日落的余晖去沙漠里寻找贝壳……

究竟是什么使瑟玛产生了如此大的变化呢？沙漠没有改变，印第安人也没有改变，而是瑟玛的内心改变了。在这种心态下，瑟玛将以前那些令自己颓丧的环境变成了生命中最富有刺激性的冒险活动。由此发现的崭新世界令她为之感动，为之兴奋不已。瑟玛说："我从自己的监牢向外望，终于看到了星辰！"

也许，在我们了解不多的古老世界里，反而保留了更多古老的智慧和关于心灵的哲学。英国军官勃德莱在非洲西北部，与阿拉伯人一同在撒哈拉沙漠里生活了7年。在那儿，勃德莱学会了游牧民族的语言，穿他们的服装，吃他们的食物，尊重他们的生活方式。勃德莱放羊为生，睡在阿拉伯人的帐篷里。勃德莱觉得，和这群流浪的牧羊人在一起生活的7年，是他一生中最安详、最富足的一段时间。

勃德莱的父母是英国人，他本人出生在巴黎，儿童时期在法国生活了9年，然后到英国著名的伊顿学院和皇家军事学院接受了教育。成年后，勃德莱以英国陆军军官的身份在印度住了6年。

那时，他热衷于玩马球、打猎，并攀登喜马拉雅山探险，生活丰富多彩。他曾参加过第一次世界大战，战争结束后，以一名军事武官助理的身份参加了巴黎和会。其间，所见所闻令勃德莱倍感震惊和失望。当年在前线战斗时，勃德莱深信自己是为了维护人类文明而战，但在巴黎和会上，他亲眼看到那些自私自利的政客，是如何为第二次世界大战埋下了导火索的——每个国家都在进行秘密的外交阴谋活动，竭力为自己争夺土地，制造国家之间的仇恨。

于是，勃德莱开始厌倦战争和军队，甚至厌倦整个社会。他开始为自己应该选择哪种职业而满怀忧虑，好友建议他进入政治圈，但在8月一个闷热的下午，一次谈话改变了他的命运。他和第一次世界大战中最富浪漫色彩的"阿拉伯的劳伦斯"——英国情报官泰德·劳伦斯谈了一会儿，这个曾长期和阿拉伯人住在沙漠里的传奇英雄建议勃德莱到沙漠去。

尽管勃德莱觉得这个建议有些荒唐，但是他已经决定离开军队，工作也找得不顺利。因此，勃德莱接受了劳伦斯的建议，前往阿拉伯人的世界。

后来他十分高兴自己能做出这样的决定，因为在那里他学会了如何克服忧虑。阿拉伯人生活得很安详，内心很平静，在灾难面前也毫无怨言。

有一次，勃德莱在撒哈拉遭遇了炙热的沙尘暴。沙尘暴一连刮了3天3夜，风势强劲猛烈，甚至将撒哈拉的沙子吹到了法国的隆河河谷。暴风十分灼热，勃德莱感觉到头发似乎全被烧焦了，眼睛热得发疼，嘴里都是沙粒，他觉得自己仿佛站在玻璃厂的熔炉前，痛苦万分，几近疯狂。然而阿拉伯人却毫无怨言，他们只是耸耸肩膀说："没什么！"

但是他们并不是完全消极被动的，暴风过后，他们立刻展开行动，将所有的小羔羊杀死。他们知道这些小羊已经无法存活了，杀死小羊至少可以挽救母羊。在完成这一任务后，他们再将剩下的羊群赶到南方去喝水……所有这些都是在十分平静的心态下完成的，对遭受的损失没有任何抱怨和忧虑。部落酋长说："已经很不错了，我们原本可能会损失所有的一切，但是感谢老天，还有百分之四十的羊留了下来，我们可以从头再来。"

还有一次，勃德莱乘车横越大沙漠，一只轮胎爆了，恰好司机忘了带备用胎。勃德莱又急又怒又烦，问那些阿拉伯人该怎么办，他们说，急躁不仅于事无补，反而会使人觉得天气更加闷热，车胎破裂是老天的旨意，是无法阻挡的。于是，一行人只好靠3只轮胎往前行驶，然而不久汽油也用光了。面对这种处境，酋长只说了一声："没什么。"这些阿拉伯人并没有因司机的过失而咆哮不已，反而更加平静。他们徒步走向目的地，一路上不停地唱着歌。

与阿拉伯人一起生活的7年时间使勃德莱相信，在美国和欧洲普遍流行的精神错乱、浮躁和酗酒，都是由匆忙、复杂的文明生活制造出来的。只要住在撒哈拉，勃德莱就没有烦恼。在那里，在最恶劣的生存环境中，他却能够找到心理上的满足和身体上的健康，而这也正是文明社会所缺失的。

在离开撒哈拉17年后，勃德莱始终保持着从阿拉伯人那里学来的生活乐趣：愉快地接受那些已经发生的事情。在深深的绝望里，看到美好的风景，这种生活哲学，比服用一千副镇静剂更能安抚他的紧张情绪。

守稳初心，光明就在转角处

最重要的是，不要去看远处模糊的影子，而要去做手边清楚的事。

著名专栏女作家迪克斯说："我经历过贫困的深渊，别人问我是怎么熬过来的？我回答：'熬得过昨天，我就过得了今天，我决不去想明天会是什么样子！'我深深知道挣扎、焦虑和绝望的滋味，过去，我总是陷入过度劳累中。我过去的生活就像满目疮痍的战场，充满了破碎的梦想和希望的幻觉。总是回忆过去，就像揭开旧伤疤，会令我提前衰老。

"我从不为过去悲伤，我也不羡慕比我过得好的人。因为我真正有血有泪地活过。我饮遍了生命之杯的每一滴的滋味，而别人只是浅尝了一口泡沫。我了解很多别人根本不会知道的事情，走过很多别人根本没办法走过的路。这让我能够看清每一件事，因为只有泪水洗过的眼睛，才更清澈开阔。

"我一点不为曾经受过的苦感到遗憾，因为我从那些痛苦中真正体会到了生命的意义。我发现了一个生活的哲理，那就是'活好今天，绝不为明天烦恼。'明天是什么样子，谁都不知道，所以我没必要去担忧，假若困难真来了，那就'兵来将挡，水来土掩'好了。"

有年春天，一名蒙特瑞综合医院的医科毕业生感觉忧虑极了：我怎样才能通过期末考试？毕业后该做些什么？该到什么地方去？怎样才能开诊所？怎样才能谋生？他拿起一本书，看到了对他的前途有着很大影响的24个字。这24个字使这位年轻的医科学生成为当时最著名的医学家。他创建了闻名全球的约翰·霍普金斯医学院，成为牛津大学医学院的终身客座教授——这是英国医学界所能得到的最高荣誉——他还被英王封为爵士。

他就是威廉·奥斯勒爵士。那年春天他所看到的那 24 个字帮助他度过了快乐的一生。这 24 个字就是："请注意，不要去看远处模糊的影子，而要去做手边清楚的事。"这是文学家汤姆斯·卡莱尔的一句话。

42 年后，在开满郁金香的校园中，威廉·奥斯勒爵士向耶鲁大学的学生发表了讲演。他对学生们说："像我这样一个人，曾经在四所大学里当过教授，写过很畅销的书，似乎应该有'不凡的头脑'，不是的，好朋友们都说我的头脑普普通通。"

那么，威廉·奥斯勒爵士成功的秘诀是什么呢？他认为，是因为他生活在"一个完全独立的今天"里。

"一个完全独立的今天"是什么意思？

在去耶鲁演讲之前，威廉·奥斯勒曾经乘坐一般很大的海轮横渡大西洋。他看见船长在驾驶舱里按下一个按钮，在机器一阵"吱嘎"的响声后，船舱内部立刻彼此隔绝成几个防水的隔舱。奥斯勒博士对耶鲁的学生说："你们每个人的头脑机制都要比那条大海轮更精美，而且要走的航程也遥远得多。我想奉劝诸位：你们也应该学会控制自己的一切。只有活在一个'完全独立的今天'中，才能在航行中确保安全。在你的驾驶舱中，每个大隔舱都有各自的用处。按下一个按钮，用铁门把过去隔断；按下另一个按钮，用铁门把未来也隔断。这时，你拥有的今天已经完全呈现在你面前——埋葬已经逝去的过去，把未来紧紧地关在门外。不念过去，不畏将来，你的希望只存在于今天，未来只是今天的延续。只要做好手边的事，光明就在转角处！"

奥斯勒博士是不是主张人们不用下工夫为明天做准备呢？

不，绝对不是。他接着说，集中所有的智慧，所有的热情和耐心，把今天的工作做得尽善尽美，就是你迎接未来的最好方法。

奥斯勒爵士建议耶鲁大学的学生们在一天开始时对自己说："我们将得到今天的面包。"这句话中仅仅要求今天的面包，并没有抱怨昨天吃的面包酸，也没有说："噢，天哪，麦田里最近很干枯，可能又遇到一次旱灾，我们到秋天还能吃上面包吗？或者，万一我失业了，那时我怎么弄到面包呢？"这句话提醒我们，我们只可要求今天的面包，守住初心，不想太多。

很久以前，一个一文不名的哲学家流浪到一个贫瘠的小乡村，那里的人们过着非常艰苦的生活。一天，在山顶上的人群中，哲学家说出了一段名言，这段话经历了几个世纪，世世代代地流传了下来："不要为明天忧虑，因为明天自有明天的忧虑，一天的难处一天受就足够了。"

很多人都不相信这句"不要为明天忧虑"，把它当作一种多余的忠告，或者把它看作宿命类的哲学，他们说："我一定得为明天忧虑啊！我得为家庭多攒点钱，我得把钱存起来留着养老，我一定得为将来孩子上学做计划和准备。"没错，这些话都对。其实，我认为，哲学家说这句话更多想表达这个意思："不要为明天着急。"

不错，一定要为明天着想，要认真地为明天考虑、计划和准备，可是不要为明天着急，而是要把全部精力放到过好今天。今天，就是你最值得珍惜的，就像英国女首相玛格丽特·撒切尔说的那样：幸福不是什么都不用做，而是给自己安排满工作，到傍晚自己感觉疲倦的时候，就知道自己过了充实的一天。

活好每一天，就是活好一辈子

　　节省时间，就是使一个人有限的生命更加有效，就等于延长了生命。

　　那些在事业上取得成就的人，都深深知道时间的价值，德国哲学家叔本华曾说：普通人只想到如何度过时间，可是有才能的人却设法利用了时间。每天只有二十四个小时，你是否想知道，那些最忙的女性是怎样在短短的时间内完成巨大的工作的？

　　每天，罗斯福总统夫人的日程表都排得满满的——写作、在各地演讲、开展外交活动，很多年龄还没她一半大的女性也难以胜任这些繁重的工作。她在纽约刚接受过采访，立刻就飞往另一个城市参加集会。当采访者向她询问，如何才能有效地安排要完成的事情，她的回答简单明了："我从不浪费一点时间。"罗斯福夫人每天天不亮就起床，一直工作到深夜。那些在报上发表的专栏，都是利用约会或会议之间的空当完成的。

　　每个人都拥有二十四个小时，和罗斯福夫人一样，而我们又是如何度过的呢？我们总是没时间做自己喜欢的事；没时间读一些好书；没时间学习自修课程；没时间带孩子去动物园；没时间参加家长与老师之间的联谊会等等有益的事……

　　《如何创造婚姻生活》的作者保罗·波派诺博士在自己的书中说："很多女性都觉得做家务占用了太多时间，这种想法并不正确。如果女性将她一星期内的时间安排详细记录下来，结果一定会让她大吃一惊。"如果你也这样记录一下，你会惊讶地发现，类似"十点至十点十五分，和马蓓儿电话聊天""下午一点至二点，和邻居聊天""八点至下午三点，和哈力叶特逛街，并在外面吃午餐"这样的记录太多了。当记录了一个星期以后，你将会清楚地发现自己在平常的生活中是如何浪费了时间。

我们每天浪费的时间简直是数不胜数，比如等待某人的电话；等候公共汽车和地铁；在美容院的冷气机下面发呆，为什么我们不能将这些时间好好利用起来呢？

已故的哈尔兰·F. 史东先生是美国最高法院的首席法官，他就非常懂得利用这些时间。有一次，他对一个大学应届毕业生说："有很多重要的事情通常用十五分钟就能够完成，但是人们往往会忽视这段时间，将它浪费掉。"

约·基尔兰先生是个"万事通"。人们经常看见他在乘坐地铁的时候，聚精会神地看《济慈诗集》，或是一些专业论文。塞尔德·罗斯福总统的桌上总是放着一本书，当他的约会之间出现一个空档，他就开始看书，有时甚至只有两至三分钟时间。他的儿子小塞尔德·罗斯福曾经描述过："我父亲的卧室里总有一本诗歌集，当他在穿衣服的时候就能够背下一首诗。"

现实生活中有很多人不会比美国总统更忙碌，但他们常常叫喊："我太忙了，哪有时间看书啊！"

如果总感到没时间，就请看一下萨尔瓦多·S. 盖塞缇夫妇如何用高效率的方法进行家庭管理。

萨尔瓦多先生是个资深的顾问工程师，他的妻子迪娜·盖塞缇是他的助手。平时，盖塞缇太太除了照顾他们的三个儿子，料理一成不变的家务以外，还为她的丈夫做秘书、会计、人事经理和研究助手，同时还负责地方社团和教师家长的联谊会工作。

她在写给我的信中说："家里有了三个活泼的小家伙，庞大的房间和花园就更加需要整理；我还要做丈夫的秘书，为他整理文章，构思改进方案，还要提醒他的日程安排；此外还要负责社团活动、宣传文化、宗教的社会职责，我的工作比别人多出两倍。当我给孩子们热奶瓶的时候，当我打扫清洁的时候，都会想出许多增加工作效率的方法。尽可能用最短的时间做完基本的工作，就能够拥有更多的时间做自己喜欢的事情。

"有时候，我们会抛开所有日常事务，集中精力去做一件特殊的事情——我们制订的工作进度表非常有弹性，不是一成不变的。这样有效率有秩序的计划，让我们的生活既充实又富于变化，我感觉十分幸福。"

盖塞缇夫妇懂得如何协调工作和生活的关系。他们的态度是追求成功者必须有的态度。或许你已经发现，那些推动本地社团工作或负责家长教师联谊会的人都是你身边最忙碌的人。但是，她们看上去总是比懒人有更多的时间。难道她们是雇了两个女佣或者没有孩子，每天在床上吃早餐，下午打桥牌的太太？事实并不如此，这些做很多事情的年轻女性都有自己忙碌的工作，都有孩子，还有一个同样忙碌的丈夫，那她们如何能够完成那么多的事情？这仅仅是因为她们会合理安排自己的时间。

属于我们的这个社会很忙碌，白天的时间总是不够用，牺牲睡眠时间来工作，只会让自己焦虑、易怒、思维混乱，因此我们能做的，只有时间管理一条路。为了帮助你能更有效地利用时间，请学会以下规则：

真实记录每天用的时间，检查时间浪费在哪里。

制订下周的时间计划。合理安排每一件事情。也许会出现计划外的事情。但如果坚持按工作计划表行事，你会发现时间增加了。

使用省时省力的方法。比如一次买完所有东西或计划出一个星期的菜单。

利用每天"浪费掉的时间"去做你从没时间做的事。

提高工作效率，用一份时间做两倍工作，盖塞缇太太热奶瓶的时候，会同时帮丈夫制订活动计划；等待烤箱中的肉熟时，会处理公文；看着孩子们在公园玩耍时，会做些织补活儿，这就是用一个小时完成两个小时的工作。

充分利用网络化，以节省时间。

学习聪明地购物，减少逛街的时间。

专心致志工作时，不去理会杂事。你的朋友很快会知道你接待客人的固定时间，同时也会佩服你的时间效率。

在亚尔诺德·白力特的《如何充分利用二十四小时》一书中，他这样感慨："当你清晨睁开眼睛，像变魔术一般，你的生命里就拥有了还没使用的二十四小时！它是你的，是你最宝贵的财产。"

每个人在他的一生中都曾经对自己说过："假如再给我一点时间，我会不会做得更好？"但实际上我们永远也得不到更多的时间。记住，我们只拥有今天的 24 小时。

致奋斗的青春

别在**该吃苦**的年纪
选择安逸

—鑫 同/编著—

北方妇女儿童出版社
·长春·

图书在版编目（CIP）数据

致奋斗的青春／鑫同编著. -- 长春：北方妇女儿童出版社，2019. 11 （2025.8重印）

ISBN 978-7-5585-2150-8

Ⅰ. ①致 … Ⅱ. ①鑫 … Ⅲ. ①成功心理–青年读物 Ⅳ. ①B848. 4-49

中国版本图书馆 CIP 数据核字（2019）第 239469 号

致奋斗的青春

ZHI FENDOU DE QINGCHUN

出 版 人：	师晓晖
责任编辑：	关　巍
开　　本：	880mm×1230mm　1/32
印　　张：	20
字　　数：	320 千字
版　　次：	2019 年 11 月第 1 版
印　　次：	2025年8月第8次印刷
印　　刷：	阳信龙跃印务有限公司
出　　版：	北方妇女儿童出版社
发　　行：	北方妇女儿童出版社
地　　址：	长春市福祉大路5788号
电　　话：	总编办：0431-81629600
定　　价：	108.00 元（全 5 册）

前言

QIAN YAN

人生无非就是由苦和甜组成的，而在我们年轻时，正是艰苦奋斗的好时期。因为当我们到了白发苍苍的垂暮之年，已是心有余而力不足。现在能吃多少苦，未来就有多少甜。而且，人活在这个世界上，总该留下一些什么，只有这样，当我们回首往事的时候，才不会因碌碌无为而感到悔恨。

或许，有很多人说，主观的努力怎么可能拗得过客观的命运，那么多的努力换来的仍然是不理想的结果，还不如顺其自然。但是，人这一生，很多东西就掌握在我们自己手中，别人替代不了，努力却真的可以改变我们自己的命运，只是时间问题而已，再坚持一下，就会柳暗花明。

最终你相信什么，就能成为什么。因为世界上最可怕的两个词，一个叫执着，一个叫认真，认真的人改变自己，执着的人改变命运。只要在路上，就没有到不了的地方。生活惬意的阶层永远还是属于那些在年轻的时候肯吃苦肯奋斗和懂得"充电"的人。

有这样一个故事：

两个穷酸秀才，四体不勤，五谷不分，不事稼穑不学无术，一天到晚装模作样，摇头晃脑，自命清高。衣服又旧又破，常常连肚子都填不饱，可他们依旧鄙视劳动。

一个炎炎的夏日，这两个秀才聚到一起了。他们走到村边，坐在一个大树墩上，一人拿着一把破旧的大蒲扇，不停地摇着扇，驱赶着蚊虫。他们看着农民正在地头辛苦地干活，颗颗汗珠滴在土地上，大发感叹。

一个秀才说："他们真苦啊！这么勤巴苦做的，落得个什么呢？我这一辈子虽说也穷酸，可是我只要吃饱了饭、睡足了觉也就行了。我最讨厌的就是像他们这样下地去干活，面朝黄土背朝天的，他们太胸无大志了。将来有朝一日我得志了，我就一定先把肚子填得饱饱的，吃饱了再睡；睡足以后再起来吃，那该是多有福气呀！有了这样的福气，就算是实现了我的大志了。老兄，你说不是这样吗？"

另一个秀才不同意前一个秀才说的话。这个秀才说："哎呀，老兄，我和你可不一样啊。我的原则是吃饱了还要再吃，哪来的工夫去睡大觉呢？我要不停地吃，这才是享受人世间最大的乐趣。依我看，这才是我的大志！"

　　两个人就这样日复一日喋喋不休地谈着他们的"大志"，到了冬季，由于吃不饱穿不暖，冻得瑟瑟发抖。而辛勤劳作的农民，享受着劳动换来的粮食。

　　这两个秀才的"大志"，实在是可悲又可鄙，这种寄生虫式的狭隘自私，只能遗人笑柄。而不劳而获、坐享其成，到头来也只不过是画饼充饥、一无所获。

　　我们要明白，吃得苦中苦，方为人上人。苦和累是生活原味，没有人可以随随便便就能成功，那些所谓的成功人士，哪一个不是吃苦吃出来的？我们应把"吃苦是财富、安逸是地狱、勤奋是捷径"当成自己的座右铭。苦过累过才能品尝到生活的甘甜，努力拼搏的人生才会更精彩。

　　人生最大的遗憾或许就是在最该奋斗的年纪选择了安逸，很多事情可以重来，唯有逝去的青春一去不复返。所以，不要再让大好的时光浪费在享受上，行胜于言，心动不如行动，唯有奋斗才能让人生少些遗憾，至少可以让我们做到问心无愧。

目录

MU LU

第一章 只有开始，才能实现更多的不可能

▼

生命的价值在于探索

　　有的人总是生活在过去，他牢固地把持着记忆，一点儿也不肯放松，哪怕是很短的一会儿工夫，所以，他总是生活在回忆之中，或自欺欺人，或为过去而黯然神伤；有的人使劲地踮起脚，对未来的日子想入非非，所以，他总是生活在一次次梦醒以后的失望中。这些人都不知道，生命的价值在于把握住现在的时间，并去不停地探索和发现新的东西以求超越自我。否则，人这一生，永远也不会快乐，永远也不会坚强。

　　一个孩子到一座废弃的楼房里玩耍，听到有悲伤的哭泣声传来。孩子寻声找去，在一个角落里，有一个四四方方的铁笼，里面关着一个瘦得皮包骨头的人，哭泣声就是他发出来的。

　　"你是谁？"孩子问。

　　"我是我的生命。"那人说。

　　"谁把你关在这里的？"孩子问。

"我的主人。"

"谁是你的主人？"

"我就是我的主人。"

"嗯？"孩子不明白了。

"我是把自己囚禁起来了。当我欢笑着企图在人世间展示我生命的欢乐时，我发现我有可能一不小心落入陷阱，一不小心误入黑暗之中，一不小心被狂风暴雨袭击、被险风恶浪吞噬，于是我用害怕做经，用懦弱做纬，用安全做成铁笼，把我的生命囚禁了起来。我不敢也无法冲出铁笼去面对生活，我只有日复一日地哭泣，我的整个生命已经化作泪水流出，不久就会干枯了。"铁笼中的生命说。

孩子不明白他唠唠叨叨地说些什么，他只是想着：砸碎这个铁笼，放出这个快要干枯而死的生命。于是他找来一把大榔头，拼足力气，向铁笼砸去，一下，两下，三下，孩子累得精疲力竭，也无法砸开铁笼。

被囚的生命对孩子顿生怜悯之心："唉，把榔头给我，让我自己砸开它吧。"话音未落，铁笼顿时散开，被自己放开的生命感受到了自由的美好，于是欢笑着，奔跑着，他跳进滚滚大河，游向对岸，发现了绿草如茵，花团锦簇；他攀向巍巍峰顶，向太阳招手，和云彩嬉戏；他冲进一片黑暗领地，从中寻求着出口，最终找到了驱散黑暗的光明。他开始敢于冒别人没冒过的险，敢于探索别人不曾涉入的领地，他开始丰润了、充实了，他的笑声无时无刻不在追随着他。

一天，孩子又遇见了这个生机勃勃的生命，"你的变化好大呀！"孩子说。

"是呀！"这个生命说，"我现在的乐趣就在于探索和冒险，当我在充满未知和危险的世间寻求时，我发现自己越来越勇敢，越来越快乐，孩子，跟我一起走吧！"

于是，孩子和这个欢笑着的生命手拉手地走了。

就像故事中一开始的生命一样，很多人越来越胆小怕事，整天一副垂头丧气的样子，连面对眼前现实的勇气都没有，更别说去发现新的东西了。于是，刚强的气质渐渐弃他们而去，他们也越来越不敢出去闯荡新的世界，越来越在眼前的生活中沉沦。

殊不知，生命的价值在于不断地探索和提升，生命的唯一养料就是冒险。如果我们生活得真实，那么在我们眼中显现的也只有真实，那就像强者永远坚强，而弱者只能软弱一样。不要贪图眼前的安逸，一起来，为自己的生命创造价值！

人生警言

生命的全部的意义在于无穷地探索尚未知道的东西。

——左拉

▼
没有行动的梦想只能是空想

我们常常听到人们说自己有各种各样的梦想，这些梦想，每一个听起来都很美好，但在现实中，我们却很少见到真正坚韧不拔、全力以赴去实现梦想的人，殊不知，行动才是最强大的力量，实现梦想的关键是能否果断地采取行动，当我们拥有梦想的时候，只有拿出勇气和行动来，穿过岁月的迷雾，才能让生命展现别样的色彩。

爱默生就曾说过："当一个人年轻时，谁没有空想过？谁没有幻想过？想入非非是青春的标志。但是，我的青年朋友们，请记住，人终归是要长大的。天地如此广阔，世界如此美好，等待你们的不仅仅是需要一对幻想的翅膀，更需要一双踏踏实实的脚和一颗坚韧勇敢的心！"

也就是说，一个人要实现自己的梦想，最重要的是要具备以下两个条件：勇气和行动。勇气，是指放弃和投入的勇气。一个人要为某个梦想而奋斗，就一定要放弃目前自己坚守的某些东西。投入，是指一旦确定了值得自己去追求的梦想，就一定要全身心地投入。心想不一定事成，但事成的前提是全力以赴地去做。

　　从前，有两个年轻人，他们生活在一个贫瘠落后的小山村，但他们都不甘心一辈子待在这儿，都希望有朝一日能够走出小山村，过上体面的城市生活。其中一个年轻人整天梦想着发大财，比如，把山货卖成黄金价，去人迹罕至的山洞寻找宝藏，等天上掉下一袋钱把自己砸晕……虽然他的想法很多，但总觉得没有一样能够顺利成功，于是他放弃了努力，变得游手好闲。

　　另一个年轻人是个木匠，他脚踏实地地干着木工活儿，每天早出晚归，忙忙碌碌。每每看到辛勤劳作的木匠，那个年轻人就会忍不住讥笑他说："在这个鸟不拉屎的地方，无论你怎么努力，也不会有什么好结果的。与其自寻烦恼，不如等某个企业家来这儿搞投资，许多穷山村不是被人开发成旅游景点了吗？到时候咱们只管坐着收钱就是了。"

　　木匠说："以后的事以后再说，现在最要紧的是做好该做的每一件事，虽然不一定能赚到大钱，但起码能够养活自己。"

　　一晃十余年过去了，梦想做大事业的年轻人除了每天做做白日梦外，生活几乎没有丝毫的改变。而木匠则不同，这些年，他除了做木匠活儿，还利用业余时间学习了营销管理。经过多年的积淀，此木匠已非彼木匠了。

　　机会总是垂青于那些有准备的人。一天，一位城里人路过小山村，发现了正在做木工活儿的木匠。城里人说："以你的手艺，如果去城里开一间家具店，生意一定非常好。"木匠不好意思地说："这是个好主意，可是我没钱啊！"城里人笑呵呵地说："这有何难，我出钱，你出技术，赚到的钱咱们平分。"

就这样，木匠来到了城里，果然如那个城里人预料的一样，他做出来的家具十分受城里人欢迎。没过几年，木匠就在城里买了房，安了家，还娶了一个漂亮的城里姑娘，过上了舒适而幸福的生活。而梦想干大事业的年轻人却还在那个贫困的小山村里做着美梦，生活没有丝毫的改变。

没有行动的梦想只能是空想，只会空想的人不可能有成功的机会。再宏大的梦想，都需要一步步的行动做阶梯，只有这样，才能最终到达成功的顶峰，否则，只能像故事中游手好闲的年轻人一样，仍旧过着丝毫没有改变的生活。

请记住，坐着空想，不如站起来行动。因为只有在摸爬滚打中，不断总结经验教训，不断开拓创新，才能迈进成功的殿堂。

人生警言

幻想恰似那时钟的指针，转了一大圈，成果仍然回到原处。

——威·柯珀

▼

把握当下，活出自己的精彩

人生短暂，瞬间即过。太多的东西不在我们掌握之中，过去已成过去，未来也不一定是我们能够掌控的，只有当下，只有现在的这一秒钟才是实实在在地掌握在我们手中。所以，我们应该珍惜光阴，把握当下。

若是为了过去和未知的将来而放弃了现在，那便是舍本逐末，而舍本逐末，它会让我们迷失自己，找不到生活的方向。生命只有一次，时间才是我们最大的财富，而我们拥有的时间只有当下，拥有了现在，我们也就拥有了过去和未来。

一位西方哲学家无意间在古罗马城的废墟里发现一尊"双面神"神像。

这位哲学家虽然学贯古今，却对这尊神像很陌生，于是问神像："请问尊神，你为什么只有一个头，却有两副面孔呢？"

双面神回答："因为这样才能一面察看过去，以汲取教训；一面瞻望未来，以给人憧憬。"

"可是，你为何不注视最有意义的现在？"先哲问。

"现在？"双面神茫然。

先哲说："过去是现在的逝去，未来是现在的延续，你既然无视于现在，即使对过去了如指掌，对未来洞察先机，又有什么意义呢？"

双面神听了，突然号啕大哭起来。原来他就是没有把握住"现在"，罗马城才被敌人攻陷，他因此被视为敝屣，遭人丢弃在废墟中。

正如故事中的先哲所说，人应该注视最有意义的现在。因为，人的每一个年龄段都有每一个年龄段的精彩：10 岁的单纯，20 岁的活力，30 岁的奋斗，40 岁的稳重，50 岁的知天命，60 岁的人生感悟，等等。我们没必要站在 20 岁去羡慕他人的 40 岁，更没有必要站在 40 岁感叹青春已逝。我们能做的，就是把握当下，活出精彩，只有这样，人生才会没有遗憾。

那么怎样才能活在当下呢？这个问题有人曾问过一个禅师，禅师的回答是："吃饭就是吃饭，睡觉就是睡觉，这就叫活在当下。"

不知道现在的我们有没有明白禅师所说的道理，有没有这样问过自己：什么事情对自己是最重要的？什么人对自己是最重要的？什么时间对自己是最重要的？

有人可能会说，最重要的事情是升官、发财、买房、购车；最重要的人是父母、爱人、孩子；最重要的时间是高考、毕业答辩、婚礼。其实，这些都不重要，最重要的事情就是现在你正做的事情；最重要的人就是现在和你在一起的人；最重要的时间就是现在，这种观点就叫活在当下。

那为什么要活在当下呢？因为，现在连接着过去和未来，如果你不重视现在，你就会失去未来，还连接不上过去，而且，你能够把握的只有现在。如果一味地为过去的事情后悔，你就会消沉；如果一味地为未来的事情担心，你就会焦躁不安。因此，你应该把握现在，认真做好眼前的事，不要让过去的不愉快和将来的忧虑像强盗一样抢走你现在的愉快。

有个小和尚，每天负责清扫寺院里的落叶。清晨起床扫落叶实在是一件苦差事，尤其在秋冬之际，每一次起风时，树叶总随风飞舞。每天都需要花费许多时间才能清扫完树叶，这让小和尚头痛不已。他一直想要找个好办法让自己轻松些。

后来有个和尚跟他说："你在明天打扫之前先用力摇树，把落叶统统摇下来，后天就可以不用扫落叶了。"小和尚觉得这是个好办法，于是隔天起了个大早，使劲地猛摇树，这样他就可以把今天跟明天的落叶一次扫净了。一整天小和尚都非常开心。

第二天，小和尚到院子里一看，不禁傻眼了，院子里如往日一样遍地是落叶。

老和尚走了过来，对小和尚说："傻孩子，无论你今天怎么用力，明天的落叶还是会飘下来，你不能改变的就是无法预知的明天，为什么要为它去苦恼呢？活在今天做好今天的事情，明天到了再做好明天的事情，每天开开心心的，不就好了吗？"小和尚终于明白了，世上有很多事是无法提前的，唯有认真地活在当下，才是最明智的人生态度。

其实，正如老和尚所说，活在当下，让自己快乐，现在快乐，不为还没到来的明天去苦恼。如果现在你不开心，就不是活在当下。当然，活在当下不等于今朝有酒今朝醉，而是今朝有酒不喝醉，不使明朝有忧愁，以未来为导向活在过程当中。活在当下，就要学会发现每一件发生在你身上的好事情，要相信自己的生命正以最好的方式展开。如果你不会活在当下，就会失去当下。

库里希坡斯曾说："过去与未来并不是'存在'的东西，而是'存在过'和'可能存在'的东西。唯一'存在'的是当下。"所以，我们应该好好利用生命的每一天，珍惜当下的每一分每一秒，寻找自己的价值，活出自己的风采，只有这样，当我们临近生命的终点时，回首才不会有遗憾。

人生警言

没有人生活在过去，也没有人生活在未来，现在是生命确实占有的唯一形态。

——叔本华

▼

不浪费每一次机会

很多时候，很多人都会为了某件事情而悔不当初，他们通常会说自己当时为什么没有怎么怎么做之类的气话。其实，当事情已经过去的时候，再后悔就太晚了，因为它不会给我们重来一次的机会。所以，我们必须要明白并牢牢记住这一点：人生的机会，随处可见，人生的每一次机会，又会转瞬即逝，只有善于把握和懂得珍惜机会的人，才会取得最终的成功；而忽视机会或不懂得把握机会的人，往往一事无成。我们真正要做到的，就是不浪费每一次机会，并踏踏实实地做好每一件事情。

小刚从国外回来，想投资开一间法式料理店，小明帮他选择了无数的铺面，最后小刚从中挑选出 10 个，把它们在位置、环境、布局等方面的优劣一一列成清单，反复比较，从中优选出 3 个，然后把这 3 个店委托一家信息咨询公司做市场调查，最后确定了其中的一个。小刚又请来装修公司，详细地讲解自己的意图。

店终于按照要求装修好了，可小刚还不放心，让朋友小明帮他挑毛病。

小明说："挺好的，赶快开业吧，早开一天早赚钱。"小刚想了想说："正式开业还要等一个星期。不能让客人有任何不满意的地方，现在开业，我没有把握，所以我付费请咨询公司替我找最挑剔的顾客来免费试吃。"

"你也太认真了，先开业，发现问题再改也来得及。"

"不，我不能拿顾客做试验。我做过调查，开业最初 10 天进店的顾客，基本上就是你店里长期的顾客。如果你在这 10 天留不住顾客，你就得关门。"

"为什么？"小明有些不解，"一个新开的店，有点不足是难免的，客人也会谅解，下次改正就行了。"

"不，没有下次，只给你一次机会。我刚到国外和当地人交往时，觉得他们很傻，你说什么他们都信，你如果想骗他们其实很容易，但是他只给你骗一次，以后永远不会再和你来往。"

小明突然明白了为什么这些天来小刚如此认真，因为他深知，这既是他的第一个店，也可能是他的最后一个店，人生中的机会不会有很多次，把每一次机会都当作最后一次机会，全力以赴地去做好，那么，你就不会永远在等待下一个机会。

故事中小刚的做法，值得我们每个人学习。那就是：无论是生活还是工作，你需要不断地去发现机会，把握机会，并且把每一次机会都当作最后一次，不敷衍，不浪费。那么，怎么才能做到如此呢？你需要做到以下五点：

（1）养成掌握和获取大量信息的习惯；

（2）培养把握机遇的敏感度；

（3）进行科学的推理和准确的判断；

（4）当断即断的决断力；

（5）了解其他成功人士的成功经验。

也就是说，很多的机会也像蒙尘的珍珠，让人无法看清华丽珍贵的本质，你必须擦亮眼睛，拭去障眼的灰尘，善于发现并用心珍惜每一次机会，并时时提醒自己，不要沉溺于习惯的等待，因为一旦错过机会，以后的悔恨都不再有任何意义。

请记住，就在当下，认真把握好每一次机会。在该使劲儿的时候就拼尽全力，不要因昨日的虚度而惋惜，也不要过分期盼明日的辉煌，只在今天，拿出最好的状态，做最好的自己！

人生警言

善于识别与把握时机是极为重要的。在一切大事业上，人在开始做事前要像千眼神那样探察时机，而在进行时要像千手神那样抓住时机。

——培根

第二章　没有唾手可得，

有多少努力就有多少成就

▼

只有不断地努力，才不会陷入绝望

努力是人生的一种精神状态，是一种做事的积极态度，与其要求自己一定要完成一个什么样的任务，获得什么样的成就，倒不如磨炼自己做一个始终努力的人。也许有人会说，我为什么要努力？即使不努力，我们也可以过得很好。确实如此。有的人即使不努力也可以很好地生活，可是这样的人生又有什么精彩可言呢？

我们一生之所以努力拼搏，其实都只是为了做一件事——不要让自己被社会潮流所裹挟。而且，只有努力了，才会产生不竭的动力和希望，才会有一个与众不同的精彩人生。相反，如果人生没有了奋斗的动力，那也就没有了希望，而我们也就彻底陷入了绝望。

我国著名的生物学家童第周出生在浙江鄞县一个偏僻的山村里。因为家里穷，他一面帮家里做农活，一面跟父亲念点儿书。

在童第周17岁时，他终于进了中学读书。但因为他的文化基础差，所以在学习上显得很吃力。第一学期期末考试他的平均成绩才45分。于是，校长让他退学，但经他再三请求，校长才同意让他跟班试读一个学期。

因为机会来之不易，所以在第二学期童第周更加努力地学习。每天天不亮，他就悄悄地起床，在校园的路灯下面读外语。夜里，同学们都睡了，他又到路灯下面去看书。值班老师发现了，关上路灯，叫他进屋睡觉。他趁老师不注意，又溜到有路灯的地方去学习了。

就这样，经过半年的努力，他的学习成绩终于赶上来了，各科都取得了不错的成绩，数学还考了一百分。童第周看着成绩单心想："一定要争气。我并不比别人笨。别人能办到的事，我经过努力，一定也能办到。"

28岁时，童第周得到亲友的资助，到比利时去留学，师从欧洲很有名的生物学教授达克。一起学习的还有别的国家的学生。当时的中国贫穷落后，在世界上没有地位，中国学生在国外也被同学瞧不起。童第周暗下决心，一定要为中国人争气。

童第周跟的这位教授一直在做一项实验，需要把青蛙卵的外膜剥掉。这项工作非常难做，不仅要有熟练的技巧，还要有耐心和细心。教授自己做了几年，没有成功，他的学生更是谁都不敢尝试。童第周不声不响地刻苦努力，失败了就再来，做了一遍又一遍，终于成功了。他的成功震动了欧洲的生物学界。

童第周从始至终都没忘记努力，不管在什么地方、做什么事，始终都在努力着，因此他无论做什么，都能够取得成功。

一个人只有始终不断地努力，才能够战胜一切困难，清除一切阻碍，完成一切任务。而一个对生活充满绝望得过且过的人，是不会快乐的，更谈不上什么成功了。因此，我们永远都不能对生活绝望，不管遇到多大的挫折和困难，我们都要乐观地去面对，努力地生活下去，就像童第周一样。

当然，在现实生活中，我们每个人在人生道路上，都会遇到一些困难和挑战，这确实让人感到烦恼和压抑，但就是这份烦恼和压抑，才让人生变得更加丰满。就像歌曲中唱的那样："不经历风雨，怎么见彩虹，没有人能随随便便成功……"是的，不经历风雨，怎么能享受到生活的美好？不辛苦付出，怎么知道生活的不易？不努力学习，怎么收获知识的硕果？所以，我们要相信，只要我们脚踏实地地去努力，并持之以恒地坚持下去，终有一天，我们会取得成功。

人生警言

所谓天才，就是努力的力量。

——德怀特

▼
抓住机会，展示自己的能力和价值

　　曾经看过一句话，至今仍记忆深刻："我热爱生活，我愿意抓住每一个机会来展现自己，无论结局成功与否，至少我让别人记住了我。"从中，我悟到，就算是最后结尾，只要你还有机会说话，就要把握一切时机，甚至是创造时机来展示自己。

　　一位世界 500 强企业总裁在谈到西方职员与中国职员的区别时说，西方职员敢于发表自己的意见，敢于展示自己。中方职员聪明好学，有才华，但缺乏自信；他们总是闷声不响，谨小慎微，不愿意公开发表意见。确实，初涉社会的年轻人，听到的最多的告诫就是出头的椽子先烂；少说多做，少管闲事，才会得到领导的信任。但正是这种处世哲学，让年轻人变得畏首畏尾，不敢展示自己，不敢推销自己，明明发现了问题，也不敢大胆说出来，而是在心里告诫自己："多一事不如少一事，千万不要多管闲事。"正是这种处世哲学，让人们白白丢掉了一个个极好的机会。要知道，抓住一次机会，就有可能展现你的能力和价值，因此，只要有平台，只要有真才实学，就不要怕展示自己，凭才干和本领获得赏识和重用，是一件光荣的事情。

一天，在西格诺·法列罗的府邸正要举行一场盛大的宴会，主人邀请了一大批客人。就在宴会的前夕，负责餐桌布置的点心制作人员派人来说，他设计的用来摆放在桌子上的那件大型甜点饰品不小心被弄坏了，管家急得团团转。

这时，西格诺府邸厨房里干粗活儿的一个仆人走到管家的面前怯生生地说道："如果您能让我来试一试的话，我想我能造另外一件来代替它。"

"你？"管家惊讶地喊道，"你是什么人，竟敢说这样的大话？"

"我是雕塑家皮萨诺的孙子。"这个脸色苍白的孩子回答道。

"小家伙，你真的能做吗？"管家将信将疑地问道。

"如果您允许我试一试的话，我可以造一件东西摆放在餐桌中央。"小孩子开始显得镇定一些。

仆人们这时都显得手足无措了。于是，管家就答应让小孩子去试试，他则在一旁紧紧地盯着这个孩子，注视着他的一举一动，看他到底怎么办。这个厨房的小帮工不慌不忙地要人端来了一些黄油。不一会儿工夫，不起眼的黄油在他的手中变成了一只蹲着的巨狮。管家喜出望外，惊讶得张大了嘴巴，连忙派人把这个黄油塑成的狮子摆到了桌子上。

　　晚宴开始了。客人们陆陆续续地被引到餐厅里来。这些客人当中，有威尼斯最著名的实业家，有高贵的王子，有傲慢的王公贵族们，还有眼光挑剔的专业艺术评论家。但当客人们一眼望见餐桌上卧着的黄油狮子时，都不禁交口称赞起来，纷纷认为这真是一件天才的作品。他们在狮子面前不忍离去，甚至都忘了自己来此的真正目的是什么了。结果，这个宴会变成了对黄油狮子的鉴赏会。客人们在狮子面前情不自禁地细细欣赏着，不断地问西格诺·法列罗，究竟是哪一位伟大的雕塑家竟然肯将自己天才的技艺浪费在这样一种很快就会融化的东西上。法列罗也愣住了，他立即喊管家过来问话，于是管家就把小孩带到了客人们的面前。

　　当这些尊贵的客人们得知，面前这个精美绝伦的黄油狮子竟然是这个小孩仓促间做成的作品时，都不禁大为惊讶，整个宴会立刻变成了对这个小孩的赞美会。富有的主人当即宣布，将由他出资给小孩请最好的老师，让他的天赋充分地发挥出来。

　　西格诺·法列罗果然没有食言，但这个孩子也没有被眼前小小的成功冲昏头脑，他依旧淳朴、热切而又诚实，他孜孜不倦地刻苦努力着，希望自己长大后能够成为皮萨诺门下一名优秀的雕刻家。

　　故事中的小孩子，就是世界上最伟大的雕塑家之一——安东尼奥·卡诺瓦。我想，如果没有抓住那次能展示自己的机会，卡诺瓦也许不会得到帮助，也许不会成为举世闻名的雕塑家。所以，人生必须勇于尝试，一次次地去叩响机会的大门，使自己的才能得以展现，否则，很多建功立业的机会就会与我们擦肩而过，而给人生留下遗憾。

人生警言

机会对于不能利用它的人又有什么用呢？正如风只对于能利用它的人才是动力。

——西蒙

▼
做好计划，才能先人一步

仔细观察，我们不难发现，生活中有很多人将自己弄得像个陀螺，为了学习或者工作没完没了地转，最终却事倍功半；而有的人即使面临突发状况也能有条不紊，最终事半功倍。这是为什么呢？这是因为，成绩斐然的人，大多数都是善于做好计划的人。

那么，什么是计划呢？计划，是在梦想实现过程中，需要坚持付出行动的部分，是以"过去"为依托，为未来做的科学的合理的准备，也就是用自己以往的经验来为未来的生活出谋划策。

那么，怎么做好一个计划呢？计划，就必须从现实条件出发，对当前的客观情况进行考察，对个人主观条件进行分析。

那么，为什么要做好计划呢？提前做好计划，不仅能提高自我的认知能力，而且认识世界客观规律的能力也会得到锻炼和提高。只有花足够的时间去做计划，才能将事情做得更好。

俗话说，一年之计在于春，一天之计在于晨。有计划者在行动上就能达到先人一步的效果。中国有个故事——磨刀不误砍柴工，说的就是做好计划与准备这个道理。

有一个推销员，刚刚做推销员不久，发现自己组织能力极差。他打出了2000多个电话，平均每周40个。记录一多，工作就有点找不着方向了。他非常渴望找到一个使自己的工作井然有序的办法，但是一时不得要领。工作了一段时间后，他意识到，也许准备计划比投入工作更重要。

于是，他把所打的电话记在卡片上，每周有四五十张。然后根据卡片的内容安排下次的工作，再排出日程表，列出周一到周五的工作顺序，包括每天要做的事。

这些准备工作要花去四五个小时，过程非常琐碎枯燥，往往大半天时间就这样没有了。年轻的推销员本想放弃，但是坚持了一段时间后，发现做好充足的准备以后，做起事来十分省劲儿，他不再是急急忙忙地到处打电话，而是胸有成竹地去会见客户。因为已经准备了整整一周，这一周里都在考虑见了客户应该说些什么，要准备什么样的建议，所以，和客户见面时，他精神饱满，事情进展得格外顺利。

推销员越来越有自信。他现在将推销工作当作一场战役，知己知彼而百战百胜。并且，他确实在了解对方的准备工作里尝到了甜头……这样过了几年，他在职场中越来越顺利，并且摸索出来了一套策略。

他将星期六上午改成"自我组织日"，周六下午和周日全休。他发现好好腾出来半天用于思考，胜过匆匆忙忙地瞎忙五天。而善于做准备计划，让他接下来的工作效率高得惊人。

从这个故事里，我们不难发现一个好计划的惊人力量。所以，从现在起，我们就要开始培养自己做事之前先做计划的习惯。但是，要注意，我们在实际学习工作中，总会遇到一些意外的情况冲击我们的计划，由此产生计划与现实的矛盾冲突，这时候，我们就要适当地进行一下调整，有一个短暂的缓冲阶段，这样才能有效克服困难，保证计划的实施。切记，不能放弃原有计划，导致最终一事无成。

人生警言

虽然计划不能完全准确地预测将来，但如果没有计划地组织工作往往陷入盲目，或者碰运气。

——哈罗德·孔茨

▼
卸下自卑沉重的包袱

人生在世总会有许多的不如意，有许多压在肩上的沉重的包袱。背着包袱前进不光会让人很快疲劳，更会让你失去信心，难以成功。所以，有时候放下包袱前进，会更快地取得成功。人生的包袱有很多，现在我们要说的就是自卑。

自卑是一种因过多地自我否定而产生的自惭形秽的情绪体验。自卑感每个人或多或少的都有，但也有的人自卑程度较深，影响了自己的正常工作和学习，下面的小章鱼就是因为过度自卑，始终把自己困在一个地方，而感受不到生活的乐趣。

有一条小章鱼，它时常因为自己丑陋的身躯而感到自卑和伤心。因此，它总是把自己的身体掩藏在海底礁石的缝隙里，不肯跟随妈妈一起去远游。

它羡慕螃蟹和扇贝，因为它们有坚硬的盔甲保护自己；它更羡慕鲨鱼和金枪鱼，因为它们有健壮的骨骼和锐利的武器来战胜对手。

它常常独自躲在礁石的缝隙里哭泣。终于有一天，在妈妈的再三鼓励之下，它才答应跟随妈妈一起去远游。它怯怯地游在妈妈的身边，第一次游这么远，它仿佛感觉身边有好多嘲讽的眼神在注视着自己。

当它们游到一浅滩处时，一件意外的事情发生了，一张巨大的渔网将它和众多鱼类网在里面。任凭它怎么挣扎也无济于事，小章鱼听到了妈妈痛苦的呼喊。随着起网机"隆隆"的声响，它和其他落网的鱼，被抛撒在渔船的甲板上，跌得晕头转向。

当它清醒过来时，发现身边那些徒劳挣扎的鱼儿们，被渔民装进鱼筐，送入冷冻舱。它趁渔民不注意，悄悄地爬到船舷的那一条落水眼处。

之后，它的身体竟然奇迹般地从那条窄窄的缝隙钻了过去。当它跃入大海，安全回到妈妈身边的时候，它才知道自己是多么的出色，才知道自己也有值得骄傲的地方，它才知道，正是因为自己有柔软的身躯，才可以爬出来，才得以脱离危险。从此以后，它不再自卑，快快乐乐地生活在大海里。

　　对于自卑的人而言，他们不喜欢用现实的标准或者尺度来衡量自己，总是觉得自己一无是处，结果生出更多的烦恼，从而加重自卑感，变得更加抑郁，对自我更加苛责。

　　卸下自卑这个沉重的包袱，在你的人生道路上你会轻松而愉快，你的自信会不断增强，带你一步步走向成功。

人生警言

　　自觉心是进步之母，自卑心是堕落之源，故自觉心不可无，自卑心不可有。

——邹韬奋

第三章 不忘初心，别在
奋斗的路上迷失了方向

▼
知道自己该去哪里，总会柳暗花明

　　一个从事职业规划与咨询的朋友曾经说过这样一段意味深长的话："我经过多年的工作经历及观察发现，与微薄的收入和沉重的生活压力相比，更让人内心充满煎熬的是，大批年轻人并不清楚自己内心真正要什么。他们不知道将来要做什么，不知道自己要走向何方，不知道自己在哪里需要坚持，在哪里需要放弃。他们甚至还不知道自己喜欢什么、讨厌什么……他们一直处于一种随遇而安的状态之中，自然就不会去努力了，即使有的人努力了，并且取得了一些成就，蓦然回首，也会发觉目前所拥有的一切不是自己真正想要的……"

　　这样的苦恼你遇到过吗？我想，不仅仅是刚毕业的年轻人会遇到这样的苦恼，即便是一些工作多年的职场人士，也难免会不知道自己该往哪个方向努力，在现实中迷失了自己。

　　下面的故事或许会给你一些启示：

　　出任韩国总理的时候，金台镐才 48 岁，他是近 40 年来韩国最年轻的国务总理。他小时候家里很穷，在高中时一度想放弃学业，帮助日益苍老的父母干活，但遭到了父亲的坚决反对。

父亲对他说："家里的贫困是暂时的，我扛得住。我只希望你好好学习，相信通过你自己的努力，你会有更灿烂的明天。"

从此，金台镐牢记父亲的教导，他发誓自己一定要做最成功的人，于是，他一头钻进了高中课程的学习中，经过艰辛的努力，他中学毕业后考入了韩国顶级高等学府首尔国立大学，攻读农学。大学毕业后，他本想继续深造，成为一名学者。后来，一次机缘巧合，金台镐认识了前总统金泳三的一名高级助手，在对方的影响下，选择了公务员工作。

做公务员期间，他含辛茹苦，披肝沥胆，一路升迁，直到出任总理，他在民众中留下的都是新思维、廉洁、亲民、坚韧、勇于挑战等良好声誉。

回忆起自己的成长历程，金台镐说："我身为牛贩的儿子，既没有钱也没有权。仅凭自己坚定的信念，并为之付出努力，所以才会成功，我想告诉年轻人，别害怕失败，只要你知道自己想去哪里，整个世界都会为你让路。"

这是一位总理对年轻人的最好忠告：人生的道路充满坎坷，只要我们知道自己该去哪里，我们总会在柳暗花明处，找到属于自己的成长的快乐。我相信，带着这种坚定而轻松的心态前行，就定能找到全世界都会为你让路的智慧和处世哲学。如果你都不知道自己想要什么，命运又怎会给予你想要的东西呢？美国文学家爱默生就曾经说过这样一句很经典的话："一个人只要知道自己去哪里，全世界都会给他让路。"

人生警言

　　确定了人生目标的人，比那些彷徨失措的人，起步时便已领先几十步。有目标的生活，远比彷徨的生活幸福。没有人生目标的人，人生本身就是乏味无聊的。

——卡耐基

▼
确定好感兴趣的方向

调查表明，人在做自己感兴趣的事时是最容易获得成功的。因为一个人在做自己感兴趣的事的时候，他会投入全部的精力，不会受外界因素的干扰，从而使效率大大提高。但事实上很多人容易受别人的影响，或是受别人的摆布，做着自己不喜欢的事，以至于在工作中无精打采，毫无工作和生活的乐趣可言。心不甘情不愿地做着工作，自然无法把工作做好，也就难免庸庸碌碌、得过且过。

万平是某家酒店的行政主管，本来做得很好，因为新来了一位助手，并且从一开始就咄咄逼人地觊觎着他的位置，他感到了一种无形的压力。于是，他便开始考虑充电，全面提升，以便稳固自己的地位。他选择了学习电脑技术，甚至连编程都认真地学，同时还学习英语。就在他终于把自己变成一个三流程序员，能简单地用英语对话时，对手已顺顺当当地取代了他的位置。

怎么也想不明白的万平懊悔不迭，扪心自问，自己在行政管理方面本来做得并不差，虽然有许多地方需要加强，但自己却弄错了方向，用错了力量。如果在自己感兴趣的方面——管理的效率与艺术方面入手，就不会让对方有可乘之机。

如果你想获得成就感，就不要让自己不感兴趣的事限制了其他兴趣的发展，你需要立即做出改变，不可拖拖拉拉、得过且过。为了成为最好的自己，最重要的是要发挥自己所有的潜力，追逐最感兴趣和最有激情的事情。当你对某个领域感兴趣时，你会在走路、上课或洗澡时都对它念念不忘，你在该领域内就更容易取得成功，更进一步；如果你对该领域有激情，你就可能为它废寝忘食，连睡觉时想起一个好主意，都会跳起来。这时候，你已经不是为了成功而工作，而是为了"享受"而工作了。

那么，如何寻找兴趣和激情呢？首先，你要把兴趣和才华分开，做自己有才华的事容易出成果，但不要因为自己做得好就认为那是你兴趣所在。为了找到真正的兴趣和激情，你可以问自己：对于某件事，你是否十分渴望重复它，是否能愉快地、成功地完成它？你过去是不是一直向往它？是否总能很快地学习它掌握它？它是否总能让你满足？你是否由衷地从心里（而不只是从脑海里）喜爱它？你的人生中最快乐的事情是不是和它有关？当你这样问自己时，注意不要把你父母的期望、社会的价值观和朋友的影响融入你的答案。

如果你能明确回答上述问题，那你就是幸运的，如果你仍未找到这些问题的答案，那么建议你给自己更多的机会去寻找和选择。因为唯有寻找你才能接触，唯有接触你才能尝试，唯有尝试你才能找到最适合自己的事业。如果置自己的兴趣不顾，认为自己能干好所有的事，那么你一定找不准自己的位置，就不可能真正体现自身的价值。

人生警言

我认为对于一切情况，只有"热爱"才是最好的老师。

——爱因斯坦

▼

不钻牛角尖，不走死胡同

俗语有云："日出东海落西山，愁也一天，喜也一天；遇事不钻牛角尖，人也舒坦，心也舒坦。"对于一个人来说，生命中一个很重要的课题应该是学会善后和止损，也就是说，在木已成舟的情况下，我们必须逼迫自己承认打翻的牛奶再也回不来的事实。要知道，一个心智成熟的人，是不会老钻牛角尖的，他们会在人生的每一次关键时刻，注意自己执着的意念是否与成功的法则相抵触，他们会擦干眼泪，收拾心情，在意念上做灵活的修正，使之契合成功之道，再次愉快地轻装上阵。

有一天，东郭先生的三个弟子将要去襄阳。东郭先生送他们到路口时，说道："从这儿往南走，全是畅通的大道，你们沿着这条道路走就对了，别走岔路啊！"

三个弟子分别是左野、焦苕和南宫无忌，三个人向南走了50多里时，却遇上了一条大河流，横在老师指示的正前方。他们左右观察了一下，发现沿河走半里左右，便有一座桥可行。

南宫无忌说："那儿有座桥，我们从那儿过河吧！"

但是，左野却皱着眉头说："这怎么行？老师要我们一直往南走啊！我们怎么能走弯路呢？这不过是个水流罢了，没什么可怕的。"

说完之后，三个人互相扶持，一起涉河而过，由于水流相当湍急，好几次他们都险些葬身河底。

虽然全身都湿透了，但也总算安全地过了河，三人继续赶路。又往南走了100多里时，又遇上了一堵墙，挡住了前进的道路。

这一次，南宫无忌不再听其他两个人的意见了，他坚持着说："我们还是绕道走吧！"

但是，左野和焦苕却固执地说："不行，我们要遵循老师的教导，绝不可以违背，那样我们一定能无往而不胜。"

于是，焦苕和左野朝着墙撞去，只听见"砰"的一声，两个人重重地撞倒在地上。

南宫无忌恼怒地说："才多走半里路而已，你们干吗不考虑呢？"

东野说："不，我就算死在这里也不后悔，与其违背师命而苟且偷生，不如因为遵从师命而死！"

焦苕也附和地说："我也是，如果违背老师的话，就是背叛者。"

两个人话一说完，便相互搀扶，奋力地往墙上撞了过去，南宫无忌想挡也挡不住，两个人就这么撞死在了墙下。真可谓"撞了南墙也不回头"！

　　成大事的人始终保持对新鲜思想观念的敏感性，勇于拥抱新的看法，而不是过分执着，就像故事中的南宫一样。《可兰经》里有句话说得很好："如果你叫山走过来，山不走过来，你就走过去。"也就是说，在日常生活中，我们应该尽可能避开难走的或行不通的道路，找一条切实可行的路子，而不是在明知是错误的情况下，仍旧固执己见。

　　那么，如何才能避免自己钻入牛角尖呢？

　　1.从多个角度考虑问题。所谓的钻牛角尖，就是指人遇到事情时，因为受到思维定式的影响，总是从自己已有的经验来考虑问题。因此，我们首先要改变的就是这种单一的思维方式，培养自己多角度看待问题的能力，让自己的眼界和心胸变得更为开阔一点，这样才不至于活得不舒坦。

　　2.当我们察觉到自己开始钻牛角尖时，要学会迅速地跳出来，不断提醒自己"我这是在钻牛角尖，快点走出来"，并积极转移自己的注意力，暂时抛开眼前的烦心事，去做一些平时喜欢做的事情，比如看一看搞笑的视频和漫画，和朋友去郊外散散心，又或是干脆去公园慢跑几圈。

人生警言

　　庸才之所以平庸，就是因为他们的思想愚昧而固执。

　　　　　　　　　　　　　　　　　　——爱默生

第四章　先做好自己，
才能改变未来

▼

正视自己，而不是逃避

俗话说得好："世界上没有绝对完美的东西。"不管你是"神仙"还是"上帝"，你都不是完美的，所以每个人都应该充分了解自己的优缺点，并学会正视自己的优缺点，进而发挥优势，克服缺点。否则，就很难成功。

王强天生就身材矮小，而且相貌也很一般，天性还害羞，也不善于交际。有一次，他被朋友们逼着去参加卡拉 OK 大赛，没想到的是，在那次大赛中他竟然拿了奖。

就在这次大赛中，有一个参赛的女孩引起了他的注意，她温柔的语气让王强感觉她是个文静的、多才多艺的女孩。尽管她相貌平平，不怎么漂亮，却使王强陷入了单相思。按照一般人的想法，要是喜欢上对方就会勇敢去追。当然，王强也不例外，他也想这么去做，可是想想自己身材矮小相貌又一般，凭什么去追这样的女孩？经过一段单相思的煎熬后，王强终于鼓起勇气给她寄去了一封情书。

信寄出后，王强每天都在焦急地等待着回音。但时间一天一天地过去，已经一个多月了仍无音信，王强的心犹如被冰水泼凉。可谁也没想到的是，就在希望即将破灭之际，王强却意外地从朋友的口中得知了这个女孩的电话号码。经过一番思考和准备，王强终于鼓足勇气拨通了这个电话。

电话终于接通了，她的声音出现在话筒里，是那样的温柔，而王强原先准备的"台词"此刻一点也没用上，怎么办呢？王强还是逼自己至少跟她聊上 5 分钟。5 分钟过去了，他们还没有放下话筒，但是聊的不外乎是生活、学习上的一些琐事。就这样，每个周末他们通过电话来拉近彼此的心，增进了彼此的了解。

后来，王强才知道，原来这个女孩心中的白马王子的形象就是他。虽然他的个子矮，但是女孩子的个子也不高，相差太大反而不好；在女孩心里，虽然王强相貌平平，但是他心地善良，不会欺骗别人。

知道实情的王强向女孩表白了，女孩自然答应了王强。

——摘自《人脉心理学》

王强的爱情故事告诉我们：要善于正视自己的优点和缺点，因为我们每个人生来就不是完美的，有优点也有缺点，这都无法逃避。可是在现实生活中，有些人面对自己的缺点，总是想办法遮掩，害怕别人笑话。其实，这样做不仅不会给自己带来好处，而且还会带来一些负面的影响。比如别人会认为你虚伪，不能正视自己的缺点。正确的态度是坦然面对自己的缺点，不有意掩饰，敢于挑战自我，承认自己的缺点，这就能赢得大家的尊重，同时还能准确地找到属于自己的位置，体现出自己的价值。

总之，请记住，这个世界上，十全十美的人是不存在的，每个人都会有优点和缺点。我们所要做的并不是掩盖自己的缺点，而是要正视自己的优点和缺点，帮助自己寻找到自己的正确位置。

人生警言

你必须有正视缺点的勇气，才会有享受优点的福气。

——杰克·坎菲尔

▼

永远不为自己找借口

生活中总有人这样对别人说："我没有做成这件事，是因为时机不够成熟""我本来想做好这件事的，可是别人比我出手早了"等等。这些说到底，其实就是人性最大的缺点——为自己找借口。

无论是谁，在人生中，无须任何借口。失败了也罢，做错了也罢，再妙的借口对于事情本身也没有丝毫的用处。许多人之所以没有办法取得成功，就是因为让借口淹没了自己。

傅小姐大学毕业后，就进入了一家大公司，在一个女老总身边做秘书。工作虽然繁杂琐碎，但她都能有条有理地做好，而且她是一个平易近人的人，和公司所有的同事都相处得很好。

一次，在和同事的偶然谈话中，她得知了老总身体不适的消息，果然，在接下来的日子里，老总时常不在公司。对于老总的身体，傅小姐格外留心。一天，她去上班的路上发现了一则特效药广告，广告上介绍的那种药物对老总的身体会有很大的帮助，于是她赶紧将药买下。没想到这一耽搁，让她迟到了半小时。公司有个重要的会议，老总正急着找她要资料，把迟到的她很不客气地训斥了一番。当时，她非常委屈，本想做解释。但转念一想：不能迟到是公司的规定，自己有什么理由不去遵守制度呢？于是，她赶紧向老总道歉，稍后，她就进入了正常的工作状态。

下班后，她悄悄地将药放到老总的办公桌上，正要离开时，老总开会回来了，她发现了桌上的药，一下子反应过来。当得知真实情况时，老总对自己早上的言行很内疚，问她："你怎么不早说呢？"傅小姐却真诚地回答说："您对我的批评是对的，不能迟到是公司的规定，每个员工都应该遵守。无论是什么理由，我都不能找任何借口。"经过这件事后，老总对她更是刮目相看。

过了一段时间，又发生了一件事。那天，老总请客户吃饭，叫她陪同并记录谈话要点。没想到结账时，老总发现自己竟然忘记带钱包，而她带的钱也不够。这下脸可丢大了。老总只好给一位部门经理打电话，部门经理赶来才免去了尴尬。

这件事情老总并没有责怪她，但是她却心存愧疚。她觉得作为秘书没有尽到应尽的责任，这是自己的失职。于是她连夜写了一封检讨书，第二天一早便交给了老总，同时主动提出罚自己 200 元。这个举动让老总倍感意外，傅小姐接着说："这不是简单的向您道歉，而是以工作标准来要求自己。

在这件事中，我有两个失误：第一，出门时，没有及时提醒您是否带了钱；第二，自己也应该预备一些钱，以免救急用。秘书的工作确实琐碎，如果缺乏责任心，一旦出问题就可能是大问题。这次失误虽然没有造成什么大的损失，但是如果我不严格要求自己，以后还有可能在工作中犯更大的错误，假如不惩罚自己，以后很难做好工作。"

傅秘书的精神让老总大为感动，为了成全她，老总收下了200元罚金，在工作中也更加信任她。

还有一次，公司与其他公司进行合作，公司的高层经过商榷，都觉得方案可行，老总也准备签字。在这关键时刻，她及时提醒老总，对方提供的合作条款中隐藏着很大的问题。老总立即高度重视，果然发现了问题。她的把关，帮公司避免了一次巨大的损失。这回，她不仅受到了老总的器重，还得到同事们的一致认可。一年之后，这位年轻的秘书，荣升为公司的总经理。

这位秘书用自己的热情，认真地对待自己的工作，不仅做好自己的本职工作，还会关心其他的事情，而且在出现差错时也不会找理由开脱，反而时常检讨自己，不断更正，最后取得了事业的成功。

所以，想要有发展，就必须"没有任何借口"。五花八门的借口或许会让自己暂时脱离困难、危险和责罚，但是认识不到事情的重要性，反而可能会耽误自己。

　　总之，在这个社会中，如果我们想让自己的事业有所成就，那么就别畏畏缩缩，就一定不要为自己找"借口"，就一定要保持一颗积极的心，尽量发掘你周围人或事物最好的一面，从中寻求正面的看法，让自己拥有向前走的力量。即使最终还是失败了，也能吸取教训，把这次的失败视为朝目标前进的垫脚石，而不要让借口成为你成功路上的绊脚石。

人生警言

　　成功与借口永远不会在一起：选择成功就要没有借口，选择借口就不会有成功。

——陈安之

▼

宠辱不惊，不为浮华沉沦

在现实生活中，人们难免会遭到不幸和烦恼的突然袭击。有的人面对这从天而降的灾难，泰然处之，总能让平和和开朗永驻心中；有的人却方寸大乱，甚至一蹶不振，从此浑浑噩噩。为什么受到同样的心理刺激，人们的反应反差会如此大呢？原因就在于能否保持一颗平常心，做到荣辱不惊。

关于此，冰心有过一句很好的话："有了爱就有了一切。"看到这句话，不禁让人感到一种身心的净化，受到一种圣洁灵魂的感染。而在冰心的身上，我们看到的永远都是一个人生命力的旺盛，都是一颗从容的心。在"文革"中，冰心在中国作家协会扫了两年厕所，六十多岁的老人每天早上六点赶车上班。年迈之后尽管行动不便，但依旧每早起床就大量阅报读刊，了解文坛动态，然后就握笔为文，小说、散文、杂文、自传、评论、序跋，无所不写。在遗嘱里她还写下了这样的句子："我悄悄地来到这个世上，也愿意悄悄地离去。"

非淡泊无以明志，非宁静无以致远。不做作，不虚饰，洒脱适意，襟怀豁然。这些话用来形容冰心的一生再合适不

过。而她的一生也告诉我们，平常心不仅给予你一双潇洒和
洞穿世事的眼睛，同时也使你拥有一个坦然充实的人生。

其实，我们若是拥有一颗平常心，在生活中随遇而安，
那么心胸自然就会豁达起来。有了这种豁达，纵然身处逆境，
仍会从容自若，以超然的心态看待苦乐年华，以平和的心境
面对一切荣辱。失败了，转过身擦干痛苦的泪水继续赶路；
成功了，向所有支持者和反对者报以微笑。

在非洲南部的一片荒原高地之间，有个称作"布鲁丹"
的部落，依然过着男子狩猎，女子采集水果和坚果的原始
生活。

有个叫姆瓦托的青年男子，是部落里公认跑得最快的人。
每到旱季，他都会找一个没有树荫遮挡的山坡，挖一个口小
肚大的洞，洞里放上狒狒最爱吃的香蕉，再抓一把坚果，从
洞口零零散散地，一直撒到山坡下。坚果把贪吃的狒狒引来，
当它取香蕉时，手臂却被卡在洞中动弹不得。等它在烈日下
曝晒 20 多分钟后，躲在一旁的姆瓦托才会出现，破洞砸石，
把渴得嗓子快冒烟的狒狒放出。

"找水能手"狒狒一溜烟地跑去找水喝，而姆瓦托会以惊
人的速度和耐力紧紧追赶，跟在它后面找到水源。所以，不
管地有多旱，有姆瓦托在，大家总能有水喝。

七月，国家正在选拔参加非洲田径运动会的人，"布鲁
丹"的老酋长马上想到了姆瓦托。老酋长请来一位叫瑞克勒

的人，给姆瓦托当教练。瑞克勒利用曾经在国家野生动物园做过管理员的条件，把姆瓦托带到那莽莽苍苍的半荒漠草原训练。他让姆瓦托追着斑马跑，猫着腰去抓长尾巴像袋鼠一样跳跃的跳兔，甚至悄悄接近水潭边的羚羊群，自己从车里拿出一把双管枪，朝天扣动扳机，让姆瓦托追着受惊狂奔的羚羊群跑。

一天，瑞克勒将姆瓦托带到一片开阔地，拿出一件新的花格短裤让姆瓦托换上，告诉他尽管一直向前跑，短裤千万不能扔掉，因为里面装有记录奔跑数据的磁记录仪。

刚跑进草地不久，姆瓦托就发现一只威猛的雄狮，正从左侧向他扑来！他的脑袋"嗡"一声响，马上发力狂奔，好在这头雄狮，似乎没有把他当成猎物全力追赶，倒更像是一场驱逐。该如何脱身呢？他灵机一动，飞身跃入斜坡边上的灌木丛。这一招让狮子倍感困惑，它慢慢靠近灌木丛边，来回踱步。猫着腰的姆瓦托得到了喘息，起身做最后短距离冲刺，抓住了不远处一棵巨大的波巴布树枝条，使劲向上一荡跃上了树干。

不知是否巧合，之后每隔几天，姆瓦托总会遭到雄狮的追赶。他搞不清这是为什么，只好一次次咬紧牙关拼命飞奔。三个月下来，姆瓦托在和狮子一次次的较量中，奔跑的速度有了质的飞越。

姆瓦托很快在运动会上崭露头角，成为一鸣惊人的新星。在一个招待晚宴上，大批记者将姆瓦托团团包围，有记者请他证实，关于他的特殊训练方式的种种传闻。扬扬得意的姆瓦托口无遮拦，把在野生动物园和动物们"同场竞技"的过程和盘托出，但这引起了众人的质疑。有记者提议，安排狮子与姆瓦托比试一回，好让大家心服口服。姆瓦托很痛快地答应了。

比试当天，姆瓦托身穿贴身运动衣，经过一番热身做好准备后，动物园就放出了狮子。当看到扑过来的成年雌狮时，他赶紧掉头狂奔。跑了不到500米，就被雌狮扑倒在地。幸亏动物园方面早有准备，迅速驱车赶跑了雌狮。

姆瓦托的前胸后背都被抓伤，还断了两根肋骨，经抢救脱险。从那以后，"希望之星"就迅速销声匿迹了，"与狮子赛跑"成了一时的笑谈。

回到"布鲁丹"部落，姆瓦托一直情绪很低落。一天，酋长来看他，闲谈中姆瓦托说起此事依然不解，他手抚胸口俯身蹲下，低着头虔诚地问："尊敬的族父，为什么在非洲我能长距离地和威猛的雄狮周旋不落下风，而到了欧洲，和一只雌狮比试连500米都跑不过呢？"

酋长慈祥地笑了，他抚摸着姆瓦托的头说："我的孩子，在非洲荒漠里，你被雄狮追赶，是因为那条特殊的短裤。其实短裤里，根本没有奔跑数据的磁记录仪。我让族里的老人用雄狮的尿液，调以沼泽边一种叫库拉的草浆，均匀搅拌后，再配上特制的药酒，喷洒到短裤上，晾一夜后，交给了瑞克勒。雄狮闻到短裤的味道，会感觉很不舒服，以为你要侵占它的领地，所以一定要把你赶出去。但一只母狮追赶你，就大不相同了，因为它是狩猎者，捕杀猎物是它的生存本能。"

姆瓦托点点头，似有所悟。酋长拍拍他的肩语重心长地说："我的孩子，你要永远记住，将来不论做什么，为了生存和荣誉，你才会获得智慧和力量；贪图名利和虚荣，只会带来恐惧和胆怯。"

正如酋长所说，贪图名利和虚荣，只会带来恐惧和胆怯。在荣誉面前，如果不能保持平常心而是忘乎所以，只会以失败收场。时刻保持一种平和的心态，才有利于我们身体的健康以及未来事业的发展。当然，平常心不是与生俱来的。只有那些历经挫折和失败的磨砺并且坚持不懈努力奋斗的人，才能拥有平常心。拥有平和心的人不会为虚荣所诱，不会为一切浮华沉沦。

鲁迅说："'自卑'固然不好，'自负'也是不好的，容易停滞。我想最好是不要自馁，总是干；但也不可自满，仍旧总是用功。"

记住，时光荏苒，人生短暂。要快乐地品尝人生的盛宴，就需要拥有一颗荣辱不惊、不卑不亢的平常心。当我们出入豪华场所时，用不着为自己过时的衣着而羞愧；遇见大款老板、高官名人，也用不着点头哈腰，不妨礼貌地与他们点头微笑；即使身份卑微，也不必愁眉苦脸，要快乐地抬起头，尽情地享受阳光；即使没有骄人的学历，也不必怨天尤人，而要保持一种积极拼搏的人生态度。我们用不着羡慕别人美丽的光环，只要我们拥有一份平和的心态，尽自己所能，勇敢地面对人生的种种挑战，无愧于社会与他人、无愧于自己，那我们的未来就一定会阳光灿烂，鲜花盛开。

人生警言

宠辱不惊，看庭前花开花落；去留无意，望天上云卷云舒。

——陈继儒

▼
相互合作而不是彼此争斗

　　大雁知道相互合作的价值，它们在飞行时往往以 V 字形状排开，而且 V 字形的一边比另一边长一些。这些大雁定期更换领导者，为首的大雁在前头开路，帮助两边的大雁造成局部的真空。科学家通过试验发现，成群的大雁以 V 字形状飞行，比一只大雁单独飞行能多飞 72% 的距离。

　　人类也是一样，需要给予和接受。如果我们能够同同伴相互合作而不是彼此争斗的话，我们往往能飞得更高、更远，而且会更快。

　　有一个犹太人在将死的时候被带去观看天堂和地狱，以便比较之后能聪明地选择他的归宿。他先被带去看了魔鬼掌管的地狱。他第一眼看上去就觉得十分吃惊，在地狱里放着一张直径两米的圆桌，桌面上摆满了美味佳肴，包括肉、水果和蔬菜。围着桌子坐了一圈人，但是，桌子旁边的那些人，没有一张笑脸，也没有盛宴上的音乐或狂欢的迹象。这些人看起来很沉闷，无精打采，而且每个人都瘦成皮包骨头。犹太人发现地狱里的每个人的手里都拿着一把两米长的叉子。按要求这些人只能用叉子取食桌上的东西。将死的犹太人看到，地狱里的人都争先恐后地叉菜，但是因为叉子太长而不能把菜送到嘴里，所以即使每一样食物都在他们的手边，但结果就是吃不到，一直在挨饿，因此，他们急得都快发疯了。

犹太人又去了天堂，天堂里的景象和地狱里完全一样：同样也放着一张直径两米的圆桌，桌面上也摆满了美味佳肴，同样也是两米长的叉子，然而天堂里的人却都在唱歌、欢笑。这位参观的犹太人感到很困惑，为什么情况完全相同，而结果却完全不同呢？后来他看明白了：地狱里的每一个人都是在喂自己，但两米长的叉子根本不可能让自己吃到东西；而天堂里的每一个人都在用叉子叉菜喂给对面的人吃，同时自己也被对面的人所喂，因此，每一个人都吃得很开心。因为天堂里的人都懂得：帮助了他人，就是帮助了自己。换一种方式善待别人，能使自己和他人都快乐。

这个故事告诉我们：如果你帮助了其他人获得了他们所需要的事物，你也会因此而得到你想要得到的事物，而且你帮助的人越多，得到的也就会越多。

有句俗话说得好：三个臭皮匠，能顶一个诸葛亮。在现代生活里，竞争越来越激烈，你更不可能完全凭借自己的力量来完成某项事业，没有人能独自成功。相反，你应该利用集体的力量，团结协作是获得成功的关键。

一日，锁向钥匙埋怨道："我每天辛辛苦苦为主人看守家门，而主人喜欢的却是你，总是每天把你带在身边。"

而钥匙也不满地说："你每天待在家里，舒舒服服的，多安逸啊！我每天跟着主人，日晒雨淋的，多辛苦啊！"

一次，钥匙也想过一过锁那种安逸的生活，于是把自己偷偷藏了起来。主人出门后回家，不见了开锁的钥匙，气急之下，把锁给砸了，并把锁扔进了垃圾堆里。

主人进屋后，找到了那把钥匙，气愤地说："锁也砸了，现在留着你还有什么用呢？"说完，把钥匙也扔进了垃圾堆里。

在垃圾堆里相遇的锁和钥匙，不由得感叹起来："今天我们落得如此可悲的下场，都是因为过去我们在各自的岗位上，不是相互配合，而是相互妒忌和猜疑啊！"

很多时候，人与人之间的关系都是相互的，互相扯皮、争斗，只能是两败俱伤，唯有互相配合，团队协作，方能共同繁荣，就好比故事中的钥匙和锁。

没有人能够孤立地生存于这个社会，也没有人能够不需要任何帮助而获得成功的，因为一个人的力量毕竟有限，所有伟大的人物，都必须靠着他人的帮助，才有发展和壮大的可能。在生活中，你或许能找到慷慨施与但却不受人欢迎的人，但你不会找到一位刻薄、自私、吝啬可是却会受到大家普遍欢迎的人。所以，学会相互合作，学会慷慨付出。

人生警言

一致是强有力的，而纷争易于被征服。

——伊索

第五章　别在该吃苦的年纪选择安逸

▼
自古英雄多磨难，从来纨绔少伟男

从来没有人不渴望成功，但是极少有人能为了成功而一直努力。因为在取得成功的过程中充满着艰辛，有许多苦是许多人难以想象的，所以大多数人在这些苦面前退缩了，转而选择了一种更为安逸的生活。但是，一个人如果想要在人生中有所得，就不能怕吃苦。

说到吃苦，温州人是很典型的例子。很多人都知道，哪里有市场，哪里就有温州人。虽然，他们在创业之初，既没有资金，也没有门路，甚至有些人都没有多少文化，可是他们中大部分都成功了，开辟了令人艳羡的非凡的成就，他们成功的秘诀无一例外：吃大苦、赚小钱，在他们的观念之中，只要肯吃苦，满地都是金子。

但在现实生活中，大多数人懒散惯了，他们的口头禅就是"宁肯穷死也不累死"。好多人失业后，不是没有挣钱的机会，也不是缺少就业岗位，他们的问题就是"不愿意去出那个力气"，他们宁肯坐在家里，死盯着"最低生活保障"，伸出两手等着别人的"帮助"，也不愿意走出家门自食其力。因为那样需要自己付出更多的辛苦和汗水，倒不如这样还能"不劳而获"。更有甚者，拿着别人的"帮助"还心怀怨愤，动不动就一味地怨天怨地，指责社会如何"不公"，怪罪命运如何"不济"。在他们头脑中根本没有勤奋的概念。他们不懂得，真正的保障是来自自己的艰苦奋斗，一旦失去这个成功的法宝，也许永远都不会再有出头之日。

有句俗话说："吃得苦中苦，方为人上人。"意思就是说只有吃得了千辛万苦，才能获取功名富贵，成为别人敬重、爱戴的人。吃苦是获取成功的秘诀之一。如果吃不了苦，何谈勤奋努力？一个勤奋努力的人必定是一个能吃得了苦的人，一个成功的人也必定是一个勤奋努力的人。请看下面的例子。

飞蛾破茧时，必须要经过一番痛苦的挣扎，因为此时翅膀萎缩，十分柔软，而要让身体中的体液流到翅膀上去是一个艰难痛苦的过程，但只有这样，翅膀才能充实有力，才能支持它在空中飞翔。

曾经有人做过这样的实验：用小剪刀，把茧剪了一个小洞，想让蛾很容易地爬出来。的确，不一会儿，蛾就从茧里很容易地爬了出来，但是蛾的身体非常臃肿，翅膀也异常萎缩，耷拉在两边不能伸展开来，只是跌跌撞撞地爬着，怎么也飞不起来，又过了一会儿，蛾就死了。

例子要说明的道理其实很简单：只有经历过风雨，我们才能更加精明能干。做任何事情都必须经过奋斗，如果想要投机取巧，那么我们也许和那只飞不起来的飞蛾是同一个结局。下面这个民间故事就蕴含着这个道理。

一位农夫一生勤劳，家里的生活富足。在临去世的时候，他对儿子们说："我将不久于人世了。我给你们留下一批财宝，就埋在咱们的葡萄园里。"老人去世后，他的几个儿子把整个葡萄园的土都翻了一遍，可是没有找到财宝。他们还不死心，又去挖第二遍，这次他们挖得更深，而且还把大土块都敲碎了，想看看土里是不是藏着金币。结果，他们还是没有挖到财宝。后来，他们放弃了寻找财宝。

第二年，他们葡萄园里的葡萄长势格外好，葡萄长得又多又大。葡萄熟了，他们卖掉了一部分，把剩余的酿成了酒。他们酿的酒，味道特别好，很受欢迎，大家都愿意出高价买，这一下他们挣了很多钱。直到这时，他们才明白过来，原来父亲留下的"财宝"，实际上就是要他们用自己的劳动去创造财富。

任何事情，都需要我们付出艰辛的努力才会成功。只有吃苦耐劳、勇于创新、讲求实效才能取得成功。

"自古英雄多磨难，从来纨绔少伟男"，讲的也是这个道理。任何的成功都不是一蹴而就的，更不是纸上谈兵。没有前期的积累和沉淀，怎能坐享后期的果实？没有吃过苦，又怎能尝到甜呢？我们与其羡慕他人的成功，倒不如趁着年轻正好多受点苦，多吃点苦，因为，有苦才有甜。

人生警言

你想成为幸福的人吗？但愿你首先学会吃得起苦。

——屠格涅夫

▼

生于忧患，死于安乐

温室中的弱苗总是那么容易枯萎，而在狂风暴雨中依然挺立不倒的野草的生命力总是那么顽强。俗话说得好，"宝剑锋从磨砺出，梅花香自苦寒来"，一切事物，它们之所以会成功，是因为它们都经历了一段"忧患"的生活，如果没有这段"忧患"的生活去磨砺它们，它们何以笑傲生活、笑傲人生？永远躺在摇篮里，四肢会萎缩；永远待在黑暗中，双目会失明。

下面的故事就是很好的例子。

过去的一百多年，为了保护当地濒危的鹿，美国怀俄明州黄石公园的狼被捕杀得精光，没有天敌的鹿也就得以安逸地生存和繁衍，多年之后，原来的保护动物成为当地的灾难，过度繁衍的种群大肆吞食青草和树叶，对森林和草地造成了极大的破坏，长期的安逸生活，也让鹿逐渐失去了善于奔跑的天性，种群遭遇新的危机。

1995年起，美国政府斥巨资重新把狼群引入了黄石公园，面对天敌，求生的本能让鹿再次跑了起来，丰富的食物也让狼群迅速壮大，当地生态趋于平衡，重新焕发生机。

　　安逸的生活让鹿群濒临种族危机，天敌狼群的威胁却让它们生生不息。这就是生于忧患死于安乐，正如泰戈尔所说："只有经历地狱般的磨炼，才能练就创造天堂的力量。"也就是说，磨难让人在抗争中愈战愈勇，安乐使人在享受中丧失斗志。多一分忧患，未来就多一分光明，所以，我们一定要学会直面苦难，去挑战困苦，做一个勇敢的人，只有这样，才能立足于当今时代，不被社会所淘汰。

人生警言

　　忧劳可以兴国，逸豫可以亡身。

——欧阳修

▼

多一点勇气，踢开恐惧的绊脚石

乔治·史密斯·巴顿，这位美国的四星上将曾经说过："如果勇敢便是没有畏惧，那么我从来不曾见过一位勇敢的人。"由此可见，恐惧的威力是多么的大！

恐惧，真的就这么难以克服吗？当然不是。迈出第一步，是克服恐惧的最好方法。你害怕做什么，就努力让自己做什么。解除恐惧，需要直面恐惧本身，这样一来，即使困难能够让你陷入困境，那也肯定是一时的，最终，你会将它打败，赢得属于自己的一切。

在美国得克萨斯州丹尼森市的乡村，有这样一个小男孩。他有一个小毛病，就是对一种家养的动物很害怕。不过这种动物既不是狗也不是猫，当然也不是驴马骡子，而是鹅。不知道为什么，他一见到鹅，就浑身不自觉地发抖，看着它们长长的脖子，他感到，自己要是离它们再近一点，它们就会伸着自己的脖子用嘴来使劲地啄他。

因为家境贫寒，他还不能像某些有钱人家的孩子一样，去大城市居住，如果住在大城市，就见不到这种令他惧怕的动物了。

有一次，他去叔叔家玩耍。正当他玩得非常投入的时候，不料一只公鹅突然从鹅圈里跑了出来。他吓哭了，不过好在自己的腿还能听使唤，撒腿就逃离了叔叔的家。

自此，有一段时间，他不敢再去叔叔家玩。但是没过多久，他接受叔叔的邀请，再次来到了叔叔家。

这一次，他事先跟叔叔说好，千万要看住圈里的鹅群，不要让哪怕是一只鹅跑出来。叔叔笑着答应了。

可是，叔叔的承诺并没有兑现。没过多长时间，一只鹅就从圈里跑了出来。他记得很清楚，它就是上一次把他吓跑的那只公鹅！他立即哭了，刚想像上次一样如法炮制撒腿就逃，却发现叔叔已经挡住了去路。

叔叔手里拿着一个旧扫帚，严肃地对他说道："孩子，叔叔知道就是这只鹅曾经把你吓得哭着逃走。你想从此以后不再害怕它吗？那就去战胜它！记住，相信自己，你能够做到！"说着伸手把扫帚递给他。

他犹豫着接过来，望着叔叔，看看那只公鹅，再看看手里的旧扫帚。他想着叔叔说的话，虽然幼小的他没有能力理解叔叔那些话隐含的深意，不过有一点他是记住了："你想从此以后不再害怕它吗？那就去战胜它！"他起码明白，叔叔是让他跟鹅"决斗"。

他大吼一声，挥舞着旧扫帚冲向那只公鹅。鹅掉头逃跑。本来他心里边还有些胆怯，但是见它逃跑了，勇气更足，使劲地追赶。最后，他用扫帚狠狠地打了那只公鹅一下。鹅发出一声惨叫,逃回圈里。他笑了:原来我一直害怕的动物,其实也不过如此。

从此以后,那只曾经让他哭喊着逃跑的公鹅,见了他就会躲得远远的。不仅如此,更重要的是,他不再怕鹅这种动物了。他很感谢叔叔,谁知叔叔却说道:"这完全是因为你自己,跟我没有关系。"

从这件事中,他明白了一个道理:越是害怕的事情,越要勇敢地去做。因为恐惧,所以没有勇气。反过来也一样,只要自己有决心,勇气就会把恐惧"挤"掉。

这个小男孩名叫艾森豪威尔,他是美国历史上晋升最快的五星上将,同时也是唯一一个当上总统的五星上将。他虽然号称美国最有传奇性的历史人物之一,但是这一切并非得益于他命好。他出身贫寒,在走到自己人生辉煌的顶点过程中经历了非常多的苦难。他用事实告诉了我们:要想以后不害怕,那就去战胜它!就算因为恐惧而害怕得浑身颤抖,仍要迈出第一步——这就是勇气,当你迈出抗争的第一步时,实际已经成功了一半。

人生警言

征服畏惧、建立自信的最快最确实的方法,就是去做你害怕的事,直到你获得成功的经验。

——佚名

▼

先放心面对，再用心解决

在匆忙紧张的现代社会里，我们很多时候都在负重而行。同事之间的竞争、工作上的麻烦、事业上的挫折、生活中的种种不如意等，都让我们饱受压力。但只要生活还在继续，就没有一个轻松自在的世外桃源可以让我们躲避。所以，人生在世，不承受压力是不可能的，但是我们完全可以换一个角度看待压力，从而把压力的包袱从心里卸下来。

那么，换一个角度指的是什么呢？那就是：先放"心"面对，再用"心"解决。

所谓放"心"面对就是说，问题已经发生，无论怎样都不可能改变了，因为时光不会倒流，人也没有扭转乾坤的本领，所以，不如摒弃慌张、恐惧和担忧，冷静下来，想想解决的办法。

所谓用"心"解决，就是要弄清压力产生的根源。人们普遍认为压力是问题引起的，其实引起压力的真正原因是人们对问题的态度，因为事情的本身并无绝对的压力可言。比如，同样一件事情，张三认为有压力，李四却认为是挑战是乐趣。可见，问题本身都不难解决，"心"才是事情的主宰，你愈早愈彻底地放下不必要的心理负担，就能愈早愈轻松地集中精力，干好你想干或正在干的事情。

　　有位年轻人感觉生活太沉重了，自己已经无力承受，于是他便去请教智者，让他帮助自己寻找解脱的办法。智者什么话也没说，只是让他把一个背篓背在肩上，然后指着一条沙砾路说："你每往前走一步，就捡一块石头扔进背篓，看看是什么感觉。"

　　停了一会儿，年轻人走到了尽头，智者问他有什么感觉。年轻人说感觉肩上的背篓越来越重。智者说："我们每个人来到这个世上，肩上都背着一个空篓子，在人生的路上，我们每走一步，就要从这个世界上捡一样东西放进背篓。"这时，年轻人就问智者："有什么方法可以把这种负担减轻吗？"

　　智者问："你愿意把工作、家庭、爱情、友谊和生活中的哪一样取出来扔掉呢？"

　　年轻人沉默不语，因为，他觉得哪一个他都不愿意扔掉。

　　这时，智者微笑着说："如果你觉得生活沉重，那说明你已经拥有了全面的生活，你应该感到庆幸。假如你失去其中的任何一种，你的生活都会变得不完整，这样你还愿意吗？你应该为自己不是总统而庆幸，因为他肩上的背篓比你的又大又重，但是，他可以把其中的任何一样拿出来吗？"

　　年轻人终于明白了生活的道理，他认真地点了点头，并且露出了开心的笑容，好像突然明白了很多道理，心里感到非常轻松。

　　　　　　　　　　——摘自《收拾一份好心情，让阳光住进来》

　　人生在世，就如故事中的青年一样，都避免不了要遭受生活和工作带来的种种压力。但压力并不可怕，真正可怕的是在心理和精神上被压力击垮，如此，你就会失去基本的理智和判断，无法激发潜能，战胜压力。其实，压力并非全是坏事，我们肩上的压力越大，说明我们人生的收获就越大。因为我们从这个世界不断捡起我们想要的东西，所以我们肩上的压力才会越来越大，如果你明白了这个道理，你还会抱怨压力吗？

　　说了这么多，那么到底有什么方法可以缓解压力呢？

　　运动是缓和焦虑、减轻压力的最直接、最有效的方法之一。消耗体力是人类最自然的发泄渠道，人在运动之后，身体可以恢复到正常的平衡状态，使郁闷的情绪能得以宣泄，精神也能得到放松。

　　与家人、朋友的共处也是一种很好的方法。谈论一些轻松的话题，可以把你的工作和生活划分开来，让你充分享受生活的幸福。

　　另外，还有一种方式可以减轻我们的压力，那就是"诉苦"。适当地向周围人"诉苦"，也可以减轻我们心中的郁闷。人们在工作中和生活中所遇到的压力是各种各样的，每当自己感到有压力时，不妨找好朋友倾诉一下。如果一时找不到合适的朋友听自己倾诉，还可以采取自我倾诉（如自言自语，写日记等）的方法，这对减轻压力也是很有帮助的。有不少人认为，向别人倾诉自己的苦处是一种懦弱的表现，实际上，倾诉内心的郁闷是一种科学的心理排遣方式，与勇敢与否没有任何联系。

最后，把压力呼出去，把动力吸进来，必须改变态度，调整心态。你如果面对无法摆脱的压力时，就应该反复地对自己说："这是对我的挑战和考验。""这是催促我努力学习，积极工作，奋发向上的动力。"只要换个角度去思考，态度一转变，压力很快就能减轻。

人生警言

外在压力增加时，就应增强内在的动力。

——罗斯福

第六章　不将就，不敷衍

▼

有啥都别混，没啥别没劲

"有啥别有病，没啥别没钱。"这是很多人经常挂在嘴边的一句话，可是现在这句话却变成了"有啥都别'混'，没啥别没劲"。因为越来越多的人已经意识到，"混"远远比病魔要可怕得多，当一个人被病魔袭击之后，只要他能够坚持接受治疗并以乐观的心态与病魔抗争，那么他就有很大的希望恢复健康。而当一个人总是"混"的时候，那么他的日子也就"病"了。

事实上，并不是这些人本来就有厌世情绪，而是他们生活在一种"很没劲"的日子里，然而这种"很没劲"的生活却是他们曾经千方百计孜孜追求之后才得到的。当他们过上自己想要的生活之后，便开始享受"当下"，而不再继续有追求，开始"混日子"，结果越"混"越没劲。

那到底是什么导致人们混日子的呢？可以说这一切缘于我们没有长远的追求，因此，给自己制订长远的人生规划是我们拥有一个幸福人生的关键。

艾弗森是著名的 NBA 球星，但他出生在一个单亲家庭，他的母亲安妮在 15 岁的时候就生下了他。由于母亲的未婚早育，艾弗森从小就生活在别人的歧视之中，在他的生活环境中找不到自己想要的公平待遇。

艾弗森的家庭非常贫穷，他们家住在弗吉尼亚州的排污管道上，由于排污管道经常爆裂，所以他们家时常会被污水淹没，而当排污管道修好之后，家里又会臭气熏天。就是在这样的成长环境之中，小艾弗森在不知不觉中和周围的黑人孩子一样，变得自暴自弃，不认真读书，每天混日子，从来不为自己的未来担心。

艾弗森有着非常不错的运动天赋。早在艾弗森很小的时候，他的妈妈就发现小艾弗森在运动场上比其他的孩子灵活许多。于是，母亲鼓励他在运动场上寻找自己的梦想，努力开发自己的潜质。但是，已经习惯了混日子的艾弗森并没有将母亲的话听进去，仍然每天和街头的小混混们厮混，只是在自己想运动的时候去运动场上玩玩。这让母亲非常无奈。

命运的转机有时候就在一瞬间出现——艾弗森结束"混日子"的状态也是在一瞬间。10 岁那年，一直喜欢美式足球的艾弗森总是被队友们戏称为"娘娘腔"。一天，艾弗森又在运动场上被人嘲笑，他回家之后情绪非常低落。就在他一个人坐在屋子里生闷气的时候，母亲安妮走了进来，将一双耗费她半年积蓄的乔丹篮球鞋交给儿子，并告诉他："以后你可以去打篮球，妈妈给你买了一双乔丹的鞋子，这是男孩子最想拥有的运动鞋。"一直对篮球不感兴趣的艾弗森听了母亲的话之后并没有感动，而是放声大哭。

看着号啕大哭的艾弗森，母亲直接将他拽到了篮球场上，从那天晚上起，艾弗森开始练习打篮球，他的命运也在那个晚上发生了改变。踏上篮球场的艾弗森发现，原来篮球场才是最适合他的运动天地。此后的一年，艾弗森成为当地的小名人，他那旋风般的运球突破，干净利落的停跳投以及永不屈服的斗志，让他成为一个责任感非常强的人。他不再像以前那样混日子，而是希望用篮球来改变自己的命运。

有梦想谁都了不起。不再混日子且有了更高人生追求的艾弗森变得越来越强。1993年，艾弗森已经成为弗尼吉亚州的年度最佳篮球运动员。而在篮球场上取得成功的艾弗森也在美式足球场上证明了自己，他当年也获得了弗尼吉亚州的年度最佳美式足球运动员。成为全州的名人之后，艾弗森心中对于成功的渴望渐渐地消退，因为那个时候的他过上了比之前好很多的生活。

1993年的情人节之夜，艾弗森和一大帮朋友去保龄球馆消遣，因为年少成名而且目中无人的艾弗森和朋友们在保龄球馆里大声喧哗，结果引来了其他人的不满，最后双方发生了激烈的身体冲突，总共有二十多人被送进了医院。由于当时的艾弗森是生活在聚光灯下的名人，所以他的一举一动都被大众关注，再加上当时对黑人的歧视，艾弗森被法院判处了五年徒刑。法院的判决对于艾弗森来说无异于晴天霹雳，因为他正处在身体的黄金时期，是增强技术和取得更大成就的关键时期，此时入狱五年的话，他的运动生涯必然被终结。

有人说，上帝总是垂青那些有准备的人。当被判入狱五年的结果下来之后，艾弗森突然意识到，自己如果再不积极地面对生活，他人生中最辉煌的顶点仅是成为弗尼吉亚州最佳球员，而不是全美最佳球员。此后，由于美国当地的舆论对艾弗森的支持，艾弗森在仅仅入狱 4 个月之后就被假释。而这一段波折让艾弗森清楚地意识到，人生的每一个阶段都是不能随便对待的，只有奋斗不息才能够让自己获得更大的成功。

此后，艾弗森比之前更加努力地训练，他的球技又有了大幅度的提高。1996 年的 NBA 选秀之夜，出身贫穷家庭的艾弗森成为那一夜的主角，他是那年的 NBA 状元秀。NBA一直都是一个金钱帝国，进入这里之后能够立刻成为百万富翁，能够立刻赚到足够一辈子花销的钱。但是此时的艾弗森并没有想着享受，而是更加努力地打球，像一个战士一样在球场上拼杀。此后，他连续 11 次入选 NBA 全明星阵容，并多次获得"最有价值球员"称号，而他从来不放弃任何一场比赛的精神也让他成为 NBA 的标志性人物之一，因此观众们都称他为"答案"。

当很多人取得了自己梦寐以求的成功之后，也会像艾弗森一样逐渐进入一种"混日子"的状态当中，因为他们认为自己已经是成功者了，或者会产生自己一直会成功下去的错觉，结果在"混日子"的状态中逐渐迷失。但是在追求到成功之后就变得没有朝气、失去理想，这绝对是一个天大的错误，因为一旦你为某一个小小的成功停下来的时候，就会在不知不觉中沦为一个混日子的人，进而演变为一个失败者。只有做到胜不骄、败不馁，才能够拒绝"混日子"的侵蚀，才能在原有的成功基础上做到"百尺竿头须进步，十方世界是全身"。

人生警言

谁若游戏人生，他就一事无成；谁不能主宰自己，便永远是一个奴隶。

——歌德

▼
一次就把事情做对

在很多人的工作经历中，也许都发生过工作越忙越乱、越乱越忙的现象——解决了旧问题，又产生了新故障，于是在一团忙乱中又造成了新的工作错误，结果是轻则自己不得不手忙脚乱地改错，浪费大量的时间和精力，重则返工检讨，给公司造成经济损失或形象损失。

由此可见，第一次没把事情做对，忙着改错，改错中又很容易忙出新的错误，于是恶性循环的死结越缠越紧。这些错误往往不仅让自己忙，还会放大到让很多人跟着你忙，造成巨大的人力和物质损失。所以，盲目的忙乱毫无价值，必须终止；所以，再忙，也要在必要的时候停下来思考一下，用脑子使巧劲解决问题，争取第一次就把事情做好，把该做的工作做到位，而不盲目地拼体力交差。

有位广告经理曾经犯过这样一个错误，由于完成任务的时间比较紧，为了赶工，他在审核广告公司回传的样稿时没有很仔细，在发布的广告中弄错了一个电话号码——服务部的电话号码被他们打错了一个。就是这么一个小小的错误，导致了一系列的麻烦——那位广告经理忙了大半天才把错误的问题料理清楚，耽误的其他工作不得不靠加班来弥补；与此同时，领导和其他部门的数位同人和他一起忙了好几天才把残局收拾好。如果不是因为一连串偶然的因素和大家的帮忙使他纠正了这个错误，造成的损失必将进一步扩大。

试想，假如在审核样稿的时候那位广告经理稍微认真一点，还会这么忙乱吗？当然不会。那么，我们平时在忙得心力交瘁的时候，又是否考虑过这种忙的必要性和有效性呢？我们到底还要不要忙？

当然要忙！但希望是忙着创造价值，而不是忙着制造错误或改正错误。只要在工作完工之前想一想出错后带给自己和公司的麻烦，想一想出错后造成的损失，就应该能够理解"第一次就把事情做对"这句话的分量。

有一个制造业的老板，为了产品的合格率和成交期伤透脑筋。在一次协商会上，一个从基层升上来的班组长提出了一个大胆的建议：取消返工的流程，把合格率直接与奖金挂钩。管理层听了这个建议之后很不理解。因为取消返工流程，这就意味着增加员工的压力。按照常理来讲，产品不返工是不可能做好的。但是老板也暂时想不到好的主意了，就决定采用他的办法试一试。

没有想到的是，因为没有返工的流程，工人们对手中的产品格外地谨慎，错误大大地降低了。更为重要的是，工人们发现：第一次就把工作做对竟然那么省事。他们的工作热情、工作态度甚至是生活态度，都有了很大的提高。三个月之后，这家企业的产量实现了翻番，而产品质量没有受到任何影响。

由此可见，"第一次就把工作做对"并不是不可能的事情，第一次就做对是最便宜的经营之道，每个人做事的目标都应是"第一次就把事情做对"，至于如何才能做到在第一次就把事情做对，这就首先要知道什么是"对"，如何做才能达到"对"这个标准。相反，如果第一次没有把事情做对，就要去做一些修修补补的工作，要做第二次、第三次，这些都是额外的浪费。

也许你会说："人非圣贤，孰能无过。"要一点错都不犯这是不太可能的。话是这么说，但是我们也会发现，在工作中绝大多数的错误是可以避免的。人犯错误的根本原因，不是没有不犯错的能力，而是没有不去犯错的态度。所以，只要我们端正做事的态度，就一定能第一次就把事情做对。

人生警言

如果说金钱是商品的价值尺度，那么时间就是效率的价值尺度。因此对于一个办事缺乏效率者，必将为此付出高昂代价。

——培根

▼
惜时，会让我们不虚度年华

自古以来，凡是取得成就的人，他们没有一位是不珍惜时间的。大发明家爱迪生，平均三天就有一项发明，单是比较用什么材料来做电灯丝更好就做了一千多个实验；伟大的文学家鲁迅先生说："我不是天才，我只是把别人喝咖啡的时间都用在了工作上。"他之所以能为我们留下六百多万字的精神财富，正是由于他把别人用来休闲的时间都用在了写作上；数学家陈景润，夜以继日，潜心于研究数学难题——哥德巴赫猜想，光是验算的草稿就有几麻袋，最终他证明了这道难题，摘下了数学皇冠上的明珠；全世界无产阶级和劳动人民的伟大导师马克思，临去世前还争分夺秒地写《资本论》。

著名科学家丁肇中说："看电影是金钱和时间上的浪费，尤其是时间，那是最浪费不起的。"丁肇中读起书来非常专心，夏天里甚至隆隆的雷声大作时，他都听不见，可以说是雷打不动。如果遇到疑难问题，他决不中途退缩，要么查阅参考书籍，要么向老师和同学请教。不找到正确的答案，不弄个水落石出决不罢休，所以，他的时间总不够用。在实验室工作时，他往往每天只睡两三个小时，甚至通宵达旦。为了搞科研，他需要和世界各地的研究机构联系，他乘飞机是"买月票"。一般人乘飞机不能睡觉，他正相反，乘飞机是最好的休息，常常见他下了飞机，眼睛里挂着血丝就直奔实验室……

这些事例都生动说明了：一个人要想在有生之年有所作为，就必须爱惜时间。因为只有珍惜自己的每一分每一秒，才可以把握住自己的人生，才能使我们离成功更近，更主要的是，惜时会让我们不虚度年华。

有人说，岁月如梭。既然时间像流水一样，一去不回头。那么，我们就更须珍惜时间与把握时间。不要连时间是怎样跑掉的都不知道，那样，你就真成了一个浪费时间的"笨蛋"了。我们所熟知的司马光，就是一个十分珍惜时间的人。

司马光是我国北宋时期著名的政治家，也是当时了不起的文学家。流传千古、影响深远的历史著作《资治通鉴》就是他编写出来的。

司马光小时候在私塾里上学时，总认为自己不够聪明，他甚至觉得自己比别人的记忆力差。因为他常常要花比别人多两三倍的时间去记忆和背诵书上的东西。每当老师讲完书上的东西，其他同学读了一会儿就能背诵，于是纷纷跑出去玩耍了。司马光却一个人留在学堂里，关上窗户，继续认真地朗读和背诵，直到读得滚瓜烂熟，合上书本，能背得一字也不差时，才肯罢休。

司马光有时还利用一切空闲的时间，比如骑马赶路的时候或者夜里不能入睡的时候，一面默诵一面思考文章的内容。久而久之，他不仅对所学的内容能够记诵，而且记忆力也越来越好，少时所学的东西，竟终生不忘。他从小养成的学习一丝不苟，勤奋努力的习惯，为他后来著书立说奠定了坚实基础。

司马光一生坚持不懈地埋头学习、写作，常常忘记饥渴寒暑。他住的地方，除了书本，只有非常简单的摆设，一张板床、一条粗布被子、一只圆木做的枕头。

为什么要用圆木做枕头呢？原来是这样的，司马光常常读书到很晚，他读书读累了，就会睡一会儿，可是人睡觉的时候是要翻身的，当他翻身的时候，枕头就会滚到一边，这时他的头就会碰到木板上，人也就醒了。于是，他就马上披衣下床点上蜡烛，接着读书。后来他把那只圆木枕头看成是有思想的东西，还给它起了个名字，叫"警枕"。

就是凭着这种永不自满、永不懈怠的精神，司马光花了整整 19 年时间，编成了《资治通鉴》这部历史巨著。

读完这个故事之后，相信我们都明白了一个道理：充分利用并珍惜时间原来可以创造出这么大的价值。其实，珍惜生命中的每一分每一秒，就像我们积累财富一样，一分钱对于我们来说微不足道，但是，一百个一分钱，一千个一分钱，一万个一分钱甚至一亿个一分钱呢？我们的人生也是如此，如果我们不能珍惜每一分每一秒，那我们将无法获得成功。

就像我们每年的中考、高考，考完后，总有一些考生会说："要是再给我一分钟，我就能做完最后一题了。"可是你如果把握好平时上课的每一分钟，认真听讲，完成好作业，日积月累，那你不就能在考试中更快地解题吗？何必要叹息那一分钟呢！

人生，应该珍惜剩余的每一分一秒时间。时间一分一秒地流失，看似很慢，实则很快。人生虽说漫长，其实并不漫长。岁月不饶人，时间总是在不间断的悄声无息的走远。当我们发现时光已逝，那一切就都晚了。

人生警言

时间，天天得到的都是二十四小时，可是一天的时间给勤勉的人带来聪明和气力，给懒散的人只留下一片悔恨。

——鲁迅

▼

苛求完美却适得其反

一位哲人说过："凡事做到九分半就已差不多了，该适可而止。非要百分之百，或者过了头，那么保证你适得其反。"也就是说，每一个人的生命旅程都不可能完美，错过的风景会很多很多，没有做好的事情也很多很多，我们没有精力和时间去一一回头欣赏、去做到心满意足，如果为了某一处美景停留，也许会错过更美的景色。为了某一件事达到十分完美会耽误更多的事情。世界上本就没有什么完美，我们想开了，想透了，懂得接受了，就会发现原来生活中处处都是美景。

但生活中苛求完美的现象却很常见的，比如，有人对自己的婚姻总感到不满意，总想着去改变它。没有能力或没办法改变的人，整天为此垂头丧气、闷闷不乐；而可以改变的人，则纷纷尝试着去改变，有些人甚至一而再，再而三地改变，可是到头来，却落得孤身一人。有的人，明明已丰衣足食，却渴望更富有，于是一生都不停地为积累财富而疲于奔命，最后却劳累而死，无福消受……诸如此类，数不胜数，大多数人都是，曾经有那么多的向往与欲求，但往往"功成名就"之后，很多人却再也不能控制自己，使自己停下来静静地思考，停下来慢慢地品味，停下来倾听内心的声音，停下来梳理纷乱的羽翼，停下来享受一杯清茶，停下来欣赏一树花开……

在世界上，其实根本就不存在完美无缺的人与事。追求完美千万不要迷失了自己，这样才是我们渴望完美的初衷。有一句话说得好："人无完人，金无足赤。"完美有时其实就是一种绝对的态度，当我们朝着绝对这条路一路前行不肯回头时，其实就已经在误区中越陷越深了。无数的人不止一次地犯着同样的错——过分追求完美。他们常在生活中寻找完美之人，不仅是对自己的各个方面要求做到完美，也要求别人是完美之人。正是由于陷入这种误区，使很多人错失良机，失去友情、爱情，失去自我，以至于改变了对世界、生活的看法。这也就是说，当我们选择完美作为做事标准的时候，我们就选择了失败和痛苦。

张国强准备创业，主要业务是通过电话营销进行招商。朋友给他提议：每个周末，让每个电话营销人员汇总本周内碰见的困难和问题，一并发送给他；然后由他进行统一整理、一一作答，给予标准答案，统一口径。

张国强深以为然，并立即落实，周日汇总上来所有困难和问题。结果，10天后，张国强还在为那些"困难和问题"

而忙碌着，因为他想将这些困难和问题的标准答案考虑周全、完美一些，这次答复后，后面就不用再修改了。结果，标准答案给出了一稿、二稿、三稿……一直没有定稿！他总觉得有些答案还不是很完善，存在缺陷，总想着完善。正是因为他一直拿不出定稿，致使电话营销人员的工作效率极其低下，张国强反倒打一把，竟怪罪起电话营销人员来，搞得大家心里都很郁闷，气氛很紧张。

没过多久，就有几位电话营销人员辞职不干了。可以说，他这次创业是出师不利。

朋友知道后，连忙和张国强联系，劝说他尽快将这些"标准答案"先行下发出去，"试行"也可以，因为时间不等人！况且，真要按照张国强的这种思路去做营销，问题就大了，因为每个星期，电话营销人员都会有困难和问题提出来，都是需要给予解答的，前面的问题还没有解决，后面的问题又接踵而来，张国强即使有三头六臂，也是无能为力的。非但如此，朋友劝张国强不应过多地怪罪工作人员，尽找别人的不是，而应多从自身找原因。

可张国强不以为然，依然故我。没过多久，他开办的电话营销公司以失败而告终。

很显然，张国强是过于追求完美的人，不但对业务上的营销方案苛求完美，而且对待员工也是以完美的标准去要求。这样做，效率怎能不低下？员工怎能不撂挑子？雇佣关系怎能不紧张？创业失败是在所难免的了。

　　凡是世人，皆爱完美，这是人性美好的体现，也是改革和提高的动力。但是，当完美成为一个标尺，它就不再是激发你前进的力量，而成了你迈上更高台阶的障碍，成了你奋发向上的绊脚石。因为，完美只是一种妄念，我们可以不断地接近完美，却不能彻底地实现真正意义上的完美。

　　其实，只有勇敢地接受不完美，才会一步步靠近完美。对于生活中的缺憾，我们每个人都应该选择用一颗平常心来对待。要知道，完美是一种妄念，在不可知的领域追求完美反而会丧失生命的本真。

　　美国女孩米兰达在17岁的时候就立志成为一个"女超人"。米兰达就读的学校是美国的圣母学院，这座学院对女孩的要求非常严格，不仅在着装上有严格的要求，在学习上也是。学校以ABCD为评分标准，A是最好的。但是，米兰达感觉到仅仅只是做到成绩好是远远不够的。因为在这所学校里，成绩好的人比比皆是。有的人不但成绩好，还擅长很多种乐器，或者除了英语以外，还会其他国家的语言。

　　同学身上的优势让米兰达倍感压力，同时也成为她奋进的一个标准。米兰达为此给自己制定了很多个目标，而学习好是基础。其他一切都是建立在这个基础之上的。除了这个，她还要学习三门以上的外语，而且她还参加了一个花样滑冰培训班、一个击剑班，不仅如此，她还要求自己会熟练地弹奏钢琴。

在这些事情都做好的基础上，米兰达还要求自己不要过多地摄取热量和脂肪，防止自己变胖。即使训练和学习让她疲倦和劳累，她也没有降低自己对节食的要求。

以优异的成绩毕业以后，米兰达踏入社会，成为一名高级白领。在工作中，她也这样要求自己。平均每天要工作12个小时，因为她想把很多事情都学会，想让自己成为一个无所不能的人。因为勤奋和努力，米兰达很快升为部门的主管。而且也有了自己的家庭。

米兰达追求完美的性格使她对自己的工作和家庭生活要求得都非常严格，她每天早上四点钟起床，花两个小时化一个完美的妆容，然后叫醒孩子起床吃早餐。将屋子整理干净以后，再花一个小时挑选当天要穿的衣服，弄完这些以后再送孩子去上学，之后投入到工作中。

晚上回家，虽然很累，但是她仍然坚持打扫屋子，给孩子做饭洗澡。丈夫觉得她这样太累了，曾一度建议她找家庭女佣来帮忙，但是米兰达拒绝了。因为她觉得，家庭女佣无论是洗衣服还是收拾屋子都不能让她满意。

每天晚上，等一切都完成之后，已经过了零点，通常这个时候米兰达还会再继续工作一到两个小时。因为她喜欢在第二天早上的时候就将所有的工作安排妥当。即使有着这样大的工作量，米兰达也一直执行着严格的节食标准。

很多同事都说主管米兰达的时钟比所有的人都快一个小时，大家因此给她取了一个"女超人"的外号。米兰达知道这正是自己所追求的，同事称赞的话语和美慕的眼光让米兰达更加严格要求自己。工作中如果出现任何问题，她都要自责和检讨很久。家庭生活中也是这样，米兰达一直要求屋子整洁干净，如果孩子们不小心弄乱了沙发，米兰达都要发很大的火。

35岁以后，家庭和事业让米兰达感到非常疲倦，她甚至经常感到自己快要死了。米兰达的家庭医生告诉她，不要再节食了，因为她这样高强度的工作量即使每天吃得很饱也不会胖起来。但是，米兰达没有听从家庭医生的建议，她依然按照自己原来的作息时间、工作强度和节食方法进行每天的生活。有一天，她正在公司开会的时候，忽然昏倒，送到医院的时候，她已经停止了呼吸。

花无百日香，人无百日好；月有阴晴圆缺，人有悲欢离合。自然规律和社会发展规律都不会因为谁而发生改变，我们想要感受生活的快乐，就必须接受生活中的不完美，选择用一种平和、达观的心态来对待这些不完美。正是因为看过落花的悲凉，才能显现花开的娇艳；正是因为有月缺的遗憾，我们才更期待月圆的美好；正是因为享受着生活的幸福，我们才需要改变生活中的不幸，让生活变得更加幸福。如果像故事中的米兰达过分苛求完美，又怎能享受到生活的美好呢？

杭州灵隐寺有一副对联作得妙："一生哪有多如意，万事但求半称心。"这两句话道出人生的大道理:人在一生中会遇到很多不如意之事,若凡事都追求十全十美无异于自找麻烦。因此,必须调整好自己的心态,学会欣赏不完美中的美。

追求完美虽然是一种美好的精神向往,但在现实生活中,过于苛求完美常常会使人陷入被动的局面。追求完美的人在与人合作时会百般挑剔,容易伤害别人的自尊心,挫伤他人的积极性;追求完美的人总会有高不可攀的目标,曲高和寡,难以获得别人的支持,自己也会因此陷入孤独的境地;追求完美的人在某些事情未完成时,还会产生相当强烈的焦虑感,一旦达不到,就深深自责,痛悔不已,无法自拔……追求完美的人都认为自己是对生活负责,殊不知,完美就如同一个陷阱,是一种主观臆想的无底洞,它没有标准,无法丈量,只会让人徒增烦恼。因此,追求完美大可不必。

人生警言

既然太阳上也有黑点,人世间的事情就更不可能没有缺陷。

——车尔尼雪夫斯基

第七章 厚积薄发，水滴石穿，不轻言放弃

▼
人生总有起落，不过是从头再来

有人说过这样一段话，大概意思是：人生总要经历一些失败，出门走错了路，谈恋爱爱错了人，工作选错了方向……行到半路，走过半生，才恍然大悟。这时候，要拿出壮士断腕的魄力，和过去做一个告别，才不至于把将来也赔进去。概括来说，就是，当遭遇到不幸，最好的良药就是积极地去面对挑战，大不了放弃一切，从头再来。下面的故事就证明了这一点。

小赵是一名大学生，大二时，发现自己对所选读的专业没有太大兴趣后，随即将大学生活的重心，放在了找工作上。小赵找了一家当时还是小而新的连锁咖啡店，从最基层的端盘子兼职打工干起。到了大四毕业，当同学们都在愁于找工作时，她老早已经成为全职员工，而且已经是一家连锁店的店长，除了管理手下的员工外，还要独自负责店面的业绩、餐点的品质、环境整洁。

毕业后第一次同学会，就选在她们公司的咖啡店举办。

一来方便，二来安心。同学会上，小赵安排和处理事宜的熟练，令人佩服，可见，小赵对工作是多么的认真。

后来，同学们各自在职场努力，三不五时会听到这位同学或者那位同学升迁的消息。等到一部分同学读完研究生后进入职场时，小赵已经是连锁咖啡餐饮集团的"区域经理"，负责监督、考核好几家门市，是公司相当倚重的老臣。然而，那时候小赵才二十九岁。

小赵年纪轻轻就已经取得了相当优越的薪资与丰富的经历，不过，她却越做越不开心，除了职场上的纷纷扰扰外，最主要的原因是，她发现餐饮不是她心目中真正理想的工作。虽然她在餐饮业已经是大佬级的人物，资历丰厚，薪水也高，然而，随着年纪越大，心里的人生愿景越来越清楚，她真正想做的，是成为带团的领队、导游。

于是，小赵毅然决然地放弃高薪工作，把自己重新归零，闭关苦读，准备领队与导游考试。最后如愿让她通过考试与训练，成为旅游界的新手。虽然薪水与未来都不确定，但这是她要的，她觉得很值得。

在职场中，能像小赵一样敢于抛下过往的工作资历和累积的人脉与薪资，投入陌生的领域，重新开始的人不多。不少人都希望生活稳定，舍不得眼前的成就，害怕重新归零，不愿从头开始。结果，人生就这么蹉跎岁月，与自己的梦想擦身而过。

其实，重新开始一段新的人生旅程，在下定决心的那一刻开始，就没那么难了，就和长假过后收拾心情，重新开始上班一样，没什么区别，所以，想好了以后就义无反顾地把过去清零吧。不要担心山重水复以后就真的就没有路了。这个世界上，每天都有人在清理自己的人生，也没见得有很多人真的走不下去了。看过大前研一的经历，你就会明白了，从头再来，还能开启一番好前程：

被尊称为策略先生的日本企管顾问大师大前研一，年轻时也曾经干过让自己归零，重新开始的事情。大前研一从大学开始，就立志攻读原子能工程，希望替日本设计世界级的核子反应炉，花了九年时间，一路攻读到 MIT，拿到原子能工程博士，回国后进入日立制作所，担任原子能工程师。

然而，回国后的大前研一发现，无论日立还是当时的日本，都没有发展原子能工程的决心。此外，大前研一也发现自己不适合待在日本公司的体制内当个小工程师。于是，毅然决然选择离开日立与他花了九年时间学习的原子能工程，转进完全不了解的企管顾问工作，在麦肯锡从头开始学起。

大前研一说，如果尽力学习之后却发现自己走错路了，不要犹豫，赶快忘掉过去的失败与成就，下定决心重新开始，就像电脑已经当机，只能重新开机，从头来过。只要愿意从头来过，永远不算晚。

大前研一转进企管顾问公司后，从零开始学习，每天下班后窝在公司里阅读资料，学习企管顾问专业知识。平日利用上下班通勤时间，以所看见的广告来练习他的企管顾问专业技能。一年后，大前研一搞懂了企管顾问工作，还趁势推出了以其学习心得出发所撰写的企业参谋，因为是从外行人的角度，从零开始学习的，因而书籍浅显易懂，很快就上了畅销书排行榜，热卖数十万册。随着书籍的热卖，大前研一接获无数演讲与顾问工作，成为麦肯锡东京分公司中最年轻而收费最高的管理顾问。

像大前研一一样，懂得舍弃不适合的东西，在新的领域抓紧时间重新开始，是一种大智慧。换句话说，当我们所拥有的与现实相违背时，要学会向现实低头、认怂，与现实和解，而不是紧紧抓着过去的经历死死不放。千万不要把昨天的错误带到明天，及时和那些走错的路、爱错的人、选错的方向告别。

总之，人生总是有起有落，谁也不能保证永远处于事业的顶峰，没有一个人的一生永远顺利，也没有一个人的一生永远失败，所有的成功与失败都只能是你生命长河中一朵不起眼的浪花。因此，不要因一次成功而飘飘然，也不要因一次失败而一蹶不振。成功了，淡然视之；失败了，泰然处之。明天，像歌里所唱的那样："只不过是从头再来。"

人生警言

不要心怀恨意。遇到困难时，不要害怕让步，小人总是坚持己见以维持尊严；愿意主动伸出手与人言和坦诚自己的错误，并提议重新开始的人，才是气度恢宏的人。

——卡耐基

▼

要成就大事必须先做小事

　　世间的大事无不是由小事逐步演变而来的，我们每个人所做的工作，也都是由一件件微不足道的小事组成的，我们不能因为它小就忽视它、轻视它，而不去相信那些"没什么大不了"的小事对于造就一个成功者具有巨大的影响。

　　事实上，世界上所有的成功者与我们都做着同样简单的小事，唯一的区别就是，他们从不认为自己所做的事是简单的小事。因为他们深知，很多时候，一件看似微不足道的小事，或者一个毫不起眼的变化，就能起到关键的作用。

　　同样，世界上许多善于处世的人，也无一不是在平凡的岗位从小事做起以成就一番事业的，只有这样，事业才会有持续发展壮大的基础。那种靠投机取巧起家的暴发户来得快去得也快，没有人可以一步登天，如果你能够认真地对待每一件事，把平凡的小事做得很好，那么你的人生之路就会越走越宽，成就大事的愿望就一定能够实现。

　　峨山禅师是白隐禅师晚年的得意门生，他不仅禅理领悟

得非常深刻，而且回答别人的问题时能够随机应变，很像白隐禅师当年的风格。随着岁月的流逝，峨山禅师也老了。但是他还是经常亲自做些自己力所能及的事情。

有一天，他在庭院里整理自己的被单，累得气喘吁吁，一个人偶然看到了，奇怪地问："这不是大名鼎鼎的峨山禅师吗？您德高望重，有那么多的弟子，难道这些小事还要您亲自动手吗？"

峨山禅师微笑着反问道："我年纪大了，老年人不做点小事还能做什么呢？"

那人说道："老年人可以修行、打坐呀！那要轻松多了。"

峨山禅师露出不悦的神色，反问道："你以为仅仅只是念经打坐才叫修行吗？那佛陀为弟子穿针，为弟子煎药，又算什么呢？做小事也是修行啊！"

那人面露愧色，因此了解到在生活中处处有禅机。

像故事中的那个人一样，我们往往不愿意放下架子，不能够从小事、从最基层的工作做起，自命不凡，总认为自己是做大事的料，总是期望着一步登天，却忘了凡事都需要日积月累，万丈高楼也得平地起。另外，还有一些人总是抱怨周围的环境不利于自己的发展和成功，比如嫌区域太小，老板不好，朋友不帮忙……这样那样的客观原因数不胜数，将富不起来的原因完全归咎于自己的运气不好。却从来没想过其实最基本的原因是自己不屑于做小事。

正如峨山禅师所言，做小事也是修行，也是参禅必不可少的法门。徒有凌云之志而不善于从小事情做起，这仅是一种不切合实际的空想而已。伟大的事业常常出自平凡，要想成就大事必须先做小事，高楼大厦是靠一砖一石一层一层建造起来的，"要成就大事必须先做小事"，这是成就大事者常用的手段。

同样，在做人上，我们也要从小事做起，杜绝不好的行为。

羊续，东汉大山郡平阳县人，是汉灵帝年间著名的廉洁官吏，任南阳太守。在此之前江夏兵赵慈反叛，杀死了南阳太守，并攻陷元县，一时间人心惶惶。羊续毫不畏惧，身边只带一个小书童前往微服私访。到任后，快刀斩乱麻，迅速平定叛乱，人民欢欣鼓舞，得以安居乐业。

当时南阳权豪之家竞相比阔，奢丽盛行，羊续对此极为反感。为了矫正时弊，他带头穿破旧的衣服，吃粗茶淡饭，乘坐老马拉的破车，平民百姓见了拍手称快。而有权有势的地方豪强却惴惴不安，除了不敢为非作歹外，还想急于巴结这位新上任的南阳太守大人。

一天晚上，羊续正在家中秉烛夜读，忽然门下报称有本县郡丞来访。羊续把郡丞请进中堂，寒暄完毕，郡丞送上一条又肥又美的大鱼，并说："南阳穷乡僻壤，没有什么新鲜的东西可以孝敬大人，小的昨日钓得一条大鱼，特意送来给大人打打牙祭，微薄之物，不成敬意，万望大人笑纳。"

羊续听后很为难，不收吧，怕伤了郡丞的情面，没准人家是一片好心，并无他意。收下吧，又怕别人相继效仿，坏了自己的名节。他灵机一动，将计就计，把鱼收下。送走郡丞后，羊续命令手下人将那条大鱼悬挂在庭院中的梧桐树上，然后回房继续读书。

下人们都议论纷纷，不知老爷是何用意。郡丞一看羊续收下鱼，心里说不出的得意。过了几日，他又提着一条更肥美的大鱼求见太守。羊续将他拉到梧桐树下，让他举头往上看，说："郡丞啊，你看你上次送的鱼还在这儿呢。"郡丞不看则已，一看尴尬得无地自容，跪在地上请求大人开恩。从此，郡丞再也不敢给羊续送鱼了，别的官吏和豪强听说这件事后也更加收敛了。

可以说，羊续用一条鱼给了官吏和豪强一个很好的"下马威"，他用一个做人的小细节解决了大问题，我想，也正是因为在乎这一件件小事，才成就了羊续的名声。由此可见，"天下大事必做于细"，凡事都要从小事做起，从眼前的杂事做起，坚持到底，才能够将事情真正做好，达到设定的目标。

正所谓"海不择细流，故能成其大；山不拒细壤，故能就其高"。什么是细节？什么是大事？什么又是成败？也许在每个人的眼中都有着不同的含义。每个人都有满腔热血干一番大事业的雄心，期盼着有一天能够功成名就，衣锦还乡，但是又有多少人能真正做到了呢？依然是那句话：凡事从小事做起。

人生警言

巨大的建筑，总是由一木一石叠起来的，我们何妨做这一木一石呢？我时常做些零碎的事，就是为此。

——鲁迅

▼

每件事比别人多想一点

在职场中，总会有这样的现象，两个职位相同，背景相同，能力相差无几的人，一个总是加薪，并不断升职；而另一个存在感几乎为零，更别提受到领导的重视了。

生活中，也总会有这样的现象，同样的环境，同一件事情，有的人做得又快又好，有的人却花了几倍的时间，最后还是做得一团糟。

这到底是为什么呢？看过下面的故事，你就明白了，就不会再抱怨没有机遇，上天不公了。

爱若和布若差不多同时受雇于一家超级市场。开始时，大家都一样，从最底层干起。可不久爱若就受到总经理的青睐，一再被提升，从领班直到部门经理。布若却像被人遗忘了一般，还在最底层混。

终于有一天，布若忍无可忍，向总经理提出辞呈，并痛斥总经理用人不公平。

总经理耐心地听完，说："布若先生，请你马上到集市上去，看看今天有什么卖的。"布若很快从集市回来说，刚才集市上只有一个农民拉了一车土豆卖。"一车大约有多少袋、多少斤？"总经理问。

布若又跑去集市，回来说有 10 袋。

"价格多少？"布若再次跑到集市。

总经理望着跑得气喘吁吁的他说："请休息一会儿吧，你可以看看爱若是怎么做的。"然后叫来爱若，对他说："爱若先生，请你马上到集市上去，看看今天有什么卖的。"

爱若很快从集市回来了，汇报说到现在为止只有一个农民在卖土豆，有 10 袋，价格适中，质量很好，他带回几个让经理看。

爱若还说，这个农民过一会儿还会有几筐西红柿上市，据他看价格还算公道，可以进一些货。这种价格的西红柿超级市场是可以接受的，所以他不仅带回了几个西红柿做样品，而且还把那个农民也带来了，他现在正在外面等回话呢。

一旁的布若早已羞红了脸。

一个能够胜任本职工作的人，一定是个有心人，遇事一定会比别人多想几步，一定会给别人带来超过预期的东西，故事中的爱若就是这样的人。

所以，成功者之所以能够成功，并没有多少秘诀，也并不是机遇的天平向他多倾斜了一点，只是因为他们比平常人多想了几步罢了，而就是这一点点的差距，使得他们在众多人中脱颖而出。这就是上面问题的答案。

再回过头来想想我们自己，是不是很多时候，我们都习惯按部就班，却常常忘了问也忘了想老板为什么给我布置这个任务？客户的诉求到底是什么？我的朋友在求自己办事的时候，到底是怎么想的……正是因为没有多想一点，所以我们才和别人的距离越来越远。

镇政府食堂需要招聘一名炊事员，由于待遇不错，人们纷纷报名，其中不乏烹饪高手。三叔也在家人的鼓动下，填了一张报名表。

招聘选拔的方式很简单，食堂准备一斤肉，要求应聘者以猪肉为主要原料，自由发挥，做出最拿手的菜，色、香、味更胜一筹，即被录用。

应聘者各显神通，奏完一阵锅碗瓢勺交响曲后，所有的菜都放到评委们面前，有的是土豆烧猪肉，有的是青椒炒肉丝，有的是红烧肉……评委们开始品尝，几乎每道菜都让他们不停地点头，赞好。

评委们尝过三叔的菜，感觉一般，没有点头，也没有说好。

不久，结果出来，胜出的是三叔。

有人不满地说，比赛不公平，输得不服气，要求评委给出说法。

评委说："你们所有的人，一斤肉只能做一样菜，他却做了四样菜：白菜烧油渣、土豆烧猪肉、猪肉炒香干和榨菜肉丝汤。虽然菜的味道和精致程度不如你们，但是，我们需要烹饪技术熟手、能手，更需要比别人多想一招，使有限资源得到最大化的利用。"

几年后，镇上将一位历史人物的故居开发成旅游项目，对外接待游人。三叔又被安排做导游。仅仅一年多的时间，三叔不仅出色地完成了本职工作，还出了一本专门介绍历史人物的书籍，成了全市旅游系统里第一个出书的"讲解员"。

"埋头苦干"固不可少，但也不能忽视了"抬头看路"。因为人生如逆旅，不进则退，要想提高自身竞争力，就必须凡事多想一步，比别人多想一步，多出一个花样，制造出惊喜；就必须做到换位思考，想想别人想要什么。

多想几步有时非但不会浪费时间，还会使自己对未来有一分更充分、全面的了解和把握，从而更接近成功的目标。

请记住，在人生之路上，要比别人多想一点，多做一点，多准备一点，多干一点，多坚持一点，多付出一点，只有这样，才能多积累一点经验，才能多显露出一点才华，才能离成功更近一点。

人生警言

一次深思熟虑，胜过百次草率行动。

——佚名

第八章　不要因别人而停
下前进的脚步

▼

不必让所有人都满意，做好自己就够了

著名艺人周立波曾经说过一句颇有含义的话："我不是人民币，不可能让所有人都喜欢我。"你再好，也不能让所有人喜欢，因为大家的喜好五花八门，有人讨厌你的脾气，有人嫌弃你的言行，有人嫉妒你的生活，有人眼红你的幸运。你再好，做任何事也不可能让所有的人都满意，也抵不了众人之口，说你好的，也许转过身就会骂你，夸你美的，也许在背后就会损你，你好不好，总会遭人误解。

生命来来回回那么多人，你做不到对每一个人都用心。人生的路，自己走，难听的话，别在意，活得轻松才是目的，过得自在才开心。有这样一个很老很老的故事，虽然是个笑话，却含义深刻：

一天，父子俩赶着一头驴进城，儿子在前，父亲在后，半路上有人笑他们："真笨，有驴子竟然不骑！"

父亲听了觉得有理，便叫儿子骑上驴，自己跟着走。走了不久，又有人议论："真是不孝的儿子，自己骑着驴子却让自己的父亲走路。"

父亲于是叫儿子下来，自己骑上驴背。走了一会儿，又有人说："这个人真是狠心，自己骑驴，让孩子走路，不怕累着孩子？"

父亲连忙叫儿子也骑上驴背，心想这下总该没人议论了吧！谁知又有人说："驴那么瘦，人骑在驴背上，不怕把它压死？"

后来父子俩把驴子四只脚绑起来，一前一后用棍子扛着。在路过一座桥时，驴子因为不舒服，挣扎了一下，不小心掉到河里淹死了。

现实生活中，很多人做人做事就像故事中所讲的父亲和儿子那样，过分在乎别人的看法，总是希望自己的行为得到所有人的赞同，所以人家说什么，他就听什么。结果适得其反，不仅没有做到最好，反而把事情弄得一团糟，最终得到了教训。

遇人遇事，不妨这样想：有人喜欢你，那是他在你身上看到了他喜欢的特质，与你无关，淡然面对，做好自己；有人讨厌你，那是他在你身上看到了他讨厌的自己，与你无关，坦然面对，做好自己；有人欣赏你，那是他通过你看到了内在的自己，与你无关，欣然面对，做好自己。做好自己，与别人无关！面面俱到，反而把自己累死。因为你总是怕别人有意见，还得小心察言观色，揣摩他人心思，这就会使你身心疲惫。

我们不能管住别人的嘴巴，阻挡别人的挑剔和指责，但我们可以无视别人的议论。只要问心无愧，就可以做到泰然自若！

从前有一位画家，他想画出一幅人人见了都喜欢的画。经过几个月的辛苦工作，他把画好的作品拿到市场上去，在画旁放了一支笔，并附上一则说明：亲爱的朋友，如果你认为这幅画哪里有欠佳之笔，请赐教，并在画中标出记号。

晚上，画家取回画时，发现画上都涂满了记号，没有一笔一画不被指责。画家心中十分不快，对这次尝试深感失望。

画家决定换种方法再去试试。于是，他又画了一张同样的画拿到市场上展出，可这一次，他要求每位观赏者将其最为欣赏的妙笔都标上记号。结果是，一切曾被指责的笔画，如今却都换上了赞美的标记。

最后，画家不无感慨地说我现在终于明白了，自己做什么只要使一部分人满意就足够了，因为有些人看来是丑的东西，在另外一些人眼里则恰恰是美好的。

无论何时，在我们的周围，总会有一些挑剔、苛刻的目光在审视着我们。面对这些，有些人总是一味地想讨好每一个人，而且不希望得罪任何人，缺乏主见，无法分辨事情真相。无论这样做是出于什么目的或是什么心理的驱使，你都要明白一点：想要每一个人都高兴都赞同，那是绝对不可能的，因为在做人方面，你不可能顾及每一个人的利益，有时你认为照顾到了，可是别人却认为你太自私，只顾自己，所以根本就不领情；在做事方面，你更不可能照顾到每一个人的立场和看法，每个人的思维方式和价值取向都不相同，所以对同一件事情都会有不同的感受和要求，无论你怎样做，都会有人不满意！

记住，你不可能让所有人都对你满意，批评是别人说的，日子才是自己过的，虽然我们不能阻挡别人的挑剔和指责，但我们可以选择充耳不闻，专心做自己的事，坚持走自己的路。

人生警言

人一旦成为他物，也就没有了自己。

——弗洛姆

▼

即使逆水行舟，也不随波逐流

　　每个人都有不同程度的从众倾向，总是倾向于跟随大多数人的想法或态度，以证明自己并不孤立。很少有人能够在众说纷纭的情况下还坚持自己的不同意见。殊不知，一个容易被他人和环境左右、没有自信、别人说什么就是什么，然后一味地去执行的人，必定是缺乏主见和不意志坚定的人，这样的人潜能根本得不到充分的发挥，一般都会受制于人，一辈子被人使唤，不会成就大的事业，生活也不会悠然自得。只有不被外界左右，敢于坚持自己的想法和观点，才可能有所创新。

　　而一个心智成熟的人最重要的标志就是不随波逐流，不妄自菲薄。现代人常说自信是"他信"的前提，的确，你自己都没有底气，别人凭什么相信你呢？请自信地做人，自信地做事，自信地说话，自信地追求并坚守，千万别轻易地怀疑自己。

　　在玛格丽特 6 岁那年，一个星期天的上午，一家人从教堂做完礼拜回来，走在回家的路上。玛格丽特在路上一边走，一边回想着牧师布道的内容。正想得入迷，突然被一串银铃般的笑声打断了。那笑声响亮、悦耳，使她不由得转过头去看："是什么人这么高兴呢？"

原来是一群在街角玩耍的孩子。他们与玛格丽特年龄相仿，有男孩也有女孩，一群孩子像小鹿一样奔跑着，互相追逐，推推搡搡，不时地爆发出开心的笑声。玛格丽特不知道他们玩的是什么游戏，因为自己从来不玩游戏，但那欢快的气氛深深地吸引了她。她不由得放慢了脚步，脑袋扭过去，目不转睛地盯着那些孩子，直到走远了……

回到家里，玛格丽特的心总是无法平静。她内心深处孩子的天性被突然间唤醒了，使她一心向往玩乐。可是在以往的生活中，她就像个小大人，不苟言笑，天天跟在父亲的后面，不是忙着店铺的生意，就是干家务活，要么就是参加各种大人的活动。她的生活和年龄十分不相称，这虽然使她养成了勤劳俭朴的性格，长了不少见识，却也使她的童年欢乐过早地失去了。今天，她才发现，其他同龄的孩子简直是与她生活在两个世界里。她是那样的无聊！

一想到自己错过了那么多的欢乐，如此多的游戏，玛格丽特不由得委屈起来。她忍不住问父亲："爸爸，为什么我不能像别人家的孩子一样，经常出去游戏玩耍呢？"父亲听到玛格丽特这个突如其来的问题，一点也没有表现出吃惊的样子。他既没有责备玛格丽特，也没有像一般父母一样哄着委屈的孩子，而是非常亲切地说："孩子，你做事情必须有自己的主见。不能因为你的朋友在做某种事情，你也去做或者想去做。不要因为怕与众不同而随波逐流，要决定自己该怎么办。如果有必要，就去领导别人，但不要随大溜。"

聪明的玛格丽特听了父亲的话，顿时恍然大悟。她的童心被渴望成功的心代替了，委屈也立刻烟消云散了。她深深地明白，父亲之所以用特殊的方法教育她，是为了让她将来有所作为。从此以后，她把父亲的话当作"终生奉行的准则"，直到她成为英国历史上第一位女首相——玛格丽特·希尔达·撒切尔。

随波逐流是轻松的，尤其面临的选择是逆水行舟时，它可能是很有诱惑力的。但要对你的生活负责，就要尊重你自己的意志，一定要坚持自己的方向，朝着自己的目标前进。

我们可以欣赏别人的优点，努力向别人看齐。但是一定要摆正自己的位置，调整好自己的心态，不盲目自夸，不妄自菲薄，正确对待荣与辱、苦与乐，得与失。我们要相信，每个人都有优点，没有哪一个人是一无是处的。只要你善于把自己的优点放大，然后自信地展示出来，那么你就是一个很有成就的人。请时刻谨记，拿自己的短处比别人的长处是愚蠢的做法，这往往是滋生自己不快乐的根源。

人生警言

最可怕的敌人，就是没有坚强的信念。

——罗曼·罗兰

▼
笑对不被理解

　　每个人在生活和工作中必然会遇到反对意见，会被误解，这是一种完全无法避免的现象。面对无端的误解，有时候会越解释越说不清楚，而且越解释越让自己生气，解释到最后，二人产生摩擦，从此成为路人。所以，以沉稳宽容的微笑回应别人的不理解，不失为最理智的做法。

　　有一位叫奥齐的中年人，他是一个过分渴求理解和赞许的人。奥齐对于现代社会的各种重大问题都有一套自己的见解。每当他的观点受到嘲讽时，他不是坚持自己的观点，而是对别人的"不理解"感到痛苦不堪，甚至最后对自己也产生了怀疑。为了使自己的每一句话和每一个行动都能被人理解，他花费了不少心思。

　　有一次他和岳父谈话，表示自己赞成无痛致死法，而当他察觉岳父不满地皱起眉头时，他几乎本能地立即修正了自己的观点："我刚才是说，一个神志清醒的人如果要求结束其生命，那么倒可以采取这种做法。"当奥齐注意到岳父表示同意时，才稍稍松了一口气。

　　奥齐为了得到别人的理解和赞同，不知不觉地修正了自己的观点。脆弱的人往往就是这样，把许多精力放在"求理解"上，为了达到这点，他们到处自我表白，宣扬自己，甚至不惜放弃自己的立场，并且把别人不理解自己当作最大的痛苦。似乎他的生存、他的工作、他的事业，仅仅是为了让人家知道，做给别人看。这道理其实本来是行不通的，就像别人也不是为了理解你而生存，这是很自然的事。

　　理解，固然是很美好的，谁不渴望理解呢？然而，事实上由于年龄、性格、职业、知识结构、品德修养、生活经历等因素的影响，人和人之间有时是很难互相理解的。所以，我们要正视别人的不理解，更不能因为不被理解而闷闷不乐。

人生警言

　　以不变应万变是管理的最高智慧，不要因误解而放弃。

　　　　　　　　　　　　　　　　　　　——曾仕强

▼

别人只是建议者的角色

没有任何一个人可以和我们具有同样的生长环境、家庭背景和社会关系。正因为这样，别人总结的经验，即他们引以为傲的生活准则可能并不那么适合你，面对别人的建议时，要三思而后行，因为，别人扮演的只是建议者的角色。

一只蜘蛛在一座陈旧的谷仓里搭建了一张漂亮的蛛网。她觉得，只有让蛛网保持清洁光亮才能诱使那些在近处飞来飞去的蝇子们自投罗网，因此，每当有落网者出现，她就会很快地将其清除掉，以使其他蝇子不起疑心。

一天，一只非常聪明的蝇子伴着"嗡嗡"的声音飞到了这张光洁的蛛网旁边，蜘蛛看到了它，大声招呼道："朋友，进来坐坐歇歇脚吧。"但聪明的蝇子拒绝道："不了，蜘蛛夫人，我没有看见一只蝇子在你家做客，我不会独自一人到你家去的。"

此后不久，这只蝇子发现，在地板角落的一片牛皮纸上，有一大群蝇子正在不停地舞蹈着。有这么多伙伴在那里开心地玩耍，还有什么可担心的呢？想到这里，这只智商超群的蝇子毫不犹豫地向那片牛皮纸飞去。

就在它即将飞落在牛皮纸上的时候，一只蜜蜂飞过来，善意地提醒道："别飞到那上面去。你可千万别犯傻，那是骗你们送命的捕蝇纸！"蝇子停在空中，回答道："你是怎么知道的？莫非……"看到牛皮纸上的蝇子很多都不动了，最终，这只聪明的蝇子逃过一劫。

有时候，当我们遇到拿不定的事情，总会去请教别人，别人提出建议时，我们也会听取，这没有什么错，但是我们不能养成事事都请教别人，事事都听别人的习惯。或许别人只是信口开河，而我们却信以为真。许多时候，人家可能只是因为你问他，敷衍你一下而已。

别人的话或者建议不一定全对或者不适合你，我们要有选择的听取或借鉴，因为自己的生活还得自己过，我们得学会自己做决定。

还有一个类似的故事：

羊群是一个很散乱的组织，平时它们在一起就喜欢左冲右撞。这时候如果其中有一头羊发现了一片肥沃的绿草地，并在那里吃到了新鲜的青草，后来的羊群就会一哄而上，争抢那里的青草，完全看不到远处还有鲜嫩的青草。

　　这告诉了我们，如果一个人只会盲从于人，不提升自己的判断力，那么他必然只能一辈子跟随着别人获取一些蝇头小利，永远取得不了大的成功。

　　由于人的思维和个性的不同，判断事物的是非标准也不尽相同，只要自己认为是对的，就要坚持下去，别人的建议只是参考而已。正如战国末期著名的思想家、文学家、政治家荀子在《劝学篇》一文中所讲："假舆马者，非利足也，而致千里；假舟楫者，非能水也，而绝江河。君子生非异也，善假于物也。"我们在做任何一件事情的时候，既要有自己的原则和操守，也应该明白"它山之石，可以攻玉"的道理。而我们始终只要记住一点就好了，即别人永远只是建议者的角色。

人生警言

　　聆听他人之意见，但保留自己之判断。

——威廉·莎士比亚